도시
논객

일러두기

생소한 사자성어나 한자어 표현에는 한자를 함께 적었다.
일부 사자성어는 각주로 설명을 달았다.

우 리 사 회 를 읽 는
건 축 가 의   시 선

도시
논객

서 현

효형출판

목차

도시는 무엇인가

1장   토기로 읽는 도시

2장   정치로 읽는 도시

3장 역사로 읽는 도시

4장 선거로 읽는 도시

건축은 무엇을 말하는가

7장 공간으로 읽는 일상

8장 주거로 읽는 사회

건축가는 무엇을 남기는가

질문하는 자

질문이 중요하다. 답변은 질문에 포박되기 때문이다. 그래서 가장 좋은 답변은 질문에 관한 질문으로 시작하는 것이다. 저 질문은 무엇을 묻고 있는 건가. 저 질문은 옳은 것인가. 저 질문의 문장은 질문자의 의도를 명확히 담고 있는가. 그때 답변은 질문을 뛰어넘는 자유를 얻는다.

가장 답하기 어려운 질문은 열린 질문이다. 무엇이냐고 묻는 것이다. 지목된 '무엇'은 대체로 추상명사인데 거기에는 수많은 해석의 갈래가 있으니 그 갈래를 고르고 규정하는 일은 대단히 어렵다. 더구나 명쾌히 규정하는 일은 더욱 어렵다.

그런 질문과 대답을 알아서 할 기회를 일간지라는 공론장을 통해 얻어왔다. 건축을 업으로 삼다 보니 결국 질문과 답변은 우리 시대의 사회와 도시, 건축의 관계항에 관한 것일 수밖에 없었다. 백만이 넘는 독자를 상대로 하는 일이니 영광스럽고 부담스러운 작업이었다. 그중 가장 큰 마당은 5년 넘게 매달 이어온 '중앙시평'이었다. 이 책은 그간 게재된 원고를 묶은 것이다. 물론 다른 매체에 실린 글도 포함돼 있다.

『빨간 도시』가 발간된 지 꼭 10년이 되었다. 그 책도 일간지에 실은 내용을 묶은 것이었다. 그래서 '도시와 건축으로 목격한 사회'라는 부가 설명이 있었다. 그 이후 사회는 변화했으나 그건 여전히 연속되는 맥락 아래서의 변화였다. 그래서 이 책의 내용 중 일부 서술은 어쩔 수 없이 『빨간 도시』와 유사하기도 하다.

이 책은 지난 10년의 도시 목격담이라고 해야 할 것이다. 그간 세상을 바라보는 눈이 좀 넓어진 것 같기도, 유연해진 것 같기도 하다. 그러나 여전히 질문은 하나도 변하지 않았으니 그건 무엇이냐는 것이다.

여전히 그 주어는 건축과 도시와 연관된 것인데 결국 답변은 배경에 깔린 동인을 드러내는 것이겠다. 그걸 우리는 아마 사회라고 부를 것이다. 그래서 이 책을 다시 설명하자면 '도시와 건축으로 읽어낸 한국 사회의 변화'이다.

문제와 답을 찾는 과정에서 큰 역할을 해준 이들은 연구실의 대학원생들이었다. '공간사회연구실'은 명칭이 설명하듯 건축과 도시의 변화를 통해 사회 흐름을 읽어내는 것이 가장 큰 공부 주제인 곳이다. 그래서 대학원생들과 이야기를 나누는 과정의 생각이 책 여기저기에 들어 있다. 그리고 그들이 책에 실린 그림을 그렸다.

그 질문과 답변이 옳은지, 합리적인지를 판단하는 기준은 독자들의 동의 여부겠다. 이제 그 판단을 열어놓고자 한다. 시작하는 질문은 이렇다. 도시는 무엇인가.

도시는
무엇인가

강을 거슬러 오르면 샘을 만난다.
거기서 발원한 물이 온갖 지형을 만나 구구절절 흐른다.
그러나 물을 흐르게 하는 힘은 간단하고 명료하다. 중력.
우리의 생각도 처음으로 가면 명료해질 수 있다.
명료해지려면 처음으로 가야 한다.

세상에는 수많은 도시가 있다.
그중 똑같은 것은 절대 없으며 거기서 벌어지는 현상은
다 구구절절 다채롭다.
그런 가시적 현상 너머 존재하는 도시의 가치를 이해하기 위해서라도
우리는 처음으로 가봐야 한다.

그것은 무엇인가.
도대체 처음에 왜 필요했을까.
그것은 어떤 존재 가치를 지니고 있을까.

1장   토기로 읽는 도시

첫 번째 생각
빗살무늬토기로부터

국정 교과서에서 오자 발견. 국사 교과서를 펼쳐 든 중학생의 사연이었다. 그가 발견한 것은 '줄문'이거나 '줄무늬'로 쓰여 있어야 할 단어인 '즐문'이었다. '빗살무늬'로 풀어 표기되는 그것. 물론 그 위대한 발견은 곧 자존심 붕괴로 이어졌다. 그리하여 그 중학생에게 국사는 곧 기이한 단어들만 울창한, 단순하고 저급한 암기 과목으로 분류됐다.

그는 창의와 논리로 화사한 건축의 길을 택했다. 그러나 건축 역시 역사로부터 자유롭거나 멀리 떨어질 수 없다. 이 땅에 지어진 선사 시대의 집 모양은 집이 아니고 토기로 남아 있다. 집모양 토기를 알현하려면 국립중앙박물관 선사고대관에 가야 한다. 그런데 지금 전시장 한복판을 도도히 점유하고 있는 것이 다시 그것이다. 빗살무늬토기.

선사 건축의 탐험자를 당황스럽게 만드는 것은 이번에는 표기법이 아니고 형태다. 기이하게 생긴 저것은 과연 무엇이냐. 발레리나도 아닌 그릇 주제에 바닥은 뾰족하여 혼자 서 있을 수도 없다. 길쭉 날씬한 비례는 보기에는 우아해도 뭔가를 담고 꺼내기에는 불편하게 생겼다. 바깥면에는 바로 그 '줄무늬'가 수평으로 줄 맞춰 새겨져 있다. 게다가 심술 난 중학생이 연필로 분풀이한 듯 아랫단에 구멍도 숭숭 뚫려 있다. 곡식을 담으면 줄줄 새어 나오기 십상이니 그릇으로 보자면 치명적인 결함이다. 그렇다면 너는 도대체 누구냐. 물건이지만 나이가 수천 살이므로 정중히 여쭈자면, 댁은 누구십니까.

선사 시대 유물의 정체를 규명하는 방법은 문자 탐구가 아니고 논리적 추측일 수밖에 없다. 그래서 훗날 건축학과 교수가 된 수모의 주인공은 고등하고 창조적인 건축 논리를 이 토기에 들이대기로 했다. 먼저 주목할 점은 이 토기가 출토되는 곳이 모두 강가라는 점이다.

강은 백화점이나 마트의 식품 코너가 아니다. 물고기는 아무 때나 잡혀주지 않는다. 그래도 운수 좋은 날은 그날 다 먹기 어려운 양의 물고기를 잡을 수도 있다. 잉여 발생의 순간이다. 물고기를 보관하는 최선의

아래 구멍이 숭숭 뚫려 뭔가를 담기 어려운 빗살무늬토기.

방법은 산 채로 남겨두는 것이다. 그건 잡은 물고기를 강물에 담가놓는 걸 말한다. 냉장고라는 물건은 까마득한 훗날 전기, 자기, 열역학에 관한 지식이 다 쌓인 후에야 등장했다. 전기라는 기반 시설이 도시에 거미줄처럼 깔려야 하는 게 전제이기도 하다.

이 토기들은 모두 수심이 낮은 강물 속에 세워져 있었을 것이다. 강바닥은 대개 부드러운 퇴적층이니 꽂아 세우려면 바닥이 뾰족해야 한다. 그러면 수심에 따라 높이 조절도 가능하다. 물살에 쓰러지지 않으려면 날씬해지는 것이 합리적이다. 물고기를 살려놓으려면 강물이 흘러야 하니 아래쪽에 구멍이 필요하다. 토기는 수면 위로 상단이 살짝 노출될 만한 높이여야 한다. 물에 몸통이 거의 잠긴 토기들을 서로 구분하려면 수면 위 노출부에 서로 다른 문양을 새겨 넣어야 한다. 토기가 어떤 방향으로 꽂힐지 모르므로 테두리 전체에 새겨야 한다. 그래서 빗살무늬토기의 무늬는 수면 높이에 따라 모두 수평으로 그려졌다. 그 무늬는 사적 소유의 증거일 터, 미래를 위한 자본의 축적이 자본주의 정신의 골격이라는데 미래를 위한 물고기의 보존은 어떤 정신이었을까.

빗살무늬토기는 주어진 조건에 최적화된 성취다. 현대로 치면 전기가 없던 시대의 횟집 수족관이다. 흙으로 저 절묘한 도구를 처음으로 만든 그는 도대체 누구였을까. 앞의 추측이 맞는다면 빗살무늬토기는 국사 외에 미술 교과서에도 실릴 기능주의 미학의 모범 사례다. 그런데 빗살무늬토기는 멸종했고 밋밋한 토기가 등장했다.

돌의 소진으로 석기 시대가 끝난 게 아닌 것처럼 물고기의 멸종으로 빗살무늬토기가 사라진 것은 아니다. 인간이 강으로부터 먼 곳에도 살기 시작했다. 농경이 시작되고 토기에 곡물도 담기기 시작했다. 토기 모양과 출토지가 달라졌다. 놓일 바닥이 달라지자 토기 밑면이 평평해진 것이다. 물을 담으면서 마구리 모양도 바뀌었다. 옆면 손잡이는 토기가 운반됐음을 설명한다. 거주지가 수원지로부터 멀어진다는 이야기다. 내용물의 장기 보관을 위해 토기 뚜껑도 덮였다.

잉여 물자를 담기 위해 탄생한 토기가 건축으로 번역되면 창고가된다. 창고에 빗장이 채워지고 그 안에 토기가 보관되면서 소유자 구분의 무늬가 불필요해졌다. 민무늬토기가 등장했다. 창고의 잉여를 교환하면서 인간의 거처는 서식지에서 도시로 발전했다.

창고는 잉여의 상징이 됐고, 죽어 먼 길 가는 이를 위한 집모양 토기 부장품으로 그 형태가 전해진다. 죽은 자들의 알 수 없는 장도를 위해챙겨줘야 했던 것은 충분한 곡식이었다. 박물관에서 만나는 조그만 집모양 토기들은 다 곡식 창고 모양의 부장품이었을 것이다. 그것들이 주거가 아니라 창고라는 건 토기 자체가 증언한다. 빗장이 밖에 걸려 있다.

짐승들의 침입을 막기 위해 기둥 위에 세워져
있는 집모양 토기.
담겨 있는 것들을 보호하기 위한 장치이니
건물은 당연히 창고였을 것이고, 이 토기는
잉여를 상징하는 부장품이었겠다.

다음은 물물 교환을 위한 이동의 문제다. 잡은 물고기 때문에 강가에 묶여 있던 인간은 물고기를 수조 차에 넣어 도시로 운반하는 데에 이르렀다. 그러나 아직 인간은 물고기를 입에 넣으러 횟집에 가는 단계다. 지금은 물고기가 인간의 입으로 좀 더 가까이 오기를 요구하는 실험이 진행 중이다. 그걸 도시의 발전이라고 부를 수 있다.

잉여 물자의 더 자유로운 저장과 유통은 미래 기술의 가치 판단 기준이 될 것이다. 미래는 과거와 맞닿아 있으니 혹자는 그 접점을 역사라 부르더라. 그것은 저급한 암기 대상이 아니고 창조의 출발점이다. 그러니 토기들을 좀 더 자세히 둘러보자.

토기와 플라스틱

그릇에 물을 담아 나를 수 있게 되니 인간은 강변 외 지역에도 정착할 수 있게 되었다. 거기서 농사를 지었다. 일기를 예측하고 미래를 계획해야 하는 시대에 접어들었다.

용도가 형태를 규정한다. 그러니 형태를 관찰해 용도를 추론할 수 있다. 그릇은 결국 내용물을 다른 곳으로 옮기기 위해 저장하는 도구다. 최종 목적지는 대개 사람의 입이었다. 물은 다시 어딘가에 쏟아부어야 하므로 윗마구리가 밖으로 말려 접혔다. 막걸릿잔의 마구리가 접힌 것과 같은 원리다. 그래서 토기를 보면 거기 담겼던 게 물이었는지, 곡물이었는지 유추할 수 있다. 곡식 그릇은 마구리를 말 필요가 없다. 곡식의 여유는 술을 낳았다. 곡식, 과일, 효모가 버무려진 액체에 곤충들도 열광했을 것이므로 뚜껑이 필요했다. 술을 부어 마실 작은 그릇도 필요했다. 잔이라 부르는 이 그릇들의 말려진 마구리도 그 안에 담겼던 액체 내용물을 증언한다.

불은 그릇에 혁신을 가져왔다. 가야의 철기 문화는 고온의 불을 다루는 능력을 배경에 깔고 있다. 열원은 숯이었다. 그 숯은 철기와 토기 제작뿐 아니라 음식 조리에도 사용됐을 것이다. 그리고 음식의 온도 유

액체를 담았던 것이라고 윗마구리가 이야기하는
토기들.

가야 시대 토기의 굽다리 구멍은 미적 표현이 아니라
공기 유통을 위한 장치였을 것이다.

지를 위해 그릇 아래에 불붙인 숯 조각을 놓기도 했을 것이다. 숯의 연소를 위해 공기 유입이 필요했으므로 가야 시대 토기의 굽다리에는 구멍이 뚫렸을 것이다. 굽 높이가 훌쩍 높은 토기들은 의자에 앉은 가야 생활상의 증언일 것이고, 구멍 뚫린 높은 굽의 토기는 훨씬 이전 시대, 고대 페르시아 지역 유적지에서도 발견되는 것이니 전파 경로가 궁금하다. 짐작건대 그건 아마 철기 문화의 전파와 관련 있을 것이다.

유약도 혁신이었다. 그릇에 내수성을 확보해 기름이나 꿀 같은 귀중한 액체를 오래도록 보관할 수 있게 되었다. 이들은 들이키는 액체가 아니니 그릇 마구리는 작아지고 뚜껑이 필요했다. 담긴 액체를 퍼내려면 숟가락이 필요하다. 박물관에 가면 젓가락이 아닌 매병의 단짝이었을 숟가락을 만날 수 있다. 이들은 입에 넣기 불편하게 끝이 뾰족한데 이건 점액성 액체를 옮기기에 딱 좋은 모양이다. 숟가락의 길이가 병보다

이 숟가락들은 밥이나 국을 퍼서 사람의 입으로 갖고 가기에 적당한 모양이 아니다.
점성 있는 액체를 적당량 퍼서 다른 그릇으로 옮겨 담기에 좋은 형태다.

짧다 보니 닿지 않는 내용물을 퍼내려면 병을 기울여야만 한다. 기울인
병의 내용물이 고여야 떠낼 수 있으니 상단은 둥글게, 풍만해지는 게 합
리적이다. 고인 액체를 퍼내려면 숟가락 손잡이는 뒤로 휘어져 있어야
한다. 병이 넘어지면 낭패니 바닥은 다시 넓어져야 했고. 담겨 있는 풍부
한 향과 고귀한 맛을 시각적으로 표현하려니 그릇 표면에 꽃과 학이 새
겨졌다. 우리는 지금 고려청자 중 가장 유명한 상감 매병을 관찰하는 중
이다.

뒤이어 고양된 정신을 문자로 표현하고 예법으로 구현하는 선비
들의 시대가 찾아온다. 조선 시대이니 진미 탐닉이 아닌 안빈낙도의 시
대다. 검소가 가치고 절제가 미덕이니 건물도 질박하여 무심한 경지에
이르렀다. 그릇의 화려한 문양과 장식이 살아남을 수 없었다. 선비들의
그릇 문양은 추상적으로 변해 가다 결국 아예 사라졌다. 극단적인 흰색
만 남은 그릇 변화의 끝에 청빈하고 무심하되 여유로운 달항아리가 앉
아 있다.

그릇 중에서 가장 비싼 것은 잔 받침이 있는 찻잔이다. 하인을 전

(왼쪽) 원래 뚜껑이 있었다고 형태가 스스로를 설명하는 상감 매병. 리움 소장
(오른쪽) 그릇으로 번역된 수묵화라고 해도 될 조선 시대의 백자.

제로 한 그릇이기 때문이다. 제국주의의 본산인 영국에서는 홍차 한 잔
에 설탕 한 술을 넣어 마셨다. 홍차와 설탕은 까마득하게 먼 곳에서 수
입된 기호품이었다. 그래서 벌컥거리지 않고 여유를 갖고 차분히 마시
는 것이었다. 그런 여유를 누릴 계급을 위해 공손한 하인이 들고 오려
면 잔 받침이 필요했다. 잔 받침은 하인이, 잔 손잡이는 귀족이 잡았다.
하인을 둘 여유가 없는 계층이 썼던 잔은 머그였다.

산업화로 고온의 불이 대중화되면서 사치재였던 유리가 일상재가
되었다. 손으로 빚지 않고 입으로 불어 가공하니 주둥이가 좁은 모양이
적절했다. 유리병은 금속 뚜껑과 만나 밀봉이 가능해졌다. 전 세계가 단
일 공급망으로 짜일 수 있게 되었다. 덕분에 액체의 유통 반경이 대폭
확장돼 대륙 간 이동도 가능해졌다. 갑자기 그릇이 투명해지니 담긴 액
체의 색깔이 중요해졌다. 가장 상징적인 상품이 청량음료다.

땅에서 물이 아닌 석유를 퍼 올리는 시대가 되었다. 석유는 소신공

양燒身供養* 후 환생해 비닐과 플라스틱으로 바뀌어 유통되었다. 유리보다 값싸고 가볍고 완전 밀봉 가능하여 완벽에 가까운 이 신재료 덕에 내용물의 저렴한 장거리 이동이 가능해졌다. 도시 관계망은 확장돼 배후 경작지는 더 넓어졌다. 그래서 플라스틱은 그릇으로 번역된 대중 사회를 구현해 냈다.

너무 오래 사는 것도 개탄스럽다고 한다. 그러나 죽지 않으면 더 개탄스러울 것이다. 플라스틱은 환생 후 완벽해져 다시는 죽지 않는 불사조가 되었다. 구성 성분에 물이 없으니 썩지 않는 재료의 저주다. 스스로 죽지 않으니 매립이나 소각을 해야 한다. 플라스틱은 그릇을 일회용품으로 만들어지게도 했는데 이제 그 그릇은 썩지도 죽지도 않는다. 용도는 하루살이인데 수명은 불사조인 모순의 발명품이다. 곧 썩을 유기물들이 썩지 않는 무기물 비닐과 플라스틱에 담겨 지구를 덮어갔다. 이제 그 모순과 불멸의 저주가 시작됐다.

여전히 액체가 문제다. 지하수일 따름인데 생수라 불리는 물이 있다. 그 순간 도시 내 수돗물은 음용 불가 오염수로 낙인찍혀 차별이 시작되었다. 무기물인데 살아 있는 유기물인 척하는 그 물은 수원지에서부터 플라스틱에 담긴다. 계면활성제도 필요 이상으로 액체로 바뀌어 유통되니 이들도 모두 플라스틱에 담겨야 한다. 액체의 소비와 유통에 관한 배경에는 모두 저렴한 플라스틱에 대한 낙관이 전제돼 있다. 그러나 그 낙관의 끝단에서 지구가 더워지고 빙하 녹은 물에 플라스틱이 아닌 도시가 매몰되리라는 비관의 경고등이 켜졌다. 그것이 하나의 체계로 묶여 있는 축복의 지구에 보내는 플라스틱 그릇의 저주다.

토기에서 출발한 도시에 암울한 적색 경고등이 켜진 가운데 문제

• 스스로의 몸을 불살라 공양하는 것을 말한다.

로 다가온 건 폐기물과 에너지다. 여전히 인간은 예측하고 계획해야 한다. 플라스틱 사용을 한꺼번에 줄이는 단발의 마법 탄환은 없다. 그러나 액체 유통 체계를 진정으로 혁신하지 않으면 시민들이 빨대를 종이로 바꾸고, 텀블러를 들고 다니고, 에코백을 메고 다녀도 아무 의미가 없다. 다만 더 많은 텀블러와 에코백이 생산돼 매립될 따름이다. 도시에 파묻힌 우리 시대의 부장품으로.

이제 토기를 구웠던 불에서 시작한 에너지의 다음 모습을 추론할 시점이다.

세 번째 생각
구둣방에서 보는 미래

"저건 이름이 뭐요?" 메이지 시대였다. 방문한 미국인이 늘어놓은 신문물을 본 일본인이 물었다. 나중에 백화점에서 '잡화'라 불릴 것들이었고 판매자는 '굿즈goods'라고 대답했나 보다. 반면 질문자는 자신이 물었던 제품의 이름을 알게 되었다. 발에 끼우는 그 가죽 물건은 그래서 '구쓰くつ'가 되었다. 그게 대한해협을 건너 '구두'가 됐다는 전설이다.

저 우아한 신발에 딱 하나의 단점이 있었으니 계속 닦아줘야 한다는 것이었다. 그래서 기민한 자본주의 시장은 거기에 맞는 직업을 만들어냈다. 그게 광복 직후 유행가에서 '슈샤인보이'로 불리기도 했다. 그러나 일상에서는 그냥 구두닦이였다. 이들이 영화 속에서 구두약 통을 둘러메고 '구딱!'이라 외치며 달리면 주인공 신사는 그냥 '야!'라고 불러세웠다.

구두는 양복과 단짝이었다. 산업 변화로 양복을 입은 사무직 근로자가 많아지자 구두닦이의 직업 분화가 생겼다. 아침마다 인근 사무실을 돌며 구두를 걷어오는 이는 '찍새', 걷어온 구두를 닦는 이는 '닦새'라고 불렸다. 이 분화는 산업 발전을 이해하는 데에 명료한 혜안을 제공한다. 태초에 있던 것은 '닦새'였다. 그는 말하자면 제조업 종사자였다. 그런데 도시와 산업이 커지면서 결국 교환이 중요해졌고 이를 책임지는 일이 별개의 직업으로 분화했다. '찍새'의 등장이다. 좀 더 전문가인 양 표현하면 영업과 유통이 되겠다.

실크로드는 '찍새'들의 발걸음으로 다져졌다. 그런데 어떤 영웅적 '찍새'들은 큰 바다로 나가 인류사를 송두리째 바꿨으니 그게 '대항해 시대'다. 그 정점에는 오스만 제국을 우회해 후추 사 오는 길을 개척하겠다고 나섰던 콜럼버스가 있고, 지구상의 해안 도시는 모두 '찍새'의 서식지가 되었다. 그럼에도 '닦새'의 지배는 쉽게 사라지지 않았다. 생필품은 늘 부족했고 이를 생산하는 자들의 입김을 무시할 수 없었다.

그런데 산업 혁명으로 기어이 역할의 대역전이 이뤄졌다. 생산량이 소비 수요를 넘어선 것이다. 맬서스의 걱정과 달리 세상은 기아가 아니라 비만을 걱정하는 곳으로 바뀌었다. 원재료를 싸게 사 오고 상품을 비싸게 파는 일이 더 중요해졌다. '닦새'의 역설은 구두를 열심히 닦을수록 '찍새'가 더 필요하고 중요해진다는 점이었다. 태평양을 건너

상자 안에 말려 구겨진 갈치.
갈치가 이런 모양이 돼야 했던 것은 운송 공간의 효용을 높이기 위해서다.
그러나 갈치는 옮겨지기 위해서 존재하는 것이 아니므로 이때 공간의 효용이
낮을 수밖에 없다. 운송 효율을 높이는 것은 '찍새'에게 특히 더 중요한 문제다.

일본인들에게 구두를 늘어놓았던 그도 '찍새'였다.

한 번 시작된 혁명은 지칠 줄도, 쉴 줄도, 돌아올 줄도 몰랐다. 결국 제조업 '닭새'의 산업 혁명을 넘어서 유통업 '찍새'의 정보 혁명까지 이뤄졌다. 4차 산업 혁명도 결국은 '찍새'의 분화와 발전을 표현한 것이다. 전 세계 기업 순위를 보면 세상이 '찍새' 천국이라는 것이 확연히 드러난다. 미국으로 보면 20세기 후반에는 최대 규모의 기업이 GM, IBM, 듀폰, 엑산 등이었고 월마트 정도가 끼어 있는 수준이었다. 그러나 현재의 구글, 아마존, 메타, 마이크로소프트 등은 모두 '찍새' 기업이다. 거기 테슬라 정도가 발을 얹은 수준이다. '찍새'와 '닭새'가 결합된 기업인 애플이 좀 독특하다.

유통 혁명으로 지구가 통합 시장이 되면서 '닭새'는 점점 노동력이 싼 국가로 밀려났다. 중국과 그 주변, 동남아시아다. 애플에서도 '찍새'는 미국에 있지만 '닭새'는 주로 중국에 있다. 물론 '찍새'만 있는 국가는 생존이 위험하다. 안보와 직결되는 '닭새'를 자국 영역 안에서 키워야 국가경쟁력과 안보를 보장받을 수 있다.

한국도 이제 '닭새'가 과포화 상태에 이르렀다는 선언이 있었으니 가장 뚜렷한 것은 주 5일 근무제의 시행이었다. 이제 덜 생산하고 많이 소비하라는 의미인데 그건 한국이 확실하게 '찍새' 사회에 진입했다는 이야기였다.

'찍새'든 '닭새'든 에너지는 필요하다. 지금 전 세계적 화두는 생산 확대가 아니고 탄소 감축이다. 그래서 에너지가 더 문제다. 그런데 특이하게 한국에서는 에너지 매체도 논란이다. 전기 외 미래 청정에너지로 수소가 거론되고, 정부의 투자 압력이 커지고, 지자체도 들썩인다. 그런데 세상사는 박사와 정치인보다 구두닦이의 설명이 더 간단명료할 때가 있다. 그 관점으로 비교해 보자.

먼저 수소. 전기에너지를 이용해 수소를 변환하거나 추출해 이를 초고압으로 압축하거나 극저온으로 액화해 충전소로 보내고 충전소에서 충전해 온 수소를 산소와 결합해 전기로 바꾼 후 모터를 돌린다. 복잡하고 어렵다. 간단히 말하면 전기를 수소로 저장했다가 다시 전기로 쓴다는 것이다. 그러나 여전히 복잡하다. 변환 과정과 구동 기관이 더해질수록 에너지 손실과 고장 가능성이 커진다. 뒤에 물만 남는다는 청정 이미지는 마지막 단계인 산소 결합 과정만의 이야기다.

그에 비해 전기는 추출, 압축, 운송, 환원 과정이 따로 필요 없다. 전선으로 전송되니 소비자는 집에서 플러그를 꽂고 스위치만 켜면 된다. 그러면 즉시 모터가 돌아가고 물이 끓고 조명에 불이 들어온다. 해

트럭과 송전 철탑.
무언가를 옮겨야만 한다는 공통점이 있지만 능률과 유연성만큼은 전기가 압도적이다.

결해야 할 문제는 배터리다. 불규칙한 발전 용량에 적응하는 저장 방식과 느린 충전 시간이 문제다. 그래서 대안으로 수소가 거론된다. 그러나 수소의 미래는 배터리 문제 해결에 종속돼 있다. '닦새'가 생존하려면 이 문제를 해결해야 한다. 중량 대비 에너지 밀도는 수소가 배터리보다 높다. 그러나 수소는 기체고 배터리는 고체니 부피로 환산하면 전세가 역전된다.

에너지원이 물리적으로 이동해야 한다는 점에서 수소의 공급 방식은 현재의 LPG와 다를 바 없다. 역사 속 인간은 귀찮은 일상을 선택하지 않았다. 흐름을 짚다 보면 때로 세상은 어처구니없이 간단명료하게 보이기도 한다. 소비자가 사무실에 앉아 있으면 '찍새'가 와서 다 닦은 구두를 건네준다. 구두가 '닦새'를 찾아가는 게 아니고 '찍새'가 구두를 들고 찾아오는 게 구두닦이가 증언하는 역사다.

가장 낙관적으로 바라봐도 수소는 제한된 조건의 특정 환경에서나 사용될 수 있을 것이다. '찍새'에게 수소는 비교와 고려가 어려운 열위 에너지다. 다시 강조하거니와 역사는 이 세상이 결국 '찍새'의 것으로 바뀌었다고 말하고 있다. 그래서 구둣방에 난 작은 창으로 내다보니 수소가 주 에너지원인 시대, 수소의 시대, 그런 건 오지 않을 것이다. 구두 미화 1회 무료 이용권을 걸고 내기해도 좋다. 이처럼 에너지의 존재가 도시에서 중요한 건 교환을 위한 장거리 이동을 가능하게 하기 때문이다.

네 번째 생각

쿼티 자판에 새겨진 도시

발바닥은 좁되 엉덩이는 넓적하고 등이 편편하다. 인간은 걷기보다 앉고 누우려고 한다. 인간은 게으르며 더욱 게을러지고자 한다. 오늘의 게으름을 내일로 미루지도 않는다. 더 게을러질 수 있는 내일 대신 그냥 오늘의 게으름을 선택한다. 바꾸는 게 더 귀찮은 것이다. 인간은 모일수록 더 게을러진다. 그래서 사회는 잘 바뀌지 않는다.

핸드폰이나 컴퓨터 자판을 들여다보자. 영문 자판 왼쪽 위에 'QWERTY'가 가지런히 모여 있다. 사연은 기계식 타자기 시대로 거슬러 오른다. 초기 타자수들은 당연히 속도가 경쟁력이었다. 그런데 자판을 빨리 두드리면 먼저 친 활자와 다음 활자가 꼬이는 사태가 빈발했다. 제조업체의 해결책은 간단했다. 치기 어려운 자판 글자 배열. 그래서 모음은 좌우 분산되었고, 연속 사용 빈도가 특히 높은 'ER'은 고약하게 원

쿼티 자판 배열의 타자기.
가장 많이 쓰는 글자가 쉬프트 키를 누르고 쳐야 하는
왼쪽 구석에 자리 잡고 있다.

손하고도 저 위에 붙어 자리 잡았다. 쿼티 자판의 단생 실화다.

기계식 타자기가 전자식으로 바뀌고 컴퓨터, 핸드폰으로 진화했다. 타자수가 사라지고 독수리 타법족과 엄지족이 등장했어도 불편한 자판 배열은 굳건하다. 편리한 자판보다 익숙한 자판을 계속 쓰겠다는 게으름이다. 이걸 사회적 관성이라 부를 것이다. '자판'은 무엇인가. 문자를 입력하는 도구다. 그래서 쿼티 자판은 자판의 일종이다. 그렇다면 '좋은 자판'은 무엇인가. 문자를 편하고 빠르게 입력할 수 있게 만드는 도구다. 이때 쿼티 자판은 좋은 자판은 아니다.

왜 사회가 굼뜨게 바뀌었는지 알아보기 위해 맨홀 뚜껑을 들여다보자. 먼저 이게 동그란 이유를 살펴보자. 동그라면 어떻게 놓아도 뚜껑이 맨홀 구멍에 빠지지 않는다, 무거운 주철제 물건이지만 굴리면서 이동할 수 있다. 아무렇게나 발로 밀어 덮어도 된다. 그런데 이 맨홀 뚜껑을 그냥 두지 않고 주변의 보도 문양과 맞춰 제작하는 문화가 있다. 문제다. 외국에서 보고 온 게 교훈으로 남았는지 우리 도시에도 이런 맨홀 뚜껑들이 꽤 많아졌다.

그런데 이 뚜껑이 주변 문양과 어울리기 위해서는 두 사람의 가치관 공유가 필요하다. 맨홀 뚜껑을 제작하는 사람과 만들어진 뚜껑을 현장에서 덮는 사람이다. 제작자가 이를 맞추겠다고 생각할 확률이 2분의 1이라고 보자. 그리고 현장에서 이를 문양에 맞춰 덮겠다고 생각할 확률도 2분의

2분의 1과 2분의 2의 동의가 각각 이루어진 맨홀 뚜껑의 풍경.

1이라고 하자. 두 사람의 가치관이 공유돼야 하므로 맨홀 뚜껑이 주변 문양에 맞게 덮일 확률은 4분의 1로 줄어든다. 개입하는 사람이 많아질수록 이 확률은 곱셈이 되면서 확연히 줄어든다. 10명이 개입되는 일이라면 그 값은 1,024분의 1이니 변화 확률은 0.1퍼센트다. 그런데 도시에는 적어도 수만 명이 살고 있는데 사회 변화는 이들 대다수의 동의를 요구한다. 당연히 잘 변하지 않는 게 정상이다.

그런데 게으른 인간의 등을 떠밀어 사회 혁신을 강요하는 기제가 있으니 전쟁과 역병이다. 코로나라는 역병의 창궐로 전 세계가 사회적 실험을 강요받았다. 외출 억제, 이동 억제, 집회 억제. 이 덕분에 사회와 도시의 근본을 성찰하는 기회도 생겼다. 다시는 이전 사회로 돌아가지 못할 것이라는 추론도 있었다. 일부는 그럴 것이다. 세계관이 바뀐 것은 틀림없다. 콜레라로 사회 전반의 위생 개념이 바뀌고 도시의 상수원이 정리된 것도 맞다.

전 세계의 여행, 운항, 이동 업체가 도산 위기를 겪었다. 그런데 흥미로운 건 미국 몇몇 기업의 가치 상승이다. 이들 기업을 묶어 교집합을 추리면 이렇게 수렴한다. 이동, 운반, 전송의 혁신과 대안. 물품과 정보를 더 싸고 편하고 빠르게 옮겨주는 회사들. 게으른 인간을 더욱 게으르게 해줄 유통 대안을 내세운 기업들이다. 앞서 이야기한 '찍새' 기업들. 산이 다가오지 않자 산을 향해 걸어간 게 마호메트 이야기다. 그러나 이들 기업 덕에 이제는 기어이 산이 인간에게 오길 기대하는 지경이 되었다.

우리는 몇몇 기관과 제도의 실상 그리고 가치도 엿보게 되었다. 어떤 종교는 신이 아니라 인간을 만나는 게 목적이었다는 것이 드러났다. 경기장은 경기를 보는 게 아니고 모여 함께 아우성치는 곳이었다. 음악당은 더 섬세한 음향 효과를 즐기는 곳이 아니고 어떤 연주자나 공연자의 팬을 자임하러 가는 장소였다. 본질상 경험을 요구하는 것들은 코로나 이후에도 변할 수 없다. 마호메트 시대가 지났어도 여행은 우리가 결국 거기 가야 하는 것이므로, 여행은 다시 여행이 되었다. 진료 카드는 전송돼도 모니터에 주사 바늘 꽂지는 못한다. 큰 텔레비전으로 영화를 보던 사람들도 초대형 화면의 경험을 찾아 기어이 영화관으로 나섰다.

마지막 질문은 도시로 향한다. '도시'는 무엇인가. 도시는 이동이 귀찮은 게으른 인간들이 게으름 구현의 극대화를 위해 만든 초대형 구조물이다. 그래서 도시는 인간이 모여 사는 공간이다. 그렇다면 '좋은 도시'는 무엇인가. 게으른 인간들이 가장 쉽고 빠르고 편하게 자신들의 물품과 정보를 교환하며 사는 공간이다. 그래서 좋은 도시는 더 좁은 공간에 사람들이 모여 사는 곳이다. 컴퓨터 칩이 필사적으로 작은 공간에 더 많은 회로를 새겨 넣으려고 하는 이유와 같다. 그래야 계산이 빨라지고 열 손실은 줄어든다. 도시의 이동은 빨라지고 에너지 소비도 줄어든다. 사회구성원의 집합적 게으름은 극복할 대상이 아니라 따라야 할 목표다. 그 결과를 표현하는 단어가 경제성·생산성·효율성 등이다.

그런데 모든 도시는 땅 위에 새겨진 인간의 흔적이다. 그렇다면 그 배경이 되는 것에 대해 살펴봐야 한다. 사회적 의미로 땅을 지칭할 때 토지라고 부르는 것이 일반적이겠다. 그런데 이 토지는 또 어떤 사회적 이유로 잘게 나뉘어 있는데 나뉜 그 단위들은 필지라고 부른다. 이들은 모두 어떤 공통 분모를 갖고 있으니 소유 대상이라는 점이다. 이건 좀 신기한 현상이다. 국경선부터 필지 경계까지, 그어진 금들은 모두 배타적 소유를 명시한다. 그리고 이들은 갈등 원인이 되곤 한다.

다섯 번째 생각
토지 소유의 불편한 시작

달을 분양합니다. 이런 이야기를 들으면 헛웃음이 나올 것이다. 어수룩한 백성을 대상으로 벌이는 사기행각인 거지.

발언자가 미국 대통령이라면 어떨까. 트럼프라는 미국 전 대통령은 세상의 중심에 돈을 놓고 있는 사람이다. 무기만 사준다면 아라비아 왕자가 백주에 사람을 죽여도 모른 척하겠다는 사람이다. 그런 그가 연방의 재정 적자를 해소하기 위해 달인들 못 팔까. 그의 논리는 간단하다. 달은 우리가 접수한 땅이다. 그러면 당연히 국제사회가 반발할 것이다. 너희가 달에 간 건 맞다. 그런데 달이 너희 것이냐. 달을 미국이 만들었느냐.

대상을 지구로 바꿔보자. 거기 한반도라는 땅을 들여다보자. 이미 분양은 구석구석 다 끝난 상태다. 대한민국의 모든 땅은 조각조각 나뉘어 있고 법적 소유자가 존재한다. 아마 그 소유자는 이전 소유자에게서 땅을 샀을 것이다. 이전 소유자는 또 이전 소유자에게서 샀을 것이고. 그렇게 거슬러 올라가면 우리는 예외 없이 불편한 진실 하나와 마주치게 된다. 그 상황을 간단하게 표현한 단어가 이것이다. 점거.

이것이 땅이 갖고 있는 문제다. 바로 여기가 토지의 공공성을 논의

하는 시작점이다. 누구도 그 땅을 만들지 않았다. 그 땅은 소비되지도 않는다. 다만 점거할 따름이다. 자본, 노동과 함께 경제의 기본 요소인 토지가 지닌 특이한 점이다. 그래서 사회주의 국가가 시행하는 첫 번째 작업이 바로 이것이다. 토지 몰수.

대한민국은 민주공화국이되 자본주의 민주공화국이다. 점거로 얻은 땅의 매매를 허용하는 국가다. 게다가 소유권을 인정하는 점거 기간까지 법적으로 정해놓았다. 20년이다. 대한민국이 인정하는 이러한 불편한 진실의 배경에 깔린 것이 법적 안정성이다. 점거한 토지를 모두 내놓으라고 했을 때 벌어질 혼란을 사회가 감내할 수 없다는 것이다. 악법도 지켜야 한다고 주장하는 건 그것이 무법보다 낫기 때문이다. 그러나 중요한 것은 지켜야 할 그 법이 최선의 법은 아니라는 점이다. 최초의 점거 사실이 사유화된 토지의 공공성을 논의하는 출발점이다.

토지는 관상용으로 사지 않는다. 결국 개발하고 건물을 얹을 목적이다. 건물이 세금으로 지은 게 아니라면 당연히 사유재산이다. 거기는 공공성이 개입할 필요가 없다. 그러나 문제는 모든 건물이 토지를 딛고

한가한 해수욕장의 풍경.
누구도 모래를 갖다 깔지 않았지만 파라솔을 꽂고 사용료를 받기 시작하면서 토지 점거가 시작되었다.

있다는 모순에서 발생한다. 그래서 국가는 건물 짓는 과정에 적극적으로 개입한다. 도시 공간의 공공성 유지를 위해 규모와 형태를 제한한다. 건물을 짓기 위해 필요한 행정절차는 승인이나 신고가 아니고 허가다.

도시가 공공재이고 개별 토지에 일정한 공공성이 있다면 국가가 개발 행위에 개입하는 방법은 그 사유재산권의 침해를 최소화하면서 공공성을 회복하는 것이어야 한다. 토지의 효용을 높여주되 토지를 개방하도록 요구하는 것이다. 건축법 용어로 서술하면 건폐율을 낮추고 용적률을 높이는 것이다. 즉 건물의 평면을 줄이고 높이를 늘리는 것이다. 높은 건물을 허용하는 대신 건물이 딛고 선 면적을 줄이고 그 부분의 개방을 요구하는 것이다.

그리고 이미 공공이 소유한 토지의 사유화를 억제하는 것이다. 점거와 사유화는 인간 본성의 일부다. 그러나 그 본성의 발현을 방치하면 도시는 정글이 된다. 그 상태는 다시 무법에 가까워진다. 그걸 방지하라고 우리는 제 3자에게 권력을 위임한다.

수도권에는 집 지을 땅이 부족하다. 그러나 누구도 땅을 마음대로

복도식 아파트의 풍경.
맨 끝의 집들이 복도를 사유화하는 것이 보인다.

청계산에서 본 서울 전경.
토지대장이라는 관점에서 도시를 보면 소유권이 빽빽한 공간이다.
그러나 누구도 그 토지를 생산하지 않았다.

만들어내지 못한다. 지도를 자세히 들여다보면 여기저기 비어 있는 땅 뭉치들이 발견된다. 가장 큰 덩어리가 그린벨트다. 이걸 헐자는 의견도 나오곤 한다. 이것은 국가가 무엇인지를 묻는 말을 수반한다. 공공공간을 사적 공간으로 변화시키며 국가가 앞장서 개발해 나간다면 대한민국은 자본주의 정글일 뿐이다. 공공녹지와 공원을 헐어 결국 사유화될 택지로 바꾸는 것도 해결책이 아니다.

대안은 개발된 토지를 다시 고밀도로 개발하는 것이다. 이미 택지로 쓰이는 오래된 땅의 밀도를 높여 개발할 수 있는 여지를 유연하게 허용해야 한다. 그런데 도시계획법은 그 방법을 놀랍도록 어렵게 묶어놓았다. 나홀로 아파트가 흉측하다고 1만 제곱미터를 넘는 땅만 재개발하도록 해놓았다. 그 결과 그간 역사의 켜가 묻혔던 도시 조직들이 사라졌다. 그리고 재개발 과정에서 동의하지 않는 소수 의견은 폭력적으로 무시되었다. 그래서 그 이후 도시 변화의 목소리가 생겼을 때 의견수렴은 더욱 어려워진다. 결국 폭력적인 의사결정이 이뤄진다. 그러므로 좀 더 작은 단위의 재개발을 허용해야 한다. 민주사회는 다수가 지배하되 소

경사면을 평면으로 바꾸기 위해 조성된 이 구조물은 자기 소유의 땅을 한 뼘도 잃지 않겠다는 의지의 표현이다.

수가 무시되지 않는 사회다.

　지금 이 사회에서 가장 골치 아픈 사회적 문제는 바로 주택 문제다. 사안마다 변수가 다르고 관련된 이해 당사자의 목소리는 절박하다. 단 하나의 답으로 모든 이를 만족시킬 수 없다. 그러나 변수의 복잡성과 해결의 난해함이 커질수록 중요한 것은 흔들리지 않는 철학과 원칙이다. 그것은 항상 물음에서 시작해야 한다. 토지가 무엇인지, 건물이 무엇인지, 그리고 국가와 정부가 무엇인지.

　달을 팔지도 모르는 대통령의 나라로 돌아가자. 그 나라에서도 뉴욕은 자본주의로 똘똘 뭉친 사회를 보여 주는 공간이다. 그 도시에서 면적별 지주의 순위는 뉴욕시 정부, 가톨릭교회, 컬럼비아대학교다. 모두 자신의 공간을 개방하는 주체들이다. 끔찍하게 높은 건물들 사이로 공원, 광장이 빼곡한 상황은 이렇게 설명된다. 공적 개방과 사적 자유의 공존. 뉴욕이 세계 최고의 도시에 이름을 올리는 것은 바로 그 때문이다.

　다시 규모로 돌아오자. 모든 땅은 소유를 위한 필지로 나뉘어 있다. 그걸 몇 개 합쳐 개발 단위를 만들기도 한다. 대규모 개발이 문제라면 너무 작은 단위의 개발도 문제다. 세상사가 다 그렇듯 어딘가에 적당한 값이 있을 것이다. 그건 수학적 답이 아니므로 그 값을 찾는 데에 시행착오가 필요하다.

여섯 번째 생각
전투기들이 도열한 도시

영화 '탑건: 매버릭'의 주인공이 누구냐. 잘생긴 톰 크루즈에 반해 30여 년 전의 영화를 뒤져봤다는 이야기도 들린다. 그런데 이 영화의 실제 주인공은 따로 있다. 톰 크루즈보다 더 화끈하고 성깔 있게 생긴 그 기계의 이름은 F/A-18. 영화에는 조연도 필요하니 그건 이전 기종인 F-14이다. 이 조연에 대한 영화 속 평가는 '박물관 전시품'이다. 백 년 남짓의 전투기 계보를 육군에 비교하면, F-14는 과연 2차 세계대전의 전차 정도에 해당할 것이다. 지금은 레이더에 잡히지도 않고 작전 반경이 한반도 전역을 가뿐히 뛰어넘는 전투기의 시대라고 한다. 파일럿조차 없는 시대도 올 것이고.

우리에게 익숙한 건 더 오래된 기종인 F-4다. 전 국민이 방위 성금을 모아 5대나 구입했던 눈물의 주인공이자 국군의 날 주연배우였다. 이 왕년의 스타가 영화에 등장하면 나폴레옹 전쟁 시기의 대포 대접을 받을 듯하다. 그런데 F-4와 등장 시기는 비슷한데 여전히 활주로를 압도하며 질주하는 현역 비행기가 있다. 당연히 그간 적지 않은 발전과 개량을 거쳤지만 기본 모델명은 보잉747이다.

목숨을 건 진화가 전투기의 생존 조건이다. 이전 기종을 압도하고 무용지물로 만들어야 한다. 그래서 전투기는 테스트 파일럿의 목숨이 걸려 있어도 극한 실험을 하게 된다. 그러나 여객기의 최우선 원칙은 안전성이다. 수백 명의 목숨이 걸린 여객기로 선회 기동 시험 비행을 하면 곤란하다. 덩치가 커지면 상황 변화에 대처가 어렵고 문제 수습이 늦어진다. 제작 실패로 제작사의 운명도 오가니 보수적으로 된다.

도시를 보자. 도시라는 공항에는 건물들이 빽빽이 도열해 있다. 도시도 진화해야 한다. 세워지는 모든 건물이 문화재의 보존 가치를 얻는 도시는 지구 위에 없다. 건물의 내구성도 필요하나 복엽기複葉機*에 앞서서 새로운 시대를 맞을 수는 없다. 쟁기가 트랙터로 대체됐을 때 농지 형상도 사각형으로 바꿔야 했다. 필지 변화가 없이 새 건물을 지으면 재건축, 필지를 조정해서 새로운 도시 기반 시설을 추가해 넣으면 재개발이라 부른다. 문제는 재개발 규모다. 우리는 재개발 규모가 너무 커서 유연한 진화가 어려운 도시 조직을 만들어왔다.

자본주의 개발 시장에서 건물은 필지가 허용하는 법적 최대 기준으로 짓는 게 일반적이다. 그래서 건물 덩치와 직접 연결된 요소는 필지 크기다. 필지가 커지면 거기 들어서는 건물에 투입되는 소요 자원의 단위가 커진다. 그래서 개입할 수 있는 소규모 자본이 사라지고 결국 초대형 자본의 투자은행, 건설사들만 살아남는다. 전 세계에 엔진 4개를 달고 날아다니는 코끼리 같은 대형 상용 여객기를 만드는 회사는 보잉과 에어버스라는 두 고래밖에 없다. 등 터질 새우들이 사라진 고래들만의 생태계, 그건 위험하다.

단군 이래 최대의 아파트단지 건설인 '둔촌주공아파트 재건축 사업'은 단군 이래 최대로 기록될 건설 사업 갈등을 겪었다. 1만 2천여 세

---

* 날개가 위아래로 2쌍씩 달려 있는 비행기로, 초기 항공기들에서 자주 쓰인 형태였다.

대가 탑승하는 덩치면 국내 최대 규모 건설사들이 혼자도 아니고 뭉쳐서 사업단을 꾸려 참여하게 된다. 조합으로서는 시공사 선정의 대안도 없으므로 시공자의 입김이 그만큼 커진다. 조합은 구성원들이 워낙 많으므로 사안마다 의견 수렴이 어렵고, 타협이 힘들어 갈등은 커지고, 반발이 빈발하여 분쟁은 상존하며, 진행은 더디고 피해가 커진다. 결국 다수결로 사안을 결정하나 소수의 크기도 워낙 커서 많은 이가 피해의 눈물을 흘려야 한다. 덩치가 커지면 맞닥뜨리는 위협과 위험도 당연히 커진다.

　최소가 최적은 아니다. 제트엔진 장착을 위해 필요한 비행기의 적정 최소 크기가 있다. 도시에서 건물이 경쟁력을 지니기 위한 필지 최소 규모도 있다. 현대 도시를 결정하는 엔진은 자동차이고 건축설계의 최대 변수는 주차장이다. 자율주행 자동차의 시대가 돼도 주차장은 필요할 것이다. 설계해 보면 지하 주차장이 원만하게 작동하는 최소 규모

재개발 이후의 환상적 그림에 다수가 동의했을 때 대체로 이런 소수의 절규들은 무시 받았다.

모래내의 개발 전후 항공 사진.
개발 단위가 하도 크다 보니 저 안에 있던 수많은 의견이 상대적 소수라고 다 무시됐고 그 인생들은 철거됐다.

의 필지는 대략 2천 제곱미터 정도로 수렴한다. 나는 자동차라는 엔진의 전제하에서는 이 경험치 인근이 도심 재개발 필지 규모의 적정 값일 거라고 짐작한다.

19세기 이후 지구의 유력 국가들은 무력 경쟁에 돌입했다. 20세기 후반에 들어서면서 전쟁 방법과 단위가 바뀌었다. 전투기를 앞세운 방위력은 국가별 지표이지만 다른 경쟁력은 거의 도시별로 매겨진다. 도시 간 경제 전쟁터가 된 것이다. 그 경쟁력을 보여 주는 직접적인 지표는 새롭고, 영향력 있는 기업의 존재다. 시장 요구에 따라 기업이 명멸한다. 그래서 기업의 변화에 맞게 도시도 적절하게 바뀔 수 있어야 한다. 도시의 민첩성을 계측하는 단위는 마하가 아니라 수십 년이다. 활주로에 늘어선 비행기의 규모에 따라 도시의 미래가 달라진다. 참고로 엔진 4개의 코끼리 여객기도 결국 단종 절차에 들어섰다.

속도가 어떻든 도시에 변화를 요구하는 것은 인구다. 양적 증가일 수도 구성 문화와 수요 변화일 수도 있다. 우리 도시의 가장 큰 갈등은 특정 지역에 너무 많은 인구가 모여 있다는 데에서 출발한다. 그건 과밀과 소멸이라는 단어로 표기되고는 한다. 이제 그 배경을 들여다보자.

일곱 번째 생각
도시의 투전판 전략

"앵두나무 우물가에 동네 처녀 바람났네." 이 가요에 등장하는 이쁜이와 금순이는 서울로 가겠다고 단봇짐을 싸서 나섰다. 요즘이면 연예기획사 연습생 지원을 의심해 보겠다. 그러나 1950년대 중반은 우리나라 최초의 텔레비전 방송국이 막 개국한 시점이었다. 당시 전국의 텔레비전 보급 대수는 고작 3백 대 언저리였다. 이쁜이는 텔레비전이 아닌 우물가 수다로 소문을 들었을 것이다. 서울로 가면 취업해서 보릿고개를 넘을 수 있다고.

당시 매혈인賣血人˚으로 가장 많은 것은 무작정 상경한 이들이라는 게 신문 보도의 증언이다. 피를 팔든 품을 팔든 마련한 푼돈을 교두보로 이들은 서울에서 생존해 나갔다. 그 절박한 생존력이 오늘의 대한민국을 만들었다. 서울의 노동력 집중은 산업화의 원동력이면서 결과물이었다. 그걸 우리는 이쁜이와 금순이의 '무작정 상경'이라는 단어로 불렀다.

그 이쁜이들은 몇 명이나 되었을까. 전쟁으로 잠시 주춤했어도 상

˚ 헌혈을 통해 생존에 필요한 비용을 마련했던 사람을 말한다.

경 바람은 광복 직후 바로 시작되었다. 1951년 65만 명이던 서울 인구는 쉼 없이 늘다가 1992년 1,097만 명으로 정점을 찍었다. 40년간 천만 명이 늘었으니 연평균 25만 명 정도다. 목포나 경주 크기의 도시 40개가 말끔히 사라져 서울에 흡수됐다는 이야기다. 서울은 그간 행정구역도 대폭 넓어졌다. 그래서 서울은 20세기 후반에 조성된 거대한 신도시에 가깝다. 워낙 넓은 면적이고 계획, 비계획 지역이 뒤죽박죽 섞여 있다. 1992년 이후 서울 인구는 늘지 않았으나 대신 인근 수도권 인구가 계속 증가했다.

노익장들이 아니라 청춘남녀들이 주로 상경했으니 수도권과 지방의 인적 경쟁력 격차는 인구 지표상 숫자보다 훨씬 컸다. 농촌 인구의 도시 노동력 전환은 전 세계 산업화의 공통 현상이다. 만성적인 주거 부족 사태도 경쟁력 있는 다른 나라 대도시에서도 나타나는 일반적인 문제다. 그러나 한국은 그 전환 속도가 남달랐다. 아무리 궤짝 같은 아파트를 찍어내며 지어도 서울로 밀려드는 인구의 수용은 불가능했다. 부작용

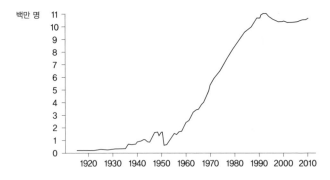

서울의 인구 증가 기록.
1951년 서울이 수복된 이후 급격히 인구가 늘기 시작했고 분당, 일산 신도시가 형성된 후에야 그 증가세가 멈춘다. 대신 수도권 전체 인구는 늘었다. 특히 1970년에만 66만 명이 증가했는데 증가율로 환산하면 연 13.7퍼센트였다.

誘惑의季節… 2月에 접어들며…

무작정 上京

食母취직 서울憧憬

南大門署집계 '하루平均'

서울이 좋다더라 에

때로는 빨간 뵈딸이 안고 "고향가게 해줘요"

부푼꿈 안기 도, 거의가 淪落

1965년의 신문 보도는 숫자 너머로 보이는 인구 증가의 현실을 설명하고 있다. 이 유혹의 배경으로 널리 보급되기 시작한 라디오를 짚는 분석도 있다. 1960년대 초반에 '농촌 라디오 보내기 운동'이 시작됐던 것이다. 21세기 초반 한국 드라마를 보고 우리 문화를 동경하기 시작했다는 외국인들의 이야기와 유사하다.

은 가끔 건물과 구조물의 붕괴로 모습을 드러냈다. 1970년은 유독 기록적인 해였는데, 그해 서울시 인구는 놀랍게도 66만 명이 늘었다. 그리고 그해 와우아파트가 무너졌다. 그러나 무너지지 않은 아파트값은 급격히 오르기 시작했다. 이쁜이가 공단 벌집방을 전전할 때 복부인들은 아파트를 사고팔았고 고위층은 특혜 분양을 받았다.

그런데 인구 증가가 멈췄다는 지금도 여전히 아파트값이 오르는 까닭은 무엇일까. 값이 더 오르리라는 기대 때문이다. 그런 기대가 투자재로서 아파트 수요를 재생산하니 그건 가수요라 부를 것이다. 가수요가 비대한 시장은 투기장이라 부른다. 투기장의 경쟁력은 쥔 판돈의 크기다. 서울의 아파트 공급의 문제는 신규 공급분이 무주택자가 아니라 더 큰 판돈의 다주택 소유자에게 빨려간다는 데에 있다. 다주택 소유자가 자산을 늘려가면서 진입 장벽은 점점 높아진다. 그래서 뒤에 자세히 설명하겠으나 아파트는 이제 투자재를 넘어 계층 차별의 지위재로 여겨지기 시작했다. 앵두나무 늘어선 시골 논밭 사이라도 아파트에 살아야 성공 인생이라는 '아파트 계급 사회'에 이른 것이다. 개천에서 용 나야 한다는 게 산업화 시기 한국의 가치관이었다. 그런데 아파트가 개천도 우물도 덮기 시작했다는 게 지금 상황이다.

수도권 아파트 가격의 안정적 대안은 인구 분산에 의한 수요 억제 혹은 충분한 공급 확보다. 그러나 인구 분산은 방법과 효과가 불투명한 장기 사업이다. 결국 넘치고 남을 만큼 충분한 공급 신호 없이 가수요는 줄지 않을 것이다. 분명 확실한 공급 신호는 필요하다. 그래서 과연 대통령 후보들은 앞다퉈 주택 공급 공약을 내걸었다. 그런데 모두 단위가 수백만 호다.

이쁜이들의 상경이 이뤄진 산업화 기간에 우리의 대통령은 사단장 출신들이었다. 이들은 국민의 진군 방향을 넘어 점령할 고지도 고지했다. 천 불 소득, 백억 불 수출. 사단장이 고지를 정하면 결국 병사들이 기어올라야 한다. 그러나 수출 목표 달성을 기념하는 대대장, 중대장 포상의 순간에도 공장 노동자 이쁜이는 여전히 미싱에 인생을 박음질하고 있었을 게다. 주택 2백만 호 건설 공약도 있었다. 건설회사 사장 출신 대통령은 덩달아 7퍼센트 경제성장률, 1인 소득 4만 달러, 세계 7위의 선진 국가 진입이라는 '747 공약'을 내걸었다. 저 세계 7위의 기준이 뭔지는 모를 일이있다. 숫사는 현실을 치환하는 순간, 폭력이 된다. 사회가 숫자로 된 지향점을 갖는 순간, 이쁜이들의 인생은 도구에 지나지 않는다.

부풀린 숫자로 주변을 현혹하는 것은 투전판 전략이다. 인구 분포와 건설 시장 규모로 볼 때 수백만 호 주택 공급 공약은 우리 정치판이 도박판과 유사하다는 불행한 자백이다. 그 숫자는 어쩌면 가격 진정을 위한 엄포일 수 있다. 그러나 징치인들이 건설 목표를 허풍이든, 전략이든 숫자로 써 붙이면 공급 주체에게는 실천 목푯값이 되고, 국토는 속도전의 전투장이 되고, 궤짝 아파트가 산포된다. 아파트들이 건설 공사 도중 무너지고 노동자들이 목숨을 잃는다. 사고 원인은 결국 돈과 시간으로 수렴될 것이다. 이들은 숫자로 치환되는 폭력적 지배 변수들이다.

허황된 숫자의 공급 공약이 문제다. 하지만 새로운 요구에 맞는 주거는 계속 공급돼야 한다. 문제는 어디에 어떻게 하느냐는 것이고 그때 정량적 기준 제시와 평가가 필요한 것은 틀림없다. 그 정량 치수에 밀도가 들어 있는데 그걸 부르는 이름은 용적률이다.

여덟 번째 생각

전원도시의 꿈과 현실

여전히 '인서울'이라는 단어로 대입 성패가 나뉜다. 그러나 그 대학교들의 기숙사 수용인원 사정은 대체로 형편없다. 그나마 대학교가 기숙사를 짓겠다고 했을 때 이를 막아선 집단이 대학가 원룸 주택 소유자들이다. 겨우 집 하나 가진 노년층인 자신들의 생계를 위협하지 말라고 했다. 방을 쪼개고 갈라내 불법 증축한 비루한 공간으로 최대한의 월세를 빨아내던 이들이다. 학생들에게 사회적 약자 행세를 하던 이들은 조물주 위에 있다는 건물주였다.

학생들은 어찌 됐든 꿋꿋하게 졸업하여 자신의 노력으로 좋은 직장을 얻는다. 그런 직장은 대개 도심에 있다. 그러나 주거지는 노력으로 결정되는 것이 아니다. 근로 임금을 모아서는 서울에 집을 장만하는 길은 막혔다. 그래서 통근 때마다 빼곡한 지하철이나 도로에서 3시간을 지불해야 한다. 그 좌절이 그들의 몫이다. 영원히 전세와 월세를 빨리며 살아야 한다는 구조에 대한 분노의 단어가 이것이다. 빨대 세대.

만발하는 대책을 비웃으며 아파트값은 여전히 올라갔고 미소와 절규가 교차한다. 지속적인 공급에 대한 확신이 없다면 백약이 무효하다. 그래서 부족하다는 택지 공급을 위해 신도시 개발안을 꺼내놓는다.

특정한 곳의 집값이 앞장서 오르는 이유는 살기 좋기 때문이다. 주거지 평가에서 짧은 통근 거리는 세계의 공통 변수이고 교육 경쟁력은 한국의 특이 변수다. 두 변수의 교집합을 그리면 대한민국에서는 서울 강남이 나온다. 왜 여기 집값이 오르는지는 지하철 노선도만 들여다봐도 알 수 있다.

이 강남의 출생 유전자를 찾으려면 산업 혁명까지 거슬러 올라야 한다. 인클로저 운동으로 토지를 잃은 농민들이 결국 도시로 몰려들어 노동자가 되었다는 영국 이야기다. 도시 과밀이 문제가 되자 산업 혁명의 주역이자 수혜자인 중산층 혹은 중간 계층이 도시를 버리고 교외로 향했다는 그 이야기. 햇빛 충만하고, 텃밭과 녹지로 둘러싸인 이 저밀도 주거지를 영국에서는 전원도시라고 불렀다. 새 도시의 블록 크기는 초등학교 보행 가능 거리로 계획하자는 제안은 미국에서 나왔다. 이를 '근린주구이론'이라 부른다.

우리의 계획도시들은 영국과 미국의 두 이론을 강령으로 삼았다. 서울의 강남에서 출발했다. 일조량 절대 확보는 전원도시의 원칙이고, 도시 블록 복판에 자리 잡은 학교들은 근린주구이론의 증거다. 그런데 지금 강남은 교외가 아니고 도시를 넘어 초거대 도시, 즉 메트로폴리스의 한복판으로 변했다. 강남은 뉴욕이나 런던에 가깝다. 질문은 메트로폴리스 복판의 전원도

서울 강남의 초등학교 분포.
초등학교를 기준으로 블록을 구획하라는 도시계획 강령이
적용됐다는 사실을 보여 준다.

시 유지가 옳으냐는 것이다. 용적률이 변수다.

용적률 제한으로 도시 밀도를 규제하기 시작한 것은 뉴욕이다. 그런데 지금 뉴욕 중심부의 용적률은 1,800퍼센트를 넘고, 구도심 주거지도 5백 퍼센트를 넘는다. 런던은 몇 곳을 빼고는 도시 전체의 용적률 상한이 일괄적으로 5백 퍼센트다. 전면도로 면적도 기준에 포함한 것이니 우리 계산으로 치면 훨씬 높다. 3백 퍼센트를 넘지 못하는 서울의 주거지보다 훨씬 고밀 도시들이다. 원래 도시는 이렇게 모여 사는 곳이다.

얽힌 실타래를 푸는 방법은 전복적 사고다. 용적률 상한제가 아니고 용적률 하한제. 지금보다 훨씬 밀도가 높은 아파트 단지로 더 많은 공급을 보장하지 않으면 아파트 재건축을 불허하는 것이다. 용적률 상승의 발목을 잡는 것은 일조권이다. 거실에 앉아 4시간을 직접 태양 빛을 받아야 한다는 금과옥조金科玉條. 이건 전원도시에서는 가치이지만 메트로폴리스에서는 사치다. 기성세대가 확보하려는 일조시간 때문에

서울 외곽의 이 풍경은 일조권은 사치가 아니냐고 묻고 있는 듯하다.

그만큼 긴 시간의 지옥철 통근을 다음 세대들에게 요구한다면 공평한 사회가 아니다.

원도심과 산지 주변을 제외한 서울의 용적률은 높여야 한다. 고밀 주거 실험은 이미 상업용지의 주상복합 아파트와 주거용 오피스텔에서 충분히 시행됐다. 고밀 주거가 불편한 사람들은 그 공간을 다음 세대에게 넘겨주고 진짜 전원도시로 이주하면 된다. 용적률 증가로 추가 공급되는 아파트 물량을 일반 분양 몫으로 생각하면 이것도 곤란하다. 최소 사업성 확보를 위한 분량 외에는 공공임대주택으로 당연히 환수돼야 한다. 황금 분할의 구분선은 사안마다 다르겠다.

대한민국은 주거 상속으로 금이 그어진 계급 사회에 진입했고 금 너머 계급 구성원을 금수저라 표현한다. 두 계급 사이에 다리는 무너졌고, 사다리는 넘어졌다. 전원도시가 사회 불만을 키우는 텃밭이라면 우리는 메트로폴리스의 전원도시를 포기해야 한다.

낮은 주거 밀도는 이동 거리를 증가시킨다. 신도시 개발은 다음 세대에 넘겨줄 녹지에 꽂는 빨대다. 더 많은 도로와 자동차와 화석연료를 그 빨대가 빨아들인다. 그리고 소중한 시간을 빨아 길 위에 뿌린다. 우리는 좁은 땅에 더 빽빽이 모여 살아야 한다.

서울 강남의 풍경.
건물들이 빼곡한듯 하지만 대도시 치고는 건물 층수가 낮아 토지 효용은 높다고 하기 어렵다.

도시의 존재 가치가 변했다.
농경 사회에서 생산은 주변에서 하고
도시는 교환을 위한 공간이었다.
그런데 산업화가 진행되면서 인류는 전대미문의 도시를 만들기 시작했다.
도시가 공업 생산 기지로 변해간 것이다.

공업 경쟁력은 노동력의 집적을 요구했고
도시 인구는 손쉽게 백만 명을 넘어섰다.
생산, 교환, 소비가 집약되면서
인구 천만 명이 넘는 메트로폴리스가 등장했다.
20세기 후반 한국도 그 대열에 합류하면서
서울이라는 초거대 도시를 만들었다.
급속한 산업화의 결과물이었다.

인구가 증발한 지역에서는 소멸 위기 아우성이 터져 나왔다.
그래서 국토 균형 발전론이 점점 힘을 얻었다.
그러나 산업화의 동력은 균형 발전을 부인했고
결국 정치적 개입이 등장했다.
좁은 국토를 방만하게 써야 하는 정치적 요구가 등장한 것이다.

2장   정치로 읽는 도시

던져지는 삶

몇몇 대통령이 북한을 방문했다. 그런데 도대체 대통령은 평양에 왜 간 걸까. 한반도 평화 정착이라고 멋지게 답하기 전에 물은 자의 수준과 직업을 고려해야 한다. 누군가를 만나러 갔다는 게 적당한 대답이겠다. 조선노동당 총비서이며, 조선민주주의인민공화국 국무위원회 위원장이며, 조선인민군 최고사령관. 세 사람이 아니고 한 사람이다. 이 직책들도 들쑥날쑥 바뀌곤 한다.

수준 낮은 질문자는 다시 물을 것이다. 그냥 전화로 하면 안 되나. 요즘 영상 통화도 꽤 쓸 만한데. 이에 정치인은 답할 것이다. 얼굴 맞대고 나눠야 할 이야기들이라고. 그즈음 북쪽 장마당도 관심사가 되었다. 전국 4백여 개가 생겼다더라. 여전히 묻는다. 그 장마당은 왜 생겨났을까. 시장경제를 받아들였다는 대답은 역시 수준이 너무 높다. 물건을 사고팔기 위해서라는 게 적당한 답이겠다.

이 대답들이 도시의 시작을 설명한다. 다시 강조하거니와 도시는 교환을 위해 만들어진 것이다. 정확히 말하면 정보와 물건의 교환을 위해 인간이 모여 사는 공간을 도시라 부른다. 교환할 것이 먼 나라 대통령의 정치적 속셈이거나 핵탄두 개발 정보일 수 있다. 팔 것이 칠보산

송이버섯이고 살 것이 원산 구두공장 신발일 수도 있다. 다 얼굴과 물건을 맞대고 거래하고 교환하는 것이다.

그래서 도시 경쟁력은 교환 용이성에 달려 있다. 상품이든 정보든. 교환 용이성은 이동 편의성으로 확보된다. 길을 내야 한다. 그러나 가장 좋은 방법은 이동 거리를 줄이는 것이다. 좁은 곳에 모여서 살면 된다. 거듭, 그래서 도시가 생겼다. 그런데 그 도시의 존재 이유를 부인하는 정치인들이 종종 등장했다. 도시를 도구로 인식하는 것이다.

노무현 전 대통령이 가장 화끈했다. 그는 권력과 수도를 거래하자는 공약을 걸었다. 당선되면 충청도에 행정 수도를 만들겠다고 했다. 수도 이전은 혁명의 정치 변혁이나 사회의 집단적 야심이 배경에 깔려야 하고 절대 권력의 추동이 필요하다. 박정희 전 대통령의 수도 이전 의지에는 국가 방위의 절박한 요구가 있었다. 북한의 미사일 사거리에서 벗어나야 한다는 것이었다. 그런데 노무현 전 대통령은 당선 이후 그런 절박함도, 절대 권력도 없었다. 그러나 핵심 공약이니 당선 후 덮을 수도, 동력이 부족하니 멈출 수도 없었다.

반칙 없이 사람 사는 세상. 탈권위의 공정한 사회. 이런 가치를 내걸고 당선된 그가 이 땅의 민주주의를 발전시켰다는 것에 전적으로 동의할 수 있다. 그의 원칙은 공정, 공평함이었다. 그래서 선거 기간에 공평하게 광주는 문화 수도, 부산은 해양 수도로 만들겠다고 공약했다. 지방마다 수도라는 이름을 나눠 갖는 것이니 이건 그냥 선언적 수준의 공약이라고 볼 수도 있었다. 그러나 광주는 처지가 달랐고 치열하게 문화 수도 공약 이행을 요구했다. 그래서 행정 수도가 행정 중심 복합도시로 이름을 바꿀 때 광주도 아시아 문화 중심도시라는 이름을 얻었고 결국 아시아 문화 전당이라는 이름의 건물을 하나 세우는 것으로 타협되었다.

세종이라는 이름의 새 행정 수도는 사업 마무리 요구와 업무 비효

건물이 지하에 묻혀 있어 존재가 잘 드러나지 않는 아시아 문화 전당.
이 거대한 구조물은 대통령 공약이었던 문화 수도가 곡절을 겪으며 타협된 결과물이다.

율의 불평이 여전히 맞서 있고 대전, 오송, 조치원과 사안마다 날 선 칼을 맞댄다. 멈추고 집중해도 벅찼을 정부는 오히려 몇 발 더 나갔다. 공평한 선물이 구석구석 필요했으니 국토 균형 발전을 위한 공공기관 지방 이전. 이른바 혁신도시였다. 동기는 달라도 정책 자체는 유신 시대와 같았다. 수십만 명의 인생이 매달리고 수천만 명의 생활이 영향받는 공공기관이 정치인들 공기알로 거래되었다. 큰 것 하나 받으면 작은 것 둘 양보하고, 맘에 드는 것 던져주면 묵혔던 숙원 사업도 포기해 주고.

　균형 발전론은 결국 지방이 충분히 도시화됐다고 지방에서 인정할 때까지 도시화해야 한다는 이야기로 흘러 문제다. 문제는 도시화를 더 진행하기에 우리 국토가 턱없이 작다는 것이다. 국토 균형 발전이라는 도시화가 필요하다는 나라가 코리아이고, 그래서 새 수도를 만들겠다기에 이르렀고, 그 위치가 고작 고속철도로 30분 거리라면 바다 건너 도시학자들은 농담으로 이해할 것이다. 미국과 캐나다부터 독일, 프랑

일본과의 국토 크기 비교.
남한은 홋카이도보다 약간 큰 수준이다. 정치적으로
미국과 비교하는 경우가 많은데, 도시적으로 한국은
미국 연방 전체와 비교하면 곤란하다. 크기로 보면
미국의 인디애나주나 켄터키주 정도가 남한과
비슷하다.

스, 영국, 네덜란드의 수도가 국토 복판에 없어서 문제냐고. 국토계획의 목표가 도시국가 조성이냐고 물을 것이다. 그런데 도시국가가 되기에 이 국토는 또 애매하게 크다. 이 규모 국토의 대한민국에 지금 필요한 것은 전 국토 균등 도시화가 아니고 경쟁력 있는 국토 조성이다.

공정한 사회는 옳으나 공평한 국토는 좀 다른 이야기였다. 그러나 균형 발전의 기치 아래 공기업을 거점으로 한 신도시들이 여기저기 논밭에 던져졌다. 조성된 도시가 지방정부의 세수 증진에 이바지했을 수 있다. 이주한 공공기관 옆 식당의 매상도 올랐을 것이다. 대박이 난 것은 재 너머 사래 긴 밭을 걱정하던 농부들이었다. 그 논밭이 혁신도시 사업 부지에 포함돼 돈이 된 것이다. 강남의 제비 다리를 고쳐준 적이 없는데도 갑자기 떼부자가 된 농부들이 상경하여 강남을 기웃거렸다. 노무현 전 대통령 임기 내내 정부의 압박과 협박을 비웃으며 서울 아파트값은 치솟았다. 그리하여 젊은 세대들의 아파트 구매를 막아섰다. 그 돈은 갑자기 어디서 샘솟았을까.

실상 던져진 공공기관은 지방 도심을 살리지 않고 주변 논밭을 파헤쳤다. 국토의 균형 발전이라지만 근교 농토의 신도시화였다. 전문용

나주 혁신 도시의 모습.
서쪽의 원도심을 놔두고 동쪽 엉뚱한
곳에 거대한 새 도시를 지었으니,
기존 도시는 조력자가 아니고
경쟁자를 새로 얻은 셈이다.

원도심

신도시

어로 하면 전 국토의 도시연담화conurbation˙다. 도시가 발전이고 농토가 미개일 수가 없다. 농토는 도시와 존재 이유가 다르다. 인체에서 두 뇌가 가장 중요하므로 이걸 떼 내서 손발에 나눠줬을 때 그 신체는 어찌 될까. 필요한 핏줄의 길이와 양이 증가하며 순환계 부하가 늘어날 것이다. 심장도, 폐도 커져야 한다. 덩달아 소화기관도 더 많은 열량을 처리해야 한다. 최적화가 생존 조건인 자연계에서 이런 생명체는 더 이상 생존할 수 없다.

그렇게 만든 신도시는 경쟁 구도를 형성하며 인접한 원도심을 위협하는 자충수가 되었다. 균형 발전은 비효율적이고 소모적인 국토 이용의 동의어가 되었다. 멀어진 도시 사이의 산과 계곡을 잘라 신도시를 잇는 새 도로를 냈다. 자동차 통행도, 길에 쏟는 시간도 늘었다. 가족은 갈라졌으며 업무 능률은 떨어졌다. 교환 용이성이 부인되었으니 이름은 도시였으나 도시가 아니었다.

• 둘 이상의 도시가 확장에 따라 인접 도시가 연결돼 하나의 거대 도시가 형성되는 것을 의미한다. 영국의 학자 패트릭 게데스Padrick Geddes의 저서 『진화 속의 도시Cities in Evolution』에서 처음 거론된 도시 현상이다.

두 번째 생각

아라비아의 신도시

숲은 침묵의 전쟁터다. 나무들도 치열하다. 숲이라도 먹고 사는 문제로부터 자유로운 공간이 아니다. 뿌리로 물을 흡수하고 잎으로 광합성을 하면 된다고 쉽게 설명할 수 있다. 그런데 나무의 생존인들 그런 무책임한 문장처럼 간단할 리 없다.

광합성을 위해서는 최대 면적에 잎을 피우고 빛을 받아야 한다. 다른 나무들과 빛을 놓고 경쟁해야 하니 높은 곳에 잎을 피워야 한다. 그러면 나무는 가분수 구조가 돼 바람에 취약해진다. 물과 양분이 공급되는 수관의 길이는 최소화돼야 한다. 그러려면 잎은 좁은 체적에 모이는 것이 합리적이다. 결국 나무는 튼튼한 밑동에 의지한 채 최소한의 공간을 빼곡히 채운 모습이 되었다. 동물도 세포에 혈관을 통한 영양 공급이 필요하다. 충분히

이 나무가 이렇게 거대해질 수 있던 까닭은 좁은 체적에서
최대한의 광합성을 할 수 있게 만드는 형태를 지녔기 때문이다.

먹고 적게 소모해야 한다. 그래서 에너지 손실을 줄이려면 외피 면적이 줄어야 한다. 이 원칙을 만족시키지 못한 돌연변이들은 자연 선택을 받지 못해 사라졌다.

도시도 유기체같이 치열한 생존 조건을 지녔다. 세포가 순환계에 연결되듯 모든 필지도 도로에 접속돼야 한다. 토지 이용의 합리성을 위해서는 외부 접촉면이 줄고, 접속 도로도 짧아야 한다. 도시가 유기체와 다른 점은 순환계의 방향성이다. 혈액은 일방향 공급이지만 도로는 양방향 순환이 원칙이다. 그래서 태생기 촌락은 대개 수형樹型 구조에서 출발하나 도시로 성장하면 그 구조는 일반적으로 격자형으로 수렴된다. 격자 구조는 위계도 불분명하다. 최초의 민주국가 미국의 계획도시들이 기계적 사각 격자 가로를 선택하는 근거도 그것이었다.

순환계가 바뀌면 생체 구조가 변하게 된다. 바퀴가 도로를 지배하면서 도시는 점점 거대해졌다. 불평등이 커졌고, 오염과 질병으로 골치 아팠다. 세상에 대한 불만이 쌓이면서 새로운 도시를 꿈꾸는 사람들이 생겨났다. 20세기 초반 유럽의 건축가들은 공장이 아니라 공원이 많은 도시를 제시했다.

20세기 후반 세계의 신도시들은 같은 세기 초 건축가들이 꾸던 꿈의 구현장이었다. 아시아 동쪽 끝의 나라도 그런 원칙이 바탕에 깔린 신도시들을 만들었다. 공원이 선망되고 바퀴를 숭상하는 도시다. 지형에 따라 달라져도 결국은 격자 구조에 기반한 도시였다.

행정 수도는 뭐라 부르든 되돌아갈 수 없는 사업이 되었다. 결국 묵직한 신도시 하나가 필요해진 것이다. 정치인은 건축 전문가가 아닌지라 이들이 저지르면 건축가가 추슬러야 한다. 초대형 사안이라 도시 형태에 대한 국제 아이디어 공모전이 있었다. 전 세계 건축가들의 관심사였다. 민주주의로 유지되는 평등한 사회, 이걸 담는 도시로 중심 없는 반지 모양을 한 구조 제안들이 몇 있었다. 나중에 세종시라는 이름을 얻은 그 도시 구조도 과연 반지 모양이 선택되었다. 나무로 치면 둥치가 없고 가지로만 이뤄진 도시다.

도시 형태로만 보면 이건 민주주의에 대한 전례 없이 명쾌하고 야심 찬 공간적 선언이었다. 물론 완벽하게 균등한 분포는 아니니 염주 같은 도시라고 하면 더 옳을 것이다. 잊지 말아야 할 사실은 격자건, 반지건, 염주건, 전제는 도시가 여전히 기민한 유기체로 작동한다는 것이었다.

이번에는 아시아 서쪽 끝의 나라 사우디아라비아에서 좀 뜬금없는 신도시가 제시되었다. 길이 170킬로미터의 긴 장벽 도시다. 사막에 조성되는 숲속 도시라는데 유기체로 작동하는 도시가 아니라 추상적 도형으로서의 도시가 제시된 것이다. 그것은 수천 년을 이어온 유기체 도시에 대한 용감한 반박이었다. 그러나 제안의 근거는 도시에 대한 혜안은 아니고 절대 권력과 천문학적 재산이었다. 이 나라는 권력 견제가 허용되지 않는 절대 왕정 국가다. 그런데 먼 나라의 이 신도시가 먼 이야기가 아닌 것은 건설 물량 때문이다. 당연히 건설 산업 관점에서는 수주 기회를 위해 영혼도 팔아야 하는 게 우리의 처지다. 그러나 그 신도시가 신세계인지, 신기루인지의 판단은 다른 이야기다.

그런 신도시의 수요와 작동 여부는 쌀 가게 계산기로도 검증할 수 있다. 아무리 돈이 많아도 땅에 묻힌 석유를 팔아서는 그런 도시를 조

세종시와 사우디아라비아의 '더 라인' 크기와 형태 비교.
더 라인은 도형으로만 보면 명쾌하다고 할 수 있지만 유기적 작동 방식으로 보면 비현실적이다.

성할 수 없다. 그래서 이 도시에 대한 투자 요청이 진행 중이다. 투자는 자본 여력이 있는 나라에서 와야 할 것이다. 그런데 대개 그런 나라는 민주정 국가들이고, 그 덕에 선진국들도 되었다.

민주국가는 대체로 자유로우니 이런 화끈한 도시 조성을 선거 공약으로 내거는 자유로운 입후보자도 있을지 모를 일이다. 그런 공약으로 당선 가능한 나라에서는 이 신도시에 투자해도 되겠다. 그런데 이런 당황스러운 도시 제안의 공통점은 국토의 가치를 너무 낮게, 쉽게, 대강 매긴다는 점이다.

세 번째 생각

새만금과 현수막

해충, 탈수, 화장실. 2023년의 여름 한철, 한국을 달궜던 단어들이다. 새만금에서 잼버리가 개최된 것이다. 한국은 외국인에 대한 경계와 환대가 극심하게 교차한다. 그래서 스카우트 방문객들은 그냥 아이들이 아니었다. 당사자들은 거친 자연환경의 체험이 목적이라지만 우리나라에서는 모셔야 할 외국인들이었다. 그러나 정말 중요한 질문은 왜 새만금에서 잼버리를 개최했느냐는 것이다. 그걸 캐묻다 보면 결국 새만금은 무엇이고, 왜 필요했느냐는 질문에 이르게 된다. 그 문제를 만든 것은 여전한 그것, 정치였다.

공약. 그 목적은 실천이 아니고 당선이다. 짜릿하게 파고들어 화끈하게 승리하면 그만일 뿐이다. 그러니 심사숙고의 결과물일 리 없다. 새만금, 행정 수도, 한반도 대운하. 대한민국 역사상 최대 토건 공약을 꼽으면 이 이름들이 등장한다. 규모가 너무 커서 조성 성패 예측이 불가능한 사업들이다. 그래서 이런 초대형 토건 공약은 제시하는 게 아니고 내지르는 것이었다. 아니면 말고의 주술적 신념으로 밀고 나갈 뿐이다.

당선. 3대 토건 공약은 모두 큰 공헌을 했다. 불행은 당선이 아니고 이행 요구다. 새만금과 행정 수도는 약세 지역 득표 공약이었다. 지역

066   2장 정치로 읽는 도시

입장에서는 자체 예산을 쓰지 않는 수혜 사업이라 거부할 까닭이 없다. 소외와 차별을 받는 집단의 유일한 힘은 단결과 결속이다. 그래서 당선은 결국 공약 이행 요구라는 불퇴전의 맞수를 만나게 된다. 비교하자면 한반도 대운하는 전 국토 공약이었다. 반도를 횡단하는 것이 아니고 종단하는 운하라는 점에서 엽기적인 공약이었다. 그런데 이건 공약 시행을 요구할 이해 결속 지역이 없었고 원만한 추진이 어려웠다.

공약 이행. 내가 번 돈을 쓰는 게 아닌데 정치인이 불신과 비난을 감수하며 공약을 번복할 이유도 없다. 그래서 사업이 시작된다. 그러나 이들은 규모에 맞는 장기 사업이라 누구에게도 마무리 책임이 없다. 남는 문제는 다음 세대의 아이들이 해결하리라 믿으면 된다.

진퇴양난과 대안 부재. 새만금에 신기루같이 다양하고 화려한 조감도들이 시대에 따라 그려지고 나부끼다 맥없이 지워졌다. 그간 책임 소재도 없어졌고 진행도 방치도 해결 대안이 아니었다. 사업이 점점 정체 수렁에 빠져들었다. 각성제 같은 동력원이 새로 필요해졌고, 잼버리라는 일회성 이벤트가 등장했다. 대상지가 오지에 평지이니 수만 명의 야영에 적당하다고 생각했을 것이다. 그래서 우리는 잼버리를 통해 헛된 공약의 아물지 않는 상처를 선명히 목격한 것이다. 해결된 것은 없다. 새만금을 결국 어떤 공간으로 만들어야 하는가. 그 문제는 풀리지 않았다. 험지 체험을 목적으로 하는 야영장으로도 쓸 수 없는 흉지라는 이미지만 덧붙었을 뿐이다.

열망 표현과 의지 과시. 부안 읍내에 잼버리 유치를 기원하는 현수막이 나붙던 시절이 있었다. 곧 그 현수막은 잼버리 유치 확정 경축으로 문구를 바꿨다. 현수막은 새만금 공약 이행 요구부터 내내 글자만 바뀌며 나부끼던 도구였다. 지금 대한민국의 풍경을 규정하는 가장 익숙한 모습, 그것이 요지마다 나붙는 현수막들이다.

담긴 내용과 담은 형식 모두에서 도시를 어지럽히는 현수막들.

　　새만금과 현수막. 공통점 없어 보이는 이 둘을 이어보면 일관된 가치관이 드러난다. 국토 공간을 적당히 쓰고 버릴 일회용품으로 여긴다는 것이다. 새만금과 현수막의 사이에는 그런 국토관의 사업들이 도열해 있다. 생명원이라는 강에 설치하는 물막이 보도 정당과 그 신념에 따라 건설과 폐기가 오갔다. 원자력 발전 사업도 솥뚜껑 위의 삼겹살인지 취향 따라 뒤집혔다. 실패 사례가 곳곳에 버젓한데 손바닥만 한 나라에서 수요 없는 공항을 더 못 지어서 안달들이다. 판단 근거는 여전히 주술적 신념일 뿐이다. 내 돈 들지 않는 사업들이다. 이 사회가 새만금에서 배운 것이 여전히 아무것도 없더라는 증언들이다.

　　도박. 10만 원짜리 현수막으로 내지르는 소리로 당선도 되고, 수천억 원 국비 사업도 받아온다면 이건 눈앞의 잭폿이다. 바로 국토가 현수막값만 판돈으로 내면 낄 수 있는 도박장이다. 모두 뛰어들어야 한다. 실패하면 반성이 아닌 비난으로 모면하면 된다. 내일을 알지 못하는 국가가, 내일을 대비한다는 명목으로, 내일을 망가뜨리는 모습이 한 번 쓰고 버릴 천 조각에 실려 나부낀다. 문제를 더해 만드는 그것, 여전히 한국 정치다. 정당마다 현수막에 괴담과 성토 그리고 의혹의 아우성을 내지르니 전 도시가 오방색 아수라장이다.

현타. '현실 인식 타임'이라는 길 요즘 아이들이 줄여 부르는 단어다. 잼버리는 새만금에 옥토, 산업, 미래 도시의 환상이 아닌 해충, 탈수, 화장실의 현타를 남겨줬다. 잼버리 예산은 전북대학교 학생 전 학년 전액 장학금 2년 치에 해당하는 액수다. 그렇게 모셔 온 잼버리 참석자들은 각목, 노끈, 헝겊이 덕지덕지한 도시 풍경을 목격했을 것이다. 그들을 다시 모아 대한민국의 인상적 풍광을 묻는다면 답변은 이럴 것이다. 현수막이요.

새만금이라는 사업의 필요 구호도 균형 발전이었다. 그런데 정치적 요구의 그 발전이 강제 이주 요구라는 집행 폭력을 동반한다.

네 번째 생각

이 시대의 강제 이주

사소한 잡음이 있어도 원안대로 추진하라. 이렇게 단호하게 지시한 사람은 사령관이 아니고 대통령이었다. 1971년 7월 30일 건설부 고시 447호. 그린벨트의 탄생 통보다. 사소한 잡음은 사유재산권 침해 논란이었다. 지금이라면 상상하기 어려운 절대 권력의 권력 남용 순간이었다. 다음 해 전국 대도시 주변에 그린벨트가 확장, 지정되었다.

그린벨트를 지정한 취지 중 하나는 '안보상 장애 제거'였다. 적 공격 시 피난과 방어가 초미의 관심사이던 시기다. 도시를 둘러싼 그린벨트는 방어부대 은닉지로 최적이었을 것이다. 조선 시대 한양의 성곽이 21세기 서울의 규모로 확장, 구현된 것이다.

아파트값과 맞물려 그린벨트 해제 주장이 등장하곤 한다. 쟁점의 출발지는 단어의 오해다. 녹지가 아닌 그린벨트는 풀어서 아파트를 짓자는 주장이다. 그런데 통칭이 그린벨트이고 정확한 단어는 개발 제한 구역이다. 나무가 아니라 비닐하우스가 있어도 개발 제한 구역인 것은 달라지지 않는다.

말 없는 구조물도 시간이 지나면 새로운 존재 의미를 얻는다. 서울 성곽도 군사 구조물이 아니고 문화유산이 되었다. 그린벨트도 권력 남용으로 태어났지만 지금은 유산이다. 이 논란이 남긴 진정한 유산은 그린벨트 자체가 아니었다. 다음 세대에 넘겨줄 유산 확보의 공감대 확인이었다. 희귀한 사안이다. 돈이 되면 유산이든 유적이든 어디든 파헤쳐 온 대한민국이기 때문이다.

국영 기업체 본사는 지방으로 이전시켜라. 이 역시 유서 깊은 이야기다. 그린벨트 지정 당시 사령관 아니 대통령 국무회의 지시 내용이었다. 차르나 주석이나 국방위원장이 내릴 명령이다. 이 명령을 내린 대통령은 뜻을 다 이루지 못하고 세상을 떠났다. 사실 임기가 별로 의미 없는 제왕적 대통령이었다고 후대가 이야기한다.

인구 밀집의 결과가 도시 형성이다. 거꾸로 도시 조성의 결과가 인구 유입이라면 곤란하다. 도시는 플라스틱 레고 블록이 아니고 유연한 유기체다. 균형 발전의 정책 의도에도 불구하고, 여전히 인구 이동 방향은 명확히 수도권이다. 그래서 균형 발전을 요구하는 아우성이 더욱 증폭되고는 한다. 여전히 유지되는 수도권 인구 집중의 동력은 20세기 후반 내내 사회 발전의 가장 강력한 추동력이었다. 그건 곧 교육과 취업 기회 때문이었다.

그럼에도 후대에 기어이 국영 기업체의 지방 강제 이주가 개시되었다. 마침 대통령이 평양에 갔을 때 고층 아파트 풍경이 중계 화면에 나왔다. 당연히 선택된 소수에게 허용된 공간이다. 중요한 것은 주거 선택 자유의 배제다. 지상낙원 사회주의 조국 조선이 배급해 준 집이다. 북향집이어도, 통풍이 안 돼도, 엘리베이터가 안 닿아도 주는 대로 받아라. 경애하는 장군님 은혜에 눈물 흘리며 감격하고 살아라.

그러나 이런 계획 경제, 전체주의로 중무장한 사회가 계획대로 작동할 것이라 믿는다면 그들의 도시를 봐야 한다. 자애로운 인민 사랑으로 가득한 천출 명장, 절대 존엄이 밤잠 못 자고 고민하여 스키장과 혁명 성지, 닭 공장까지 손수 계획하고 조성하고 현장 지도까지 하신다는 사회주의 인민 낙원이다. 그 낙원 도시들이 도대체 얼마나 위대한지 볼 일이다.

공공기관, 공기업 지방 이전이라는 단어는 완곡한 표현일 뿐 결국 근로자 강제 이주다. 스탈린과 히틀러가 연상되는 그 단어다. 사회주의를 부인하는 대한민국에서 사회주의적 계획인 공기업 강제 이주가 시행되었다. 공공기관 지방 이전이라는 유령은 여전히 국토에 떠돌고 있다. 도시는 개념의 다면체여서 정치로도, 공간으로도 해석할 수 있다. 그러나 정치로만 보았을 때 그 도시는 허물어진다. 도시 정책이 조심스러운 것은 실행의 뒷감당이 다음 세대 몫으로 남기 때문이다. 인간은 사회적 동물이고 도시는 사회적 공간이다. 인간은 무, 감자가 아닌지라 논밭에 던져지면 사회적 관계망이 무너진다.

지역의 균형 발전과 수도권 집중 억제. 이것이 그린벨트 지정 당시 내건 취지였다. 균형 발전은 부인할 수 없는 가치이지만 이게 강요된 균형 도시화로 번역되는 순간, 문제가 된다. 그런데 항상 그렇게 번역된다. 국토 전반을 건물과 아스팔트의 도시 구조물로 균등하게 도포해야 한다는 이야기.

다섯 번째 생각
동문회의 도시

덮어놓고 낳다가는 거지꼴을 못 면한다. 1963년에 등장했다는 계몽 표어다. 화끈하다. 지금의 최저 출산율 국가 타이틀은 저런 과격한 산아 제한의 위대한 성취가 아닐지. 그런데 그 당시에는 도대체 얼마나 애를 낳았기에 저리 절박한 표어가 등장했을까.

서울시 행정구역이 대폭 확장된 것도 바로 1963년이다. 경기도 광주 일부도 지금의 말 많은 서울 강남이 되는 순간이었다. 1988년 서울 인구는 천만 명에 이른다. 계몽의 저주에도 불구하고 당시 서울 시민들은 어찌 저리 덮어놓고 저리 아이들을 낳았을까. 서울시의 모든 결혼 세대가 아이 일곱을 꾸준히 낳으면 저 숫자가 성취된다. 그렇다면 지금 서울의 소위 586세대들은 거의 10인 가족의 자녀여야 한다. 서울은 거지 천국이 됐어야 마땅하다.

그런데 이때는 대한민국

서울의 확장

1973
1963
1944
1949
1936
1949
1936
1936
1963
1949
1963

서울시 영역 확장의 역사.
1963년 대폭 확장된 이후 현재 모습을 거의 갖추게 되었다.

의 압축 성장기로 불리는 시기다. 거지꼴이 된 게 아니고 오히려 졸부에 가까운 경제 성장을 이뤘다. 서울의 인구 증가가 생물체로서의 자연 증가가 아니었다. 당연히 이것은 사회적 증가였다.

이 막대한 상경 인구가 서울에 재집결해 만든 결사체가 재경 향우회다. 다른 국가에서 찾아보기 어려운 신기한 조직체다. 이들은 떠나온 고향과 도착한 서울에 각각 독특한 영향력을 행사하며 암약하는 정치 집단이 되었다. 선거철이면 출마자의 정치적 배경과 공약은 하나도 중요하지 않았고 자신이 속한 향우회와의 친소 관계로 투표 성향이 결정되었다. 그리하여 항상 끝에 물어야 했던 문장이, 우리가 남이가?

막강했던 향우회의 결집력과 영향력 쇠퇴가 하루가 다르다. 코로나 사태 이전에 이미 향우회 총회 개최가 무산되는 경우도 벌어졌다. 그 자리를 재경 동문회가 대체하기 시작했다. 이 변화는 천만 명 이후 서울 인구 집중의 양상 변화를 보여 준다. 즉 무작정 상경이 아니고 대입 상경으

철거 직전의 어느 대문에 남아 있는 향우회 현판.
20세기 후반 서울 인구의 절대 다수가 저런 향우회
가입 자격을 지니고 있었다.

로 바뀌었다는 것이다.

스카이 서성한 중경외시…. 인터넷 검색으로 줄줄이 엮여나오는 이 암호는 공고하게 자리 잡은 대학의 서열이다. 이야기의 요점은 여기 지방대학이 모조리 배제돼 있다는 것이다. 이 '인서울'이 낳은 것은 결국 지방 인구의 꾸준한 감소다. 상경해 서울에서 대학을 졸업한 이들은 절대 지방으로 돌아가지 않는다. 그들은 서

버스 안에 붙은 편입학 입시 학원 광고.
'인서울' 종용이 일상적으로 존재하는 것을 상징한다.

울에서 취업하고 결혼해 어렵게 생존해 나간다. 그리고 거지꼴이 되지 않겠다는 일념으로 출산을 포기한다. 인구가 감소하니 지방대학은 더 어려워진다.

공공기관 지방 이전에 따라 뿌려져야 할 그 인구가 가족 해체의 위험을 무릅쓰면서도 뿌려지지 않는다. 기관 직원이 이주한다 해도 그를 제외한 가족이 서울에 남는 까닭도 결국 대학이다. 그 자녀가 대입에서 '인서울'하려면 결국 서울에 자리 잡고 있어야 한다는 신념이다. 이 순환 구도가 극복되지 않으면 국토 균형 발전은 이뤄지지 않는다. 핵심은 대학이다.

인터넷 검색창에 '국가 균형 발전'을 입력하면 죄 토건 사업이 나온다. 예비 타당성 검토도 건너뛰고 덮어놓고 토건 사업에 예산을 몰아주겠다고 한다. 그러나 치료의 전제는 진단이다. 수도권 인구 집중은 증상이되 원인은 교육과 취업이다. 교육이 앞에 있다. 선제 치료법은 지역 안배 토건 사업이 아니라 지방 거점 국립대학 경쟁력 강화와 육성이다.

보고서를 받고 검증, 선정한 후 무늬만 갖춘 사립대학들 눈치도 보면서 공평하게 몇 푼 주겠다고 하지 말고 지방 거점 국립대학을 집중적으로 지원할 일이다. 지방 거점 국립대학은 명확한 공공재다. 이들이 균형 발전의 거점이고 촉매가 되어야 한다.

대학은 학생과 교수 그리고 시설의 복합체다. 장학금, 연봉, 시설비 모두 예산을 요구한다. 효과 여부로 여전히 논쟁이 분분한 4대강 사업의 예산이면 전국 지방 거점 국립대학 대학생 전원에게 25년간 전액 장학금을 줄 수 있었다. 젊은 교수들은 자기 자녀들이 '인서울'해야 한다며 연봉만으로는 지방행을 택하지 않을 수 있다. 그러나 요즘은 은퇴한 교수도 청년들이다. 이들을 적당히 초빙할 수 있고 이들이 여전히 좋은 교육을 시행할 수 있다.

대학이 지역 문제를 모두 해결하지는 않지만 대학을 빼고 한국의 지역 문제가 해결되지도 않는다. 압축 성장의 동인으로 짚어야 할 것은 전 국민적 교육 열기였다. 그 열기가 서울로만 모여 '인서울'이 되었다. 오래된 표어가 다시 환생해야겠다. 지역이 거지꼴을 면하게 하려면 지방 거점 대학에 덮어놓고 투자해야 한다. 그 투자는 건설이 아니고 교육이라고 부른다.

여섯 번째 생각
파란 지구의 빨간 도시

영국 여왕께서 붕어崩御하셨다. 문해력 위기의 시대라니 이 문장도 수상하다. 여왕께서 저녁 반찬으로 붕어 조림을 드신 거냐. 혹은 워낙 심심하셔서 붕어 문양 옷을 입고 코스프레를 시작하셨느냐. 아니면 왕궁 뒤편 저수지의 낚싯대에 드디어 붕어 월척이 낚였느냐.

왕실과 의회의 병존이라니, 세상에는 다양한 정치체제가 있는 모양이다. 그 나라 의회에 복장부터 의자까지 다른 귀족 의회가 따로 있다는 건 더 신기하다. 세상에는 우리가 역사책에서 봤던 전제 왕정 국가도 여전히 꽤 있다더라. 심지어 이들보다 훨씬 절대적인 종교적 세습 왕정 사회주의 인민공화국도 있기는 하다. 그 바로 남쪽에는 5년 주기 대통령 선거와 그 후유증으로 심심할 틈이 부족하며 심지어 현직 대통령도 화끈하게 파면해 버리는 민주공화국이 자리 잡고 있다. 지구는 참으로 복잡하며 다양한 물건이다.

영국의 정치체제는 도시에도 영향을 미쳤고 파장은 지구를 돌아 대한민국에도 닿는다. 그 여정을 흘낏 보려면 엘리자베스 2세 이전의 빅토리아 여왕 시대로 가봐야 한다. 공장과 해군의 힘으로 지구 구석구석을 복속시킨 영국의 화양연화花樣年華* 시기다. 산업화와 제국주의의 결실 덕에 더욱 경제적으로 풍요롭고 일상이 우아해진 계층이 젠트리 gentry였다. 영국 신사라는 상투적 단어로 표현되는 이들이다.

그러나 산 높으면 골이 깊고 해 밝으면 그늘이 짙다. 대도시의 노동 인구가 급증하고 석탄 매연으로 대기는 혼탁하니 주거환경이 악화되고 아동 노동이 일상화된 시절이었다. 마르크스가 목도하고 자본주의 종말론을 일갈하게 만든 암울한 도시 풍경이다. 절이 싫으면 중이 떠난다. 젠트리는 매캐하고 구질구질한 도시를 버리고 밖으로 나갔으니 도시 외곽 교외suburb의 형성이다. 주변에 높은 울타리를 두르고 귀족들을 본뜬 고딕 양식 주택을 지어서 호칭하니 그게 빅토리아풍이다. 주거 지역이 업무 지역과 멀찍이 분리되었으니 통근이 시작되었다.

세기가 바뀔 때 신흥 부국 미국의 건축 신사 유람단이 영국을 방문했다. 이들은 귀국하여 자신들이 목격한 대로 도시 교외에 주거단지를 조성했다. 그러나 이들은 정치적 차이를 잊지 않았고 미국식 민주주의에 맞는 조건을 걸었다. 공적 자유liberty를 얻기 위한 사적 자유 freedom의 공평한 제한. 도로변 전면은 사유지이지만 공적 공간이므로 건물을 짓지 말고 개방해야 한다. 거기 잔디를 심되 도로변에는 담장을 치지도 못한다. 그래서 도로에서 봤을 때 단지 전체가 열린 공원 같은 모습이 되어야 한다. 게다가 주택 소유자는 잔디를 수시로 깎아야 하고 낙엽도 열심히 쓸어야 하며 눈은 즉시 치워야 한다. 관리가 게으르면 벌금을 부과한다.

미국 교외화의 폭발기는 영국으로 치면 엘리자베스 2세 즉위기와 비슷하다. 2차 세계대전 종전 후 연방 정부의 주택 담보 대출 지원이 본격화됐다. 도시 교외에 주택지가 들불처럼 번져나갔다. 널린 게 빈 땅인

• 가장 아름답고 행복한 시간 혹은 전성기를 뜻하는 한자어다.

어느 신도시 아파트촌에 벌어진 야시장 풍경.
상업 시설이 분리되다 보니 주거지에서 자생적으로 이런 이벤트가 벌어진다.

데 걱정할 일이 아니었다. 개발업자들은 석재 빅토리아풍이 아니고 바람 불면 날아갈 경량 목조 건물을 싸게 지어 불티나게 팔았다. 우리가 영화를 통해 익숙히 접한 미국 교외 풍경이다. 허리케인으로 건물들이 날아갔다고 미국 뉴스에서 보여 주는 그 풍경이기도 하고.

교환이 도시를 만들었다면 도시의 근본이자 핵심은 상업시설이다. 대개 이 시설은 다양하게 모여야 경쟁력이 생기니 미국 교외에는 집중형 상업용지 블록이 조성되었다. 넓은 땅에 저밀도 개발된 탓에 주거지에서 상가로 가려면 자동차를 타야 했다. 쇼핑과 통근을 위해 화석연료를 아낌없이 불태워야 작동하는 자동차의 도시가 미국을 잠식했다. 그런데 대한민국의 빛은 먼 동방의 미국에서 오는지라 신도시를 만들면서 이 도시설계 기법을 수입했다. 그러나 저 나라와 달리 지구 반대편 이 나라의 땅은 좁고 인구 밀도는 높았다. 그럼에도 주거, 업무, 상업을 도시 블록으로 분리해 떨어뜨렸다. 불편한 교환 때문에 불필요한 이동이 강

광주 상무지구의 풍경.
주거, 상업, 공원이 다 도로로 둘러싸인 블록 단위
구획이어서 어느 것도 제대로 작동하지 않는다.

요되고 결국 화석연료를 불태워야 하고 기후변화를 부추기는 도시. 그 런 도시를 이렇게 부를 것이다. 나쁜 도시.

주거는 도로를 혐오한다. 그래서 우리 신도시의 주거지역 테두리 에는 필지와 블록별로 담장이 둘러쳐졌다. 담장 밖 보행 환경이 좋을 리 없다. 반면 상점은 도로변 지상층 점유가 생존 기본 원칙이다. 상업 지역 전면 도로가 아닌 뒷골목으로, 지상층이 아닌 고층부로 밀려나면

신도시 상업용지의 가로 풍경.
이걸 한마디로 정리하면 아비규환이다.
이런 풍경이 펼쳐진 것은 상업용지를 블록으로 분리한 토지 이용 계획 때문이다.

상권은 비루해지고 상점은 존폐 위협에 시달린다.

결국 절규하는 간판으로 덮인 처절한 아비규환 각축장이 신도시 상업용지의 풍경이 된다. 주거 지역에서 상업 지역으로 가려면 자동차를 이용해야 하는데 그 차들이 우글거리는 상업 지역에서 쾌적한 보행 환경 논의는 현실 밖 한담으로

남북 관계가 좋던 시절에 개성공단 확장을 위한 토지 이용 계획도. 개성이라는 도시의 기존 지형과 역사와는 전혀 접점이 없는 폭력적 계획안이다. 여기서도 빨간색으로 칠한 부분이 상업용지다.

조롱받는다. 세계 최고의 인구 고밀 국가인데 굳이 자동차까지 과밀이어야 작동되는 엉뚱한 신도시들이 내내 조성되었다.

중심 상업용지는 토지 이용 계획도를 작성할 때 빨간색으로 칠한다. 전국 각지의 신도시를 왜 계속 만들어야 하는지도 의아한데 거기 중심 상업용지는 왜 여전히 빨간 블록으로 분리 계획하는지는 더 의아하다. 외식 한 번 하려면 자동차를 타야만 하는 구조의 도시를 만들면서 친환경, 탄소 중립, 지속 가능성을 설파하는 건 무지이거나 위선이다. 파란 지구를 빨갛게 불태워야 간신히 유지되는 도시, 이건 나쁜 도시다. 그런데 그냥 도시화도 아닌 나쁜 도시화가 여전히 진행되고 있다, 이 작은 나라에서.

그 상업용지는 이전 시대에는 시장이었다. 원도심 몰락과 유사어로 등장하는 단어가 전통시장 상권의 쇠퇴다. 여기에는 신규 상업시설 등장 이외의 다른 변수도 있다.

전통시장 재생법

언어는 오래된 도시와 같다. 좁은 길과 마당이 미로로 얽히고 새집과 헌 집이 뒤섞인 도시. 이렇게 중후한 비유를 남긴 이는 건축가가 아니고 철학자였다. 성찰의 퇴적이 두터운 문장이다. 그는 한 줄 덧붙였다. 그 도시 주변을 직선도로와 똑같은 집들이 둘러싼다. 20세기 초반 그는 유럽의 어떤 도시를 목격했을까.

새로운 도시를 상상한 것은 동시대 건축가들이었다. 당나귀가 비척거리던 길을 걷어내 죽죽 뻗은 길을 내자. 그 위를 새로운 교통 기계가 질주하는 빛나는 도시를 만들자. 야심인지 오만인지 알 수 없되 건축가들은 품사별로 나뉜 정리된 새 언어를 창조하고자 했다. 원칙은 주거와 생산 공간의 기능적 분리였다. 그들은 '기능 도시'라고 호칭했다.

분리된 품사의 도시는 신대륙의 꿈이었다. 상업과 주거용지가 구분된 쾌적한 전원도시의 외침이 만든 결과는 처참했다. 가장 많은 교통 기계로 간신히 유지되는, 앞서 표현한 나쁜 도시가 만들어진 것이다. 선거권에 앞서 운전면허증이 필요한 나라의 도시. 증언하거니와 문장은 품사가 섞여야 조립이 되고 언어를 이룬다. 명사, 동사 따로 구획된 그들의 문장은 다만 구호이거나 외마디 외침이다.

대한민국이 도심을 버리고 미제 도시계획을 수입한 신도시들을 만들었다. 교통 기계를 전제로 한 신도시 덕분에 더 많은 길이 필요해졌고 길은 승용차로 덮였고 길을 넓히면 더 많은 승용차가 덮었다. 한국의 1인당 에너지 소비량은 유럽과 일본이 아니라 미국과 호주 그리고 캐나다에 가까워졌다. 그런데 인구 밀도로 미국은 한국의 16분의 1, 호주와 캐나다는 170분의 1이다.

게다가 사회의 정체성을 증언하던 도심은 곧 유령이 배회할 폐허로 쇠락했다. 이제는 유사 사례를 미리 체험한 일본을 따라 도시재생 논의도 곳곳에서 벌어지고 있다. 외곽 논밭에 아파트를 세워 자동차를 타지 말고 기존의 도심 공간을 손봐 고쳐 나가자는 것이다. 당연하고 옳은 길이다. 도시는 과연 언어와 같으니 창조 대상이 아니고 진화 결과여야 한다.

이제 원도심의 전통시장은 도시 외곽의 대형 마트와 경쟁해야 한다. 구멍가게는 편의점과 경쟁해야 한다. 전통시장에 지붕을 씌우고 노상 주차도 허용했다. 전통시장을 살리자고 대형 마트 격주 휴무제도 강제했다. 대한민국이 자본주의 국가인지 의심스러워지는 정책이기는 하다. 그런데 반시장적 정책이라는 비난을 무릅썼음에도 불구하고 전통시장과 원도심이 부활과 영생의 길에 이르렀다는 이야기는 들리지 않는다. 도대체 왜.

판매자가 구매자 얼굴을 힐끗 보고 값을 부른다면 그건 시장이 아니다. 시장이

헌책은 수요와 공급에 의한 시장 탄력성이 낮다. 그러나 이 헌책은 가격이 표시되면서 명실상부하게 시장에 들어섰다.

아직도 지방에서 유지되는 오일장의 풍경.
이곳을 여전히 표현하는 단어는 흥정과 에누리다. 새로운 세대는 이 거래 방식을 정겹다고 하지 않는다.

시장인 것은 가격이 형성되기 때문이다. 시장이 아닌데 시장으로 작동할 수 없다. 조선 후기 육의전 상인들의 진정서와 비변사의 답신을 모아놓은 책이 『시폐市弊』다. 불만 대상은 탐관오리이지만 문제는 정해지지 않은 가격이었다. 시장에 가격표가 없었다. 지금 우리의 전통시장은 작동 방식으로 보면 육의전에서 크게 진화하지 않았다. 여전히 가격표가 없다. 가격을 숨긴 상인의 생존 도구는 호객이다. 뱃심으로 방어하고 의심으로 공격하는 것은 복마전 전법이다. 그래서 육의전 거리의 복마상전卜馬床廛*이 수상하고 궁금하다. 전통시장을 치장하는 상투적 문장이 '에누리의 실랑이와 넉넉한 덤의 정겨운 공간'이다. 시대에 맞지 않는 거래 방식을 미화한 공허한 수사일 것이다. 시장이 자비심 아닌 이기심으로 유지된다는 건 애덤 스미스 이래 경제학 교과서 첫 문장이다.

    육의전이 신도시의 공격을 받은 시기는 일제 강점기 때가 처음이다. 일본인들이 청계천 남쪽에 만들기 시작한 상업시설들은 전혀 달랐

* 조선 시대 한양의 육의전 거리에 있던 13좌座의 상전 중 하나로 짐을 실도록 훈련된 말을 거래하던 곳이었다.

시장 현대화 정책으로 전통시장에 지붕을 덮는 것이 유행이다.
그런데 시장의 현대화는 지붕이 아니라 상품 앞에 붙은 가격표로 이뤄진다.

다. 진열대를 갖춰서 손님들이 물건을 직접 보고 선택하게 했다. 그리고 백화점이 들어섰다. 모든 물품을 다 갖췄는데 모두 가격표가 달려 있었다. 결과는 명확하다. 지금 육의전은 모두 몰락했으니 종로에서 그 자취를 찾는 것은 탐정 수준의 관찰력을 지닌 역사 현장의 추적자들에게나 가능한 일이다.

시장 입구를 치장하고 덮개 공사를 하기 전에 상인들에게 요구해야 할 것은 가격 표시다. 전통시장이 스스로 먼저 변해야 한다. 진화 의지가 없는 상점은 도태가 당연하고 그런 상점으로 이뤄진 시장은 환경공사를 해도 재생되지 않는다. 오래된 도시에 살았던 철학자, 비트겐슈타인이 방문한 시장은 그 시대에도 상품에 가격표가 붙어 있었을 것이다. 그 도시는 지금 굳이 도시재생이라는 처방이 필요 없는 곳이고.

몰락하는 원도심은 결국 도시 폐기물이 되어갈 것이다. 거기 쌓여 있던 인간의 자취라는 유산도 폐기될 것이고.

여덟 번째 생각
일회용품 도시

거, 표현 한번 쫄깃하다, 순살 아파트. 그런데 건물에 뼈가 전혀 없을 리는 없고 갈비뼈 하나가 빠졌겠다. 그래서 과장된 표현이기는 하다. 물론 건물 구조체는 전체가 묶여 작동한다. 그래서 빠진 뼈 하나가 전체 안전을 위협한다. 무량판 구조에서 철근이 빠졌다는 순살 아파트 소동은 국민의 건축 지식을 확연히 증가시키는 순기능도 했다. 건축학과 학생들에게 설명하려 해도 복잡한 무량판 구조가 국민 상식이 되었다. 문제라면 무량판 구조가 억울하게 기피 구조체가 돼 버린 것이다. 무량판 구조가 인격체라면 인격 모독으로 분쟁을 벌일 일이다.

또다시 대한민국의 민낯이 드러났다는 이야기도 들렸다. 조사 대상이 된 무량판 구조 아파트의 명단이 공개되었다. 그런데 이 아파트들의 위치를 검색하면 공통점이 보인다. 일사불란하게 반듯한 기하학적 모양의 필지에 얹혀 있다는 점이다. 이들은 신도시이거나 신규 택지 개발 지구라는 걸 의미한다. 논밭이나 임야가 도시로 바뀐 것이다. 무량판 구조 시비에 앞서 할 질문은 왜 여기에 아파트를 짓게 되었냐는 것이다.

대한민국의 인구는 한 세대마다 반 토막도 아닌 반의반 토막이 될 거라고 추정된다. 대학에 입학할 시기의 청년 인구는 수도권으로 대거

인구 감소가 숫자가 아니고 체감으로 느껴지는 도시의 풍경.
동네에 아이가 태어났다고 축하 현수막이 붙는다. 그럼에도 지방 소도시 주변에는 여전히
신도시가 만들어진다.

이주한다. 결국 지방 중소도시 소멸론은 초등학교 산술로도 설명된다. 그런데 그런 위기감이 도사리는 도시 주변에도 부지런히 신도시를 만든다.

인구가 토막토막 줄어간다는 도시 옆에 신도시는 왜 더 필요할까. 국토의 합리적 이용 방침이 아니라 개발 주체들의 생존에 사업이 필요하기 때문이다. 공기업과 사기업이 섞여 있는 그 공급 시장에서 가장 큰 회사는 LH다. 직원 수가 만 명에 이르는 공기업은 사장과 경영진이 움직이는 조직이 아니다. 그냥 굴러갈 따름이고 거기에는 계속 굴러가기 위한 사업이 필요하다. 사업 단계마다 담당 부서가 달라지니 절차는 복잡하여 누구도 전체 구도를 모른다. 내부에서도 헷갈리는데 외부에서는 더욱 알 길이 없으니 사업에 끼어들려면 그나마 내부 경험자가 필요해진다. 전관이 요구되는 순간이다.

소득 증가에 따라 서비스 수준이 높은 주거 수요가 있고, 이 수요에 기대 표를 얻는 정치도 있다. 새 아파트가 들어설 신도시를 지으면 분양과 입주는 순조로웠다. 문제는 택지다. 기존 시가지에 비해 싸게 매입할

수도 있고, 쉽게 지을 수 있는 논밭과 임야가 신도시가 된다. 그런데 토지는 생산도 소비도 할 수 없으니 전체 규모는 일정하고 점유와 이용 방식만 달라진다. 제한된 국토 면적 안에 신도시가 여기저기 점유 면적을 늘린다.

신도시를 채울 인구들이 어디서 오냐고 물으면 답은 그간 항상 낙관적이었다. 인근 도시에서 인구 유입. 지금 소멸론에 시달리는 그 도시들이다. 과연 인구 감소율보다 더 바쁘게 원도심들은 쇠락했다. 인구는 주는데 신도시도 채우고 원도심도 살려내려면 마법 분신술이 필요하다. 마법 능력 없이 원도심과 신도시를 다 살리겠다는 건 산술 실력 부족이거나 거짓말이다.

국토는 좁은데 산지가 많아 가용 면적은 더 좁다고 우리 교과서는 서술한다. 그러나 우리는 전국에 다 똑같은 경관의 신도시를 널널하게 만들었고 필요에 따라 이동하는 유목민들처럼 이 도시들을 사용해 왔다. 각 세대의 승용차 소유를 전제하지 않으면 작동할 수 없는 도시다. 그런 신도시가 받쳐주는 내수 시장 덕에 자동차 제조 산업은 성장했지만 보행과 대중교통에 기반한 원도심이 몰락했다. 국토는 더욱 콘크리트와 아스팔트로 덮이고 더 많은 화석연료를 불살라야 작동한다. 신도시 뒤에는 쓰다 버린 원도심이 남는다. 도시가 공산품이라면 용도 폐기 후 종량제 봉투에 담아 던질 수 있다. 그런데 토지도 도시도 공산품이 아니다. 쓰고 버린 도시는 담을 종량제 봉투도 없다.

도시를 부평초같이 부질없이 떠다니는 대상으로 인식한다면 당연히 거기 담긴 건물들도 그리 인식할 것이다. 그래서 결국 남는 것은 플라스틱 폐기물보다 훨씬 큰 폐기물들이다. 건물 자체가 폐기물이 되는 것이다.

우리는 1980년대에 만든 아파트들도 헐고 새로 짓기 시작했다. 이들은 벽 하나만 움직여도 전체가 붕괴하는 구조체로 지었기 때문이다. 통칭 30평형대 아파트 한 가구를 철거해서 콘크리트 순살만 추려 담으면 10리터 종량제 봉투 5천 개 정도가 필요하다. 천 가구 단지면 5백만 개다. 마감재와 부속 가구는 별도다. 그만큼의 석회암산과 강모래를 파헤쳐 생산 과정에서 석유를 탄소로 바꾼 후 결국 폐기물로 버린다. 신규 소비 억제가 아니라면 최고의 재활용 방안이 필요하다. 사회 조건이 바뀌어도 아파트의 구조 손상 없이 리모델링이 가능한 구조체가 필요하다. 그래서 무량판 구조가 선택되었다. 지탄받을 건 무량판 구조가 아니라 갈비뼈 누락이다.

도시와 건물이 쓰레기로 변할 숙명의 구조라면 시민들의 재활용 계몽은 하찮고 덧없다. 우리는 더 작은 국토 면적을 점유하고, 대중교통이 전제된 도시를 만들고, 유연하게 변화에 대응하고 작동하는 건물을 지어 살아야 한다. 그래서 무량판 구조는 이어져야 한다. 이 무량판 구조의 여덟 계단 이야기는 뒤에서 설명할 것이다.

아홉 번째 생각
공룡이 어슬렁거리는 도시

공룡들이 배회하고 있다. 덩치 큰 동물을 집채만 하다고 표현하기도 한다. 그런데 이 공룡들은 집채가 아니라 도시만 하다 해야 옳다. 물론 이들도 아기 공룡이었던 때가 있었다. 만화라면 이름은 '둘리'겠다. 그러나 현실의 이들은 지역명이 성으로 앞에 붙되 이름은 다 비슷하여 개발공사, 도시개발공사다. 그중 가장 큰 공룡은 티라노사우루스처럼 이름이 긴 한국토지주택공사다. 줄여서 LH라 부른다.

이 공룡들이 장착한 초강력 무기는 발톱과 이빨이 아니고 수용권이다. 사유재산 징발은 사실 민란 저항도 이상하지 않을 국가 폭력이다. 공공이익 추구가 간판에 걸려 있고 보상이 있다고 해도 그렇다. 그래서 집행 근거로 헌법 규정까지 필요하다. 이 제도의 연혁을 더듬으면 일제 강점기의 '조선토지수용령'에 이른다. 이어 광복 이후 북쪽에서는 토지 개혁, 남쪽에서는 농지 개혁이 있었다. 수용권에 비교적 관대한 국민 인식은 그 역사적 학습의 결과가 아닐까 싶기도 하다.

공룡들의 필요성은 산업화에서 나왔다. 산업화가 도시화를 요구하고 수반하는 건 세계사를 보면 공통으로 나타나는 현상이다. 도시화를 방치하면 도시가 아니라 정글이 만들어진다. 도시화 과정에 있어서 공적 개입과 도시 정비의 필요성이 공룡 탄생의 근거다. 그런데 이 작은 나라의 중앙정부와 지자체들이 제각각 다양한 공룡들을 키우기 시작했다. 도시화가 진행되며 둘리들이 무럭무럭 자랐다.

전 세계의 사례로 볼 때 도시 인구 비율이 90퍼센트에 이르면 도시화는 정체와 안정 상태에 이른다. 우리도 1990년대 이래 그 비율을 유지하고 있다. 문제는 이미 커지고 많아진 공룡들이다. 비대해진 공룡들은 국토의 건강한 관리가 아니라 자신들의 생존을 위해 지속적인 사업 공급이 필요한 지경에 이르렀다. 인구 감소에 따라 미분양이 속출한다는 지방 도시에도 여전히 신규 개발사업이 발굴된다. 개발 수익만 확보되면 지자체의 재정 건전성이 좋아지고 지자체장은 재선 업적을 장만하니 사업을 부인할 필요가 없다. 그런데 기존에 이미 정착한 도시 인구가 다시 이주해 줘야 사업 성공이다. 그러잖아도 인구 감소로 소멸 위기라던 도시의 원도심은 더 총총히 몰락해 갔다. 도시는 자신을 먹고, 자신을 배설하고, 자신을 버렸다.

개발사업의 성공 조건 가운데 팔 할은 토지 확보다. 나머지는 인허가와 분양 변수 정도다. 이 토지 확보의 힘이 수용이다. 사유재산권과 정면충돌하는 공적 권력을 다루는지라 '토지수용법'의 규정은 정교하다. 견제 장치도 많고 보상도 공시지가 아닌 복수 감정가 기준이다. 그러나 결국 집행 주체는 완벽하지도 않고 이기적 동기에 충만한 인간이다. 잡음이 끊이지 않는다. 순응하는 국민이라 해도 당연히 수용과 반발은 일상이다. 결사반대를 외치는 절규의 현수막이 장례 마친 만장처럼 거리에 펄럭이기 일쑤다. 그래서 안전하고 신속, 편리한 사업 진행이 아쉬우니 공룡들은 기존 시가지가 아니고 도시 외곽 녹지를 선호한다. 그린벨트를 여유롭게 헐기도 한다. 녹지에 선을 긋고 영역을 확정해 수용, 통보하고 사업을 시작한다.

경계 구역 확정은 공람 전까지는 대외비다. 그러나 사전 정보로 수용 투기에 나섰던 티라노사우루스의 직원들이 발각되기도 했다. 십자포화가 쏟아졌고 LH는 공익의 공룡이 아니고 공분의 공적이 되었다. 수용권은 있다지만 재원이 비루한 공룡들도 있다. 그래서 돈은 있으나 토지 확보가 아쉬운 민간 개발 자본과 함께 진행하는 민관 합동 개발이 등장한다. 민간 개발업자가 어수룩한 공룡 등에 올라타면 개발사업은 사업자의 엘도라도가 된다.

기존의 자연 지형 정도는 간단히 무시하고 썰어 버리는 개발 현장.

공룡의 수용권이 일방적인 폭력인 만큼 시행 영역은 섬세하게 규정돼야 한다. 그런데 공공 개발사업의 실행자는 결국 민간 전문 용역업체들이다. 용역 엔지니어링 회사는 공익적 의협심이나 역사적 책임감의 실천 집단이 아니다. 능력과 철학이 부재한 업체가 수두룩하다. 깔아놓은 바탕 도면에 빼곡한 등고선 정도는 간단히 무시한다. 그리고 그 위에 씩씩하고 용감하게 계획선을 죽죽 긋는다. 계획선을 따라 불도저가 돌아다니고 끔찍한 높이로 잘라낸 수직 옹벽이 세워진다. 자연환경을 썰어내 옹벽과 절벽으로 둘러싸인 거대하고 밋밋한 초현실의 평지를 만든다. 눈먼 공룡이 무시무시한 크기의 발로 무심히 푹 밟고 떠난 흔적이 남는 것이다. 거기 악명 높은 콘크리트 상자들이 얹힌다.

사적 이윤 추구를 동기로 움직이는 도마뱀들이 국토에 어슬렁거리며 배설한 결과를 난개발이라고 부른다. 그래서 공익 근거의 공룡이 여전히 필요하다. 그런데 공룡들이 자신들의 생존을 위해 국토를 계속 먹어 치워야 한다면 그 결과 역시 난개발이다. 지금 국토에는 개발사업을 시행하기에 욕구 과잉과 능력 부족, 의식 부재인 공룡, 도마뱀들이 여기저기 우글거리고 있다. 그들이 마구 밟고 다닌 발자국이 이미 산하에 가득하다.

쥐라기 공룡 시대를 생각해 보자. 까마득한 시간이고 공룡들은 모조리 멸종했다. 우리도 이 표면에 잠시 먼지처럼 묻어 있다 티끌처럼 사라질 뿐이다. 그래서 사무치게 자문하게 된다. 누가 우리에게 자연을 향한 이런 폭력적 임의 처분권을 허락했는가. 이 국토를 이토록 파헤치고 폐기물을 양산할 자격이 우리에게 있는가.

도시는 기본적으로 갈등 공간이다.
도시 구성원들이 일사불란하게 이해를 공유한다면
전체주의적으로 강요된 것이다.
제한된 재화와 가치를 놓고 살아야 하니
거기서 갈등이 생기는 것은 자연스럽다.
그것이 발전 동력이기도 하다.

갈등을 해결하는 과정에서 자연스럽게 권력이 발생하고 개입한다.
그래서 도시는 노골적으로 공간을 통해 권력을 표출한다.
그리고 갈등의 과거를 공간에 새긴다.
즉 공간을 읽으면 도시를 작동시키는 권력 구조를 이해할 수 있다는 이야기다.

오래된 도시가 중요한 건 역사가 실물로 새겨져 있기 때문이다.
역사의 공유는 사회적 동물이라는 인간의 공동체 의식을 조성해 주는 근간이다.

3장   역사로 읽는 도시

부산역에서 보는 서울역

"보슬비가 소리도 없이 이별 슬픈 부산정거장." 구성지고 낭랑한 노래다. 서울 가는 열차 창 너머에서 경상도 아가씨가 슬피 우는 중이란다. 그런데 이 노래의 탄생 배경은 뭘까. 모범 답안은 한국 전쟁과 피난살이겠다. 그러나 입장이 다른 답도 있을 것이다. 서태지 이후 세대라면 노래 자체를 모를 수도 있다. 맥락 없는 토목 엔지니어라면 무미건조하게 대답할 것이다. 경부선 준공.

조선 시대에 작성된 지도를 보면 부산은 잘 보이지도 않는다. 19세기가 다 끝날 때까지 동래성 옆의 작은 글자에 지나지 않았다. 이 바닷가 한촌이 대한민국 두 번째 규모의 도시가 되는 기폭제는 철도 부설이었다. 그 철도가 지금 나그네를 싣고 떠나는 경부선이었고.

철도 시대 이전에 서양인들이 도착하는 곳은 제물포였다. 그들은 우마차에 실려 가며, 이어지는 꼬불꼬불하고 험한 진창길에 넌더리를 냈다. 그리고 만난 종착점 도시의 조용한 기괴함에 놀라워했다. 그게 한양이었다. 새 아침이 밝았으니 새벽종을 울리고 새마을을 만들자고 하기 전까지 이 나라는 아침에도 고요했다. 그래서 조용한 아침의 나라.

도성의 고요를 처음 흔들어 깨운 건 남대문 밖 기차역의 기적 소리였다. 첫 철도를 놓기로 했을 때 그 노선이 경인선이 되는 건 자연스러웠다. 도대체 어떤 능란한 교섭 능력의 소유자였는지 알 수 없으나 미국인 모스가 경인 철도 부설권을 따낸 것이 1896년이다. 그런데 이보다 앞선 1892년부터 인천이 아닌 부산을 한양과 연결하는 철도 계획이 은밀하게 진행되었다. 그 철도의 존재가 절박했던 것은 당연히 일본이었다. 임진왜란 이후 다시 대륙 진출과 교두보 확보를 모색하기 시작한 것이다.

요동치던 대한제국의 역사를 따라 철도 부설의 주체들도 엎치락뒤치락했다. 신의주를 한양과 연결하는 철도를 처음 구상한 것은 대한제국이었다. 철도는 대한제국에도 대륙으로 향하는 신작로였다. 그러나 1905년 '한일의정서'가 체결되자 일본 군부는 즉시 경의 철도 부설권을 확보했다. 그들의 야망은 한반도 너머에 있었다. 그래서 결론은 하나로 수렴한다. 경인·경부·경의선은 모두 일본에 의해 완성되었다는 것. 그래서 공통점은 좌측통행.

"떠나가는 새벽 열차, 대전발 0시 50분." 부산보다 존재가 더 희미했던 대전이 핵심 도시로 등장하게 된 것도 철도 덕이다. 정확히 말하면 역의 설치다. 그런데 부산역과 대전역은 다 역이지만 건축적으로 보면 영어 단어가 다르다. 부산역은 터미널terminal이고 대전역은 스테이션station이다. 굳이 구분한다면 종착역과 정거장이다. 정거장은 종착역에 이르기 위해 잠시 서는 곳이다. 그래서 서울·대전·평양역이 다 정거장이다. 대륙으로 가기 위해 잠시 서는 곳.

서울역이 정체성 혼란에 빠진 것은 남북 분단 때문이다. 신의주로 가는 철도가 막히면서 서울역은 정거장이 아니고 종착역이 되었다. 경의선의 종착역은 문산역으로 바뀌었으니 경문선이라 불렸어야 마땅했다. 고속철도가 개통하면서 서울역은 아예 대놓고 종착역이 되었다. 일제 강점기에 서울을 호령하던 건물로서의 서울역은 이제는 엉뚱하게 전시관으로 바뀌었다. 새로운 서울역은 민자 역사라는 제도 덕에 수모스럽게도 백화점 부속시설로 몰락했다. 수도 중앙역의 체면이 도대체 말이 아니다.

지금 서울역은 종착역과 정거장의 단점을 골고루 골라 담고 있다.

모던보이들의 신문명 체험장에서 노숙자 쉼터 부속 건물로 변한 서울역.
신설 고속철도역이 이 건물을 버리고 자신은 대형 쇼핑센터의 부속 건물로 전락했을 때 이 주변은 어수선한 '나머지'들의 집합소가 돼 버렸다.

철도의 문제는 도시를 극단적으로 양분한다는 것이다. 철도 역사의 전면은 문명의 중심지로 급부상하되 후면은 도시의 그늘로 남는다. 그건 서울·대전·평양역이 모두 공통으로 보여 주는 현상이다. 서울역 고가도로가 '서울로 7017'로 바뀌었을 때 서울역 후면에서 벌어진 도시 변화는 그 단절의 폭을 역설적으로 증언한다.

철도가 국토를 바꿨다. 그런데 지난 세기 국토 변화의 관점에서 철도 부설보다 큰 사건은 분단이었다. 결국 서울역의 미래 모습은 우리가 분단된 국토의 미래를 어떻게 보느냐에 달려 있다. 그것은 경문선이 아닌 경의선의 가치와 가능성을 묻는 것이기도 하다. 지금 대한민국의 국토 그림이 통일 이후를 염두에 둔다면 경부선은 대륙과 대양을 잇는 동맥이다. 그 고리가 부산역이다. 그러기 위해서는 경부선과 경의선이 바로 연결돼야 한다. 그 고리는 서울역이다.

유라시아 철도의 출발역이라고 자임하는 부산역.
진정한 출발역이 되려면 서울역의 정체성이 바뀌어야 한다.

백 년 전에 깔린 경의선은 당시의 기술 한계에 의해 지형을 따라 구불구불 휘어 있다. 우리가 연결해야 할 것은 거의 10배의 속도로 내달리는 철도다. 경의선의 기존 구간을 버리고 지하로 연결한다면 경부선과 경의선은 이어질 수 있다. 서울역도 지하화한다면 종착역과 정거장의 장점을 골라 담은 역이 된다. 서울역 주변이 다 바뀔 것이다.

부산역도 육지 끝의 종착역이 아니고 바다를 향한 길의 출발역이 될 수 있다. 대륙과 대양을 잇는 다른 의미의 정거장이다. 그건 국토 내 어떤 도시도 지니지 못한 가능성이다. 구성지고 낭랑한 노래는 부산역이 종착역이 아니라고 강조한다.

"기적도 목이 메어 소리 높여 우는구나, 이별의 부산정거장."

두 번째 생각
그늘에 숨은 역사

일본 정부가 후쿠시마 원전의 오염수 방류를 시작했다. 어이없다. 평화로운 미래 번영을 위한 국제사회의 공동 노력도 미흡한 시점에 오염된 쓰레기를 자국의 배타적 이익을 위해 무단 방출하는 무분별하고 파렴치한 단견적 행동에 천인공노, 만인공분을 촉구하며 비분강개, 분기탱천, 열혈성토하려다 문득 생각하니 좀 이상하다. 한반도는 후쿠시마와는 일본 열도로 막힌 건너편에 있다. 이 문제에 가장 민감해야 할 1차 피해자는 일본 자국민들이니 그들의 반응이 궁금해야 마땅하겠다.

후쿠시마 어민들도 당연히 반대 의사를 표명했다. 그런데 반대 이유의 결이 좀 다르다. 오염수 방출로 유전자가 왜곡되고 허리가 구부러진 물고기 등장을 두려워하는 것이 아니었다. 그러잖아도 오염 이미지로 어려움을 겪는 수산물 수출 추가 감소에 대한 우려 때문이었다. 말하자면 생존이 아닌 생계 문제 수준이었다.

언어는 세계요, 언어는 존재요, 언어는 한계라고 설명한 철학자가 있었다. 이름 지어 부르는 대로 꽃인지 꽃뱀인지 존재 방식이 규정된다. 오염수contaminated water라고 지칭하는 순간, 그 물에 대한 입장은 명백해진다. 정제해서 기준에 맞는 수준으로 맞춰 20년간 조금씩 배출하되 그 과정과 현황을 모두 공개한다는 게 일본 정부의 설명이다. 외국 언론과 기관의 일반적 선택 어휘는 처리수treated water다. 그래서 국제원자력기구와 미국 국무부가 지지 성명을 발표하는 상황이 되었다. 그렇다면 우리는 왜.

일본, 원전, 오염수, 방류가 골고루 들어 있는 문장이면 한국인을 도발할 조건은 충분하다. 일단 일본 관련 사안이라면 한국은 이견이 불허되는 전체주의적 국가로 돌변해 왔다. 반일의 깃발 아래 대동단결. 게다가 원전은 미래 가치가 의심스러운 위험천만한 혐오시설로 비난당하기 시작한 물건이다. 그런데 심지어 방사능 물질로 오염된 물을 방류하다니. 그 물이 오염수로 호명되는 순간, 논의의 빗장은 닫힌다.

물이 흘러들 곳이 동해였다고 치자. 갈등은 더 극심하여 전쟁 전야를 가늠할 사안일 것이다. 실제로 두 나라는 그 바다의 이름만 놓고도 대치 중이다. 머리를 식히고 보면 이 대치는 해결책이 없다. 이 바다의 이름이 일본해라면 우리는 애국가를 바꿔 불러야 한다. 일본해와 장백산이 마르고 닳도록 하느님이 보우하는 우리나라, 이게 나라냐. 그런데 일본으로서는 분명 서쪽에 있는 바다인데 이걸 동해라고 부르라는 데에 동의할 리 없다. 그래서 대안은 병기 표기인데 이해관계도 없는 지도 제작자 관점에서 하나의 바다를 놓고 두 이름을 적으라는 요구를 받아들이기도 어렵겠다. 그래서 제3의 제안도 나왔으니 나는 지도에 '청해'로 표기하자는 제안에 마음이 끌린다.

'히야까시ひやかし'라는 일본 단어가 있다. 고등학생 시절 지나가는 여학생들에게 지분거리는 행동을 칭하는 단어였다. '당꼬바지' 교복을 입고 '히야시'된 사이다를 물고 '와리바시'로 만두를 집던 바람난 고등학생들의 모습이었다. 그런데 저 단어 '히야까시'의 의미가 원산지에서는 좀 다르다. 일본에서는 돈도 없으면서 유곽에서 화대 흥정하며 지

1936년 제작된 '대경성부대관'에 등장하는 신정 유곽.
옆에 동권번도 보이니 환락가였을 이곳은 지금은 건축적 흔적을 전혀 찾을 수 없다.

분거리는 모습을 뜻하는 단어였다. 참으로 엽기적이지만 일본 문화에서 유곽은 성인 놀이터 정도이고 유곽 종사자는 자랑스럽지는 않아도 그냥 직업으로 인정한다.

이들은 식민지에서도 도시 여기저기에 유곽을 조성했다. 성리학 전통이 굳건하던 사회에 도입된 기상천외한 업종은 도시 그늘 곳곳에 남았다. 대체로 역 근방의 이면 골목에 기이하게 늘어선 유리창 풍경이 그것이다. 분홍색 조명으로 밤 밝은 곳이었으나 우리는 그 존재의 호명도 거북하여 차라리 주소의 지번으로 부르기도 했다. 588이라고.

그런데 일본인들은 심지어 전시에도 이동 유곽을 운영했다. 그게 그냥 직업의 하나라는 이상한 문화와 목숨 걸고 기피해야 할 대상이 어찌 직업이겠냐는 두 문화 간 격돌이 지금 우리 땅에 위안부라는 상처와 숙제를 남겼다.

상대방을 알고 나를 알아야 한다는 건 우리가 숙독해 온 불패의 병법 금언이다. 자국 문화를 폭력적으로 강요한 사실은 분명 잊히지 말아야 하며 여전히 지탄 대상이다. 그러나 목숨은 버려도 약속은 지키는 것이 무사 국가의 문화다. 정권이 바뀌었다고 이전 정권의 약속을 부인하는 것은 무사 일본이 아니라 어떤 사회에서도 이해하기 어렵다. 사죄는 자결을 감수하겠다는 의사 표명인 문화권인데 국왕과 총리대신마다 사죄하라는 건 국가 존재 가치를 스스로 부정하라는 요구로 받아들여질 수 있다. 이때 이 사안의 논의 빗장도 닫힌다.

우리는 일제 강점기의 도시, 건축적 사건들을 무조건 침략, 수탈 등의 단어로 표현해 왔다. 그러나 대개의 사안이 지닌 진실은 그렇게 일방적인 단어로 표현되기 어렵다. 그리고 상대방에 대한 숙고, 정확한 정보 획득이 없는 분노 배출로 전쟁에서 이기기는 어렵다. 그런데 임진왜란부터 국권 피탈까지 우리 역사의 거의 모든 전쟁에서는 그게 없었다.

세 번째 생각

비틀린 세종로의 사연

헤아릴 수 없이 수많은 밤을 내 가슴 도려내던 노래, '동백 아가씨'. 왜색 논쟁으로 한때 금지곡이었던 노래. 그러나 정작 시비 대상이 될 것은 노래가 아니고 가수 이름이었다. 미자, 요시코라니. 이미자, 김추자, 김연자. 모두 우리 대중가요의 한 획을 그은 이름들이다. 그 이름에는 친숙한 만큼 불편한 진실이 묻어 있다. 저것은 일본식 이름이 아니더냐. 일제 강점기가 끼어 있지 않았다면 우리에게 순이, 필녀, 입분이 말고 저런 이름이 어찌 존재했을까. 혹시 그들은 이름도 없이 간난이로 평생을 지내야 했던 것은 아닐까.

창씨 개명. 일제의 만행으로 빠지지 않는 단어다. 그리고 성을 바꾸고 이름을 고쳐 친일파로 단죄되는 사람들이 있다. 그런데 저런 일본식 이름을 딸에게 건넨 그들은 누구였을까. 어차피 사라진 나라인데 맞춰 살자고 했을 수 있다. 새 유행이라고 믿었을 수도 있다. 그들은 바람 따라 무심히 흔들리는 백성이 아니었을까. 사안은 미묘하고 복잡하다.

건드리면 덧나는 상처인데 잊히지 않고 불거져 나오는 도시의 흔적이 광화문과 그 부근이다. 그런데 세종로라면 등장하는 문장이 있다. 일제가 경복궁 앞길의 축을 조선 신궁 방향으로 틀었다더라. 왕조 능욕

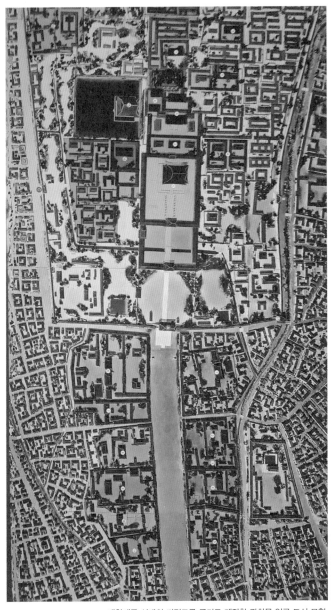

대한제국 시대의 지적도를 근거로 제작한 광화문 인근 도시 모형.
광화문 앞길은 경복궁의 축과 맞지 않았다. 심지어 직선도 아니었다.

과 민족정기 말살의 잔학한 조치임이 틀림없다. 만행을 드러내고 억울함을 파헤쳐서 고발과 증언으로 해원의 살풀이를 해야 한다. 침탈, 억압, 학대, 수난이라는 비대칭 단어에서 우리는 약자고 피해자다. 그래서 다시는 저들이 그런 생각을 못 하도록 절치부심切齒腐心.

그렇기 위해 필요한 것은 사실 파악이다. 혹시 우리가 존재하지 않는 허상의 과녁을 만들고 거기 흥분과 분노의 화살을 쏟아붓는 것은 아닌지. 증거 지도가 필요한 시점이다. 조선 시대의 지도는 붓으로 그린 평면 풍경화와 크게 다르지 않았다. 이 땅의 생김새가 측량된 도면으로 표현되기 시작한 것은 19세기가 다 저문 시점이었다. 우리에게는 경복궁 앞 육조거리 도면이 남아 있다. 그런데 당혹스럽게 그 앞길의 방향이 이미 경복궁 축과 전혀 맞지 않는다. 심지어 길은 중간에 애매하게 꺾여 있었다. 당시 지적도에 근거한 모형은 박물관에서 어렵지 않게 목격할 수 있다.

맞지 않는 축의 각도에 우선 총독부 건축 공무원들도 당황스러워했다. 직각과 평행이 그들이 만들던 도시의 기준이었다. 그런데 이걸 맞춰 놓을 정도로 총독부가 조선을 장악하지 못한 때였다. 지금까지의 자료로 보면 육조거리 확장 계획 조감도를 처음 그린 이는 독일인 건축가 게오르그 데 라란데George de Lalande, 1872-1914다. 무심한 이 외국인은 조선총독부 청사의 고문 건축가로 지목됐고, 뒤의 전각들이 아니라 앞의 길에 맞춰 건물을 앉혔다. 그게 도시 맥락에 맞는다고 판단했을 것이다.

일본인 중에도 총독부 청사 위치를 반대한 이들이 있었다. 가장 널리 알려진 것은 철거 예정의 광화문을 안타까워 한 야나기 무네요시柳宗悅, 1889-1961다. 그러나 와세다대학교 교수 콘 와지로今和次郎, 1888-1973의 비판은 그런 수준을 훨씬 넘는다. 그는 도대체 어찌 이렇게 피정

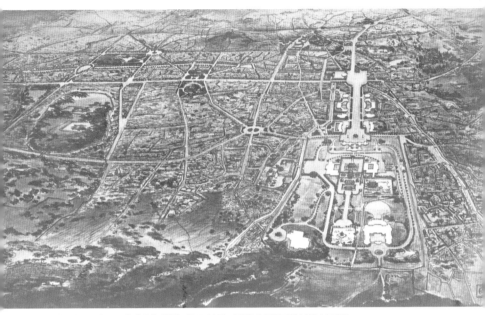

라란데가 1912년-1914년 사이에 작성한 것으로 보이는 '경성도시구상도'에 나타난 조감도.
광화문 앞길을 직선화하되 방향은 기존 방향을 그대로 따르고 있다. 2013년 5월 발행 일본 건축학회 논문집에
수록된 논문 「경성 도시 구상에 관한 연구」에 이 조감도에 관한 자세한 내용이 실려 있다.

복자를 유린하는 비참한 사업을 진행하느냐며 총독부 건축 관계자들을
면전에서 공박한다. 그리고 철거가 제일 좋겠지만 거의 다 지어 되돌릴
수 없다면 차라리 이를 사회 사업시설로 전용하라고 주장한다.

조선 신궁의 위치를 남산으로 결정한 것은 도쿄제국대학교 교수
였던 이토 추타伊東忠太, 1867-1954다. 총독부 청사 착공 후다. 영어 단
어 '아키텍춰architecture'를 '건축'으로 번역한 인물이다. 민족정기를
말살하는데 앞장선 이의 자취라고 부인하려면 우리는 '건축'이라는 단
어를 바꿔야 한다. 결국 순자, 미자, 영자도 개명해야 할 것이고. 세상
에 검은색과 흰색의 사이에는 엄청나게 넓은 회색 영역이 존재한다. 모
든 일본인이 총독부 직원도 아니었고 모두 제국주의자도 아니었다. 참

고로 라란데는 독일인 건축가로 알려졌지만 폴란드인이었다. 손기정이 일본인 선수로 등록돼 있지만 조선인이었다는 문장과 다르지 않다.

민족정기 말살을 목적으로 일제가 백두대간에 쇠말뚝을 박았다는 분노의 증언도 있다. 그러나 주요 지점에 물리적 기준점을 설정하는 것은 측량의 기본 사안이다. 측량을 모르던 백성들에게 그것이 주술적 만행으로 보였을 수 있다. 그러나 지금 우리는 병들면 무당을 부르지 않고 병원을 찾는 시대에 살고 있다.

길이름으로 세종로라 불리는 광화문 광장은 여전히 변하고 있고 여전히 우리는 그 공간이 무엇인지를 놓고 논쟁 중이다. 그 논쟁은 언어가 아닌 공간으로 구성된다.

네 번째 생각

광화문 광장이라는 방

룸살롱과 방석집. 조명은 어둡고 분위기는 질펀하다. 영화 속 등장인물로 정치인과 기업인이 빠지지 않고 검사와 언론인이 끼어든다. 대사는 음흉하고 거래는 은밀하다. 주목할 단어가 룸과 방이다. 저 단어 '룸'을 번역하면 '방'이 나온다. 그런데 출생지 다른 두 단어 사이에는 결국 물리적·문화적 차이가 놓여 있다. 룸살롱과 방석집이 음흉하게 같으면서 은밀하게 다른 밀실인 것처럼.

룸이건 방이건 위가 덮여 있어야 하는 건 마찬가지다. 다른 건 벽과 바닥이다. 룸을 규정하는 요소는 벽이다. 그래서 룸에 들어서려면 벽에 달린 그것, 문을 열어야 한다. 이에 비해 방은 바닥면으로 규정된다. 심지어 벽은 없어도 된다. 원두막, 대청마루를 생각해 보면 된다. 방에 들어서려면 신발을 벗어야 한다. 그리고 바닥에 털썩 앉는다. 그러면 방이다.

문화적 차이도 있다. 룸은 기능적으로 규정된다. 그래서 베드룸, 리빙룸처럼 용도가 앞에 붙어 룸의 정체성을 설명한다. 이 용도를 위해서 침대나 소파 같은 가구가 필요하다. '룸'의 번역으로는 '실'이 더 가깝다. 침실과 거실처럼. 이에 비해 방은 용도가 아니고 관계와 위계로 규정된다. 호칭이 존재한다. 안방, 사랑방, 아들 방, 막내 방은 인간의 관계 규정이고 건넌방, 문간방은 공간의 위계 규정이다. 가구는 중요하지 않다. 이불을 깔면 침실, 방석을 놓으면 거실이다. 밥상도 들어오고 술상도 펼쳐진다. 그래서 우리는 용도가 아니라 인격과 호칭을 붙여 방을 규정하는 것이다. '사장실'은 존재하나 '사장님 실'은 그른 말이고 '사장 방'은 이상해도 '사장님 방'은 자연스럽다.

화류계 경험이 증언하노니 룸살롱 풍경은 다 비슷하고 방석집은 죄 다르더라. 방은 룸보다 유연하고 다양하기 때문이다. 한국인은 아무데나 돗자리 하나 깔고 신발 벗고 올라앉아 그 공간을 방으로 규정하는 유연한 문화를 지니고 있다. 심지어 팔걸이 달린 의자에도 필사적으로 책상다리를 하고 올라앉는다.

그런데 전대미문의 거대한 방이 갑자기 등장했다. 붉은 옷을 입은 새로운 세대들이 벽도 천장도 없는 길바닥을 방으로 바꿔 버린 것이다. 그 방은 분명 자동차가 질주하던 공간이었다. 이들은 길바닥에 신문지 한 장씩 깔고 앉았다. 유연했다. 2002 월드컵은 체육사와 사회사 말고 도시사, 건축사에도 길이 남을 사건이었다. 이 거대한 방을 딱히 호칭할 단어가 없었으매 우리는 서양의 비슷한 그것, 광장이라 부르기 시작했다. 그러나 그것은 서양 광장과는 아주 달랐다. 룸이 방이 아닌 것처럼.

이 거대하고 초현실적 방의 목격은 곧 광장 조성 사업으로 이어졌다. 군림하던 자동차를 옆으로 밀어내고 시청 광장과 광화문 광장을 만들었다. 새로운 세대에게 새로운 도시가 필요했고 새로운 공간이 제공된 것이다. 광화문 앞은 더 이상 길로서만 존재하는 세종로가 아니었다. 오로지 자동차가 어디론가 삭막하게 질주하던 공간에 사람들이 가득한 풍경은 분명 발전이고 성취였다.

그런데 광화문 광장이 여전히 문제다. 보행자와 자동차와의 기능

서쪽으로 확장된 광화문 광장.
좌우 대칭이 아닌 공간이 되는 바람에 비난이 많았다. 그런데 이 길은 역사적으로 보면 전차가 놓이고 확장이
이어지면서 좌우 대칭이 아닌 시간이 더 많았다.

적 공간 구분 방식이 이용자의 불만을 사고 있기 때문이다. 이 상징적 공간이 좌우 대칭이 아닌 데에서 나오는 불만이 가장 크다. 그래서 현상공모를 진행하고 당선작을 뽑고 준공까지 했는데 여전히 이견이 분분하고 미래는 불투명하다. 이곳이 자동차보다 보행자 중심 공간이 돼야 한다는 데에 반대하기 어려운 세상이 되었다. 구현 방법에 관한 이견이 있을 뿐이다. 이 중요한 논의가 간단히 정리된다면 그게 오히려 더 이상할 것이다. 역사는 질주하지 않는다.

문제다. 문제 해결법의 하나는 문제를 없애버리는 것이다. 탈모의 대안에는 발모제 도포, 모발 이식 외에 삭발도 있다. 광화문 광장의 문제가 도로와 보행 공간의 기능적 이분법이라면 이 구분을 없애는 것도 대안이다. 아스팔트 깔린 세종로로 돌아가자는 것이 아니다. 일단 공간 전체를 석재 깔린 보행자 공간으로 조성하는 것이다. 자동차는 꼭 검은 아스팔트 위에 흰 차선으로 도색한 도로로만 다닐 수 있는 기계는 아니다. 석재 위로 가변 차선을 표시하고 필요에 따라 유연하게 자동차 통행하고 통제하면 된다. 그리고 자동차들이 송구스럽고 조심스럽게 그 위를 다니면 된다. 원래 우리의 방은 그렇게 유연한 것이다.

방의 가치는 위치에 있다. 광화문 광장이 중요한 것은 우리가 누구인지, 대한민국이 무엇인지 시각적으로 대답하는 위치의 공간이기 때문이다. 광화문 광장은 아마 룸이나 광장과 다른 우리의 방일 것이다. 미래가 오늘보다 나아질 것이라는 기대가 우리의 힘이다. 교육계 경험이 증언하노니 우리의 다음 세대는 앞세대들보다 참으로 낫더라. 미래의 광화문 광장은 은밀하던 앞세대 밀실보다 분명 훨씬 더 아름다운 방이 될 것이다.

대한민국의 영의정

여자는 공부할 필요 없다. 거리에 나서려면 머리에 뭘 뒤집어써라. 남자는 수염도 깎으면 안 된다. 이런 이야기 들으면 머나먼 나라 아프가니스탄의 탈레반이 생각날 것이다. 그런데 이건 우리 이야기다. 시대만 약간 다르다. 조선 시대 상황이니까. 겨우 백 년 조금 넘게 지났을 따름이다.

조선을 이해하기 위해 당시의 헌법, 경국대전을 들춰보자. 서문 첫 문장의 주어는 제왕이다. 본문은 왕실 친족과 외척 등의 신분 규정과 그들의 신분 세습 방법에 관한 내용으로 시작된다. 거기에는 왕실 구성원들이 마땅히 받아야 할 벼슬 명이 즐비하다. 백성들이 알 필요 없는 책다운 삼엄한 한자의 숲이다. 그 안에는 군君, 신臣, 관官이 빼곡하되 민民이라는 글자는 찾아보기 몹시 어렵다. 그것이 전제 군주 국가의 정체성이었다.

국가의 정체성은 법전의 문장 외에 도시의 모습으로 표현되기도 한다. 조선의 핵심 공간은 경복궁이었다. 임진왜란으로 경복궁이 불타자 창덕궁이 왕실 거처가 되었다. 국가의 중심 공간이었어야 할 경복궁은 조선 후기 내내 폐허 상태였다. 경복궁 중건은 국가의 위신을 세우기 위한 건축사업이었는데 그 국가는 왕실을 일컬었다. 그러나 조선은 이 정도 단일 건축사업만으로 재정이 휘청거리는 국가였다. 어찌 됐든 경복궁 중건으로 그 앞 육조거리도 잠시 다시 중요해졌다. 땡전 한 푼 없어진 왕실 이야기는 다음에 좀 더 하자.

조선의 임금들은 전란이면 궁을 버렸다. 다만 선왕들의 신주는 챙겼다. 그런데 어느 국왕의 러시아공사관 피신 때는 신주도 챙기지 않았으니 더 이상 작동하지 않는 기존 국가 체제의 표현이었다. 이것이 제국주의의 풍파 속에서 계몽 군주께서 행하신 불가피한 용단이었다는 책도 서점에 꽂혀 있기는 하다. 다만 경국대전 밖의 민民들은 그냥 무심했을 것이다.

경복궁 앞 공간을 대한민국이 이어받아 부르는 이름이 세종로다. 이 공간이 시빗거리가 되는 것은 역사 중간에 일제 강점기가 끼어 있기 때문이다. 그 일제는 경복궁 궐내에 조선총독부 청사를 건립했다. 이건 정치적 행위였다. 지어진 건물의 건축적 완성도는 높았지만 그 위치는 건축적 가치를 뛰어넘는 논의를 요구했다. 결국 조선총독부 청사 철거의 쟁점도 건축을 넘어 공간으로 번역된 역사관과 국가 정체성의 문제였다. 이때 건물은 가치 중립적 물체일 수 없다.

우리는 일제 강점기가 남겨놓은 인적 청산에 실패했다. 그 여파는 여전히 작동 중이고 피해의식은 우리를 물적 청산에 집착하게 만들었다. 우리는 일제 강점기의 건물이라면 기겁하고 철거했고 그 흔적을 철저하고 성실하게 지워왔다. 그 동력은 도를 넘어 일제 강점기 너머 전제 군주국을 과도하게 그리워하게 했다. 그래서 일제의 물리적 흔적을 지우되 조선의 모습은 가짜로라도 새로 만들었다. 제왕 없는 빈 궁궐에 새 기와집을 만들어 채우고 궐문 앞에는 월대를 복원했다. 그걸 '역사 바로 세우기'라고 불렀다. 의심하면 '식민사관'이라 몰아붙였다.

역사적 건물 철거는 정치적 선언이다. 그 시대를 부인하겠다는 결연한 의지 표현이다. 역사적 건물 복원도 정치적 선언이다. 그 시대를 복원하겠다는 의지 표현이다. 그런데 때로 그 단호한 의지는 희극이 되기도 한다. 철저한 고증을 거쳐 단군릉을 세웠다는 북쪽 인민공화국을 보고 차마 박장대소하기 어려운 것은 남쪽 민주공화국에서 벌어지는 사안들도 만만치 않기 때문이다.

세종로에서 경복궁을 보면 오른쪽 끝에 빈터가 있다. 이곳은 고종 연간 경복궁 중건 시에 의정부가 함께 중수된 곳이다. 일제 강점기에는 경기감영, 경기도청으로 바뀌었다가 대한민국 시기에 정부 청사 별관이 되었다. 건물 철거 후 공원이던 터를 발굴 조사 해 보니 각 시대의 건물 기초가 나왔다. 시대가 중첩된 기초 군은 그걸로 충분한 유적이다. 그래서 이걸 보호하는 지붕을 만들어 덮기로 했다. 한낱 덮개일지라도 워낙 중요한 곳이라 국제 현상공모가 열렸다. 우아한 제안이 당선되었고 보호각 설계는 진행되었다. 그런데 갑자기 여기 현대적 보호각을 세우지 말고 의정부 건물을 복원해야 한다는 주장이 등장했다.

의정부 터에 관한 자료로 남은 것은 흐릿한 흑백 사진 몇 장과 모호하게 그려진 배치도 정도다. 그리고 발굴로 드러난 기초의 돌무더기다. 그런 사료에 근거한 의정부 건물 복원으로 돌아가고자 하는 시기는 경국대전이 규정하는 시대다. 여자는 공부할 필요도 없고 남자는 수염도 깎으면 안 되는 그 시대.

남아 있는 조선의 유적 보호는 당연하다. 그러나 사라진 왕조의 흔적을 모조품으로 만들어 대한민국의 도시에 늘어놓겠다면 역사관 질문이 선행돼야 한다. 공간과 민족 계승이 정치체제의 연속성을 의미하지 않는다. 대한민국은 이제 충분히 스스로 자랑스러워할 만한 국가가 되었다. 그 자부심은 왕조에 빚지지 않고 맨주먹으로 일어선 국가여서 더 각별하다. 그런데 이 사안의 결론은 어처구니없다. 당선작을 파기하고 일단 터도 흙으로 그냥 덮어둔다는 것이었다. 그리고 잠시 뒤 기와집을 위한 주초가 놓이기 시작했다.

조선 시대의 흔적은 대한민국의 도시가 아니라 문화에도 여기저기 살아 있으니 거기 '제왕적 대통령'이라는 표현이 포함된다. 대통령이 적극적으로 군림해서가 아니고 그냥 그렇게 모시는 문화가 이어져 온 것이다. 대통령은 나라님이 아니더냐는 문화.

굴삭기가 돌아다니고 있는 영의정 터.
영의정 외에도 경기감영 경성부, 경기도청, 정부 청사별관, 공원 등의 이름이 그 위치에 걸쳐 있었다.

옥류관 냉면과 용산 공원

냉면이 뜨거웠다. 평양의 옥류관에서 판문점에 배달한 냉면이 불을 지폈다. 대통령과 국방위원장의 회동 현장이었다. 덕분에 은거 암약하던 냉면 교도들이 열혈궐기하였고 경향강토에 냉면 열국지가 삽시간에 전파되었다. 강호협객들의 냉면명가 주유방담周遊放談*이 인터넷을 덮었고 냉면 취식 순서 방법으로 백가가 쟁명하였다. 하여 냉면의 백면 서생들이 신조어로 비방조롱하였으니 '면스플레인면+explain'이다.

그런데 원조 옥류관 봉사원들의 입장은 단호했다. 면을 육수 위에 살짝 들고 그 위에 식초를 쳐서 먹어야 합니다. 이 방식으로 평정된 옥류관 면스플레인의 근원을 찾아가면 엉뚱한 먹방에 이른다. 옥류관을 친히 찾아주신 위대한 김일성 수령님께서는 냉면 먹는 법까지 하나하나 세심히 가르쳐 주셨습니다. 최고 존엄의 식사 이후 옥류관 냉면 취식법은 절대 진리로 승천좌정昇天坐定*하였다.

이번에는 북한의 공동 살림집, 즉 아파트다. 북한 아파트는 평면과

---

* 두루 돌아다니며 구경하며 이야기하는 것을 의미한다.
: 자리를 잡아 앉는 것을 말한다.

시공 방법이 동유럽에서 일괄 수입된 제품이었다. 현관을 들어서면 작은 전실로 모든 방이 연결되는 모습이었다. 공동 살림방, 즉 거실도 공간 위계상 그냥 방의 하나였다. 들어서면 전면에 거실 풍경이 펼쳐지는 남쪽과 전혀 다른 평면이다. 그런데 여기 신기한 변화가 생겼으니 때는 2004년이다. 신축 아파트의 공동 살림방이 평면의 중심으로 갑자기 변모한 것이다. 이 변화의 근원에 역시 최고 존엄이 등장하는데 이번에는 아들이다. 세계 수준에 맞는 살림집을 만들기 위해 공동 살림방을 중심에 놓으라고 위대한 장군님께서 교시하셨습니다.

최고 존엄은 손자에 이르렀다. 평양의 산천 풍경은 바뀌었는데 인걸 풍습은 의구하다. 최고 존엄 앞 고위급 당 일꾼들 모두 손바닥 만한 수첩을 지참하고 받아적기 바쁘다. 최고 존엄은 일체 무오류이니 질문 확인은 불요부재不要不在**다. 당이 원하면 우리는 한다. 그러나 민주주의의 힘은 토론, 대꾸, 반박, 설득에서 나오고 개성만발, 취향다양, 주관존중으로 표현된다. 대한민국은 최고 존엄을 믿지 않는다. 나는 냉면에 식초를 치지 않는다. 메밀 향 버린다. 주체 냉면 만세!

냉면이 뜨겁던 광복절 아침에 대통령이 선언했다. 용산 공원을 뉴욕 센트럴파크 같은 생태 자연공원으로 조성하겠습니다. 멋지다. 그런데 의아하다. 용산 공원이 왜 센트럴파크 같아야 하는 거지. 센트럴파크는 생태 자연공원인가. 용산 공원이 생태 자연공원이어야 하는 이유는 뭐지. 냉면에는 식초를 쳐야 하나.

용산 공원은 거대도시 복판에 있다는 점에서 센트럴파크와 같다. 딱 거기까지다. 출생부터 성장까지 다 다르고 미래에도 달라야 한다. 센트럴파크는 있던 자연을 재가공해서 만든 공원이다. 인공호수와 잔디

:. 필요하지도 않으며 해서도 안 된다는 뜻.

밭, 동물원과 미술관이 버무려져 있는 도시공원이다.

용산은 청국의 군대와 일본 제국 육군, 유에스 아미가 차례로 점령하고 주둔한 도시공간이다. '한일의정서'와 '한미상호방위조약','한미행정협정'이 만든 곳이다. 자연과 생태, 환경과 순환이 아니고 위험과 영토, 전략, 배치라는 단어들이 들어 있는 문서들이다. 다 털고 나면 공통 분모로 불평등이라는 단어만 남는다.

용산 미군기지는 전투부대 주둔지가 아니었다. 담장 밖 퍽퍽한 서울 환경과 비교하면 이미 공원이다. 한가하고 나른한 미국 전원도시의 변형 복사본이다. 당황스러운 초현실이다. 지하철 4호선과 동작대교를 기형적으로 비튼 대한민국 내 치외법권 지역이었다. 공중도 지하도 대한민국이 아니었고 우편번호도 미제를 쓰던 곳이다. APO AP 96205.

수도 한복판이 외국군 주둔지였던 나라가 있었다더라. 이렇게 전

서울역사박물관의 전경 모형에서도 용산은 알지 못하는 공간으로 표현돼 있다.

하면 후대는 엽기적 농담이라고 믿지 않을 것이다. 지구상에 생태 공원은 많으나 이런 초현실의 공간은 서울이 유일하다. 센트럴파크가 대한민국 국군 주둔지라고 생각해 보면 된다. 생태 공원이 없다고 서울에 산소가 부족하지 않다. 생태 공원을 만든다고 미세먼지가 사라지지 않는다. 서울에서 부족한 것은 역사를 증언하는 공간이다.

도시를 생태 자연공원으로 만들려 한다면 첫 작업은 철거다. 꼭 필요한 것이 아니면 기존 구조물들을 들어내야 한다. 그러나 용산은 최소 보존이 아니고 최대 보존이 원칙이어야 한다. 잔재인지 유산인지 아직 모른다. 역사의 판단이 개입해야 한다. 시간이 필요하다. 역사의 흔적을 다 뭉개고 역사 도시 간판만 걸어놓은 테마파크가 청계천 복원, 동대문 역사문화공원 조성 사업이 남긴 결과물이다. 우리는 무엇을 배웠는가.

대통령은 발언을 추스를 수 있다. 철거하고 나무를 심으라는 의도는 아니었다고. 센트럴파크처럼 사랑받는 공간을 만들자는 의미였다고. 그런데 공무원들은 처지가 다르다. 그들에게는 대통령 발언이 절대 존엄이다. 달을 보든 손가락을 보든 따르는 척이라도 한다. 수첩에 받아 적은 대로 해석한다. 그리고 설계자들을 다그칠 것이다. 대통령 방침이다. 생태 자연공원이 되어야 한다. 철거하고 연못 파고 나무 심어라.

용산 미군기지를 국내 포털 사이트가 제공하는 위성사진으로 보면 단호하다. 너희가 이곳을 알 필요 없다. 결론을 내릴 만큼 이곳을 알고 있는 대한민국 국민은 지금 아무도 없다. 정보가 없으니 작전이 무의미하다. 지금 할 일은 관리와 관찰, 조사와 기록이다. 그런 역사가 다시 되풀이되지 않아야 한다고 누워서 쓸개를 빨며 불편해하더라도 최대한 보존해야 한다. 우리가 받은 것은 공간이지 개발할 의무가 아니다. 권리도 아니다. 현재를 꼼꼼하게 정리해서 넘겨준다면 미래는 우리에게 감사할 것이다.

이런 용산에 대통령 집무실 이전이라는 새 변수가 등장했다. 우리에게 도시는 쉬지 않고 변하는 곳이다. 그래서 잠시 한발 물러서서 물끄러미 대상을 관조하는 것도 중요하다. 그런 후퇴도 말하자면 적극적의지 표명이고 디자인이다. 대통령 집무실을 더 이야기하기 전에 다시광화문 광장으로 돌아가 보자.

국내 포털 사이트의 위성 사진이 용산을 가리고 있는 것과 달리 미국의 구글어스는 무심하게 이것저것을 다 보여 준다.

일곱 번째 생각
광장의 시오니즘

뒤죽박죽, 엉망진창, 좌충우돌. 많은 이가 묻는다. 도대체 한국의 도시 경관은 왜 이 모양이냐고. 힐난의 탄착점은 건축가들이다. 무능력, 무신경, 무책임. 그런데 거기 건축과 무관하되 신기한 풍경이 하나 추가되었다. 무대는 광화문 광장이다. 구국 시위의 군가 속에 이스라엘 국기가 등장한 것이다. 성조기는 동의 못 해도 이해는 하겠다. 미국은 20세기 대한민국의 메시아 국가였으니. 그런데 이스라엘 대사관 직원도 당황할 국기의 등장은 무슨 의미일까. 이건 어떤 메시아일까.

다비드의 별은 시오니즘의 상징이다. 유대교 이야기다. 시오니즘을 거슬러 올라가면 처연한 노래를 하나 만난다. 네부카드네자르 2세가 솔로몬의 궁전을 파괴하고 잡아 온 유대인 노예들의 노래다. "바빌론의 강가에서 시온을 생각하며 울었노라." 이들의 처지는 훨씬 후대에 베르디의 오페라에서도 등장한다. 왕의 이름이 길고 복잡해서 '나부코'로 변한 그 오페라에서 노예들이 부르는 구슬픈 합창이 '가거라 희망이여 은빛 날개를 타고'이다. 우리로 보면 일제 강점기의 두 배 정도의 시간이었다. 바빌론 유수라고 부른다.

이쯤에서 페르시아 제국 쪽 목격담을 들어볼 필요가 있다. 신바빌

로니아를 접수하고 페르시아 제국을 세운 사람이 키루스 2세, 즉 키루스 대왕이다. 바빌론에서 그가 목격한 것은 잡혀 온 이국의 노예들이었다. 키루스는 이들을 모두 해방해 돌려보냈다. 저 청승맞은 노래를 부르던 유대인들이 포함돼 있었다. 첫 시오니즘이 성취된 것이다. 페르시아의 키루스는 유대인들에게 메시아로 불린 이국의 왕이었고 한글 성서에는 '바사의 고레스'로 표기되었다.

　　제국이 설정한 국제 질서를 인정하지 않겠다며 변방에서 소란 피우는 자들은 손봐주는 게 제국의 지배 원칙이다. 키루스의 2대 후계자인 다리우스 왕은 에게해 너머에서 새 질서를 이해하지 못하는 그리스인을 정리하기로 했다. 올망졸망한 폴리스가 모인 그리스로서는 사활을 건

서울 도심을 가득 메운 아우성.
태극기와 성조기는 이해하겠으나 이스라엘 국기는
생경하다. 이스라엘 사람들이 봐도 생경할 일이다.

절박한 전투들이었다. 그러나 결국 패한 것은 페르시아 원정군이었고
역사는 이 분수령의 전투를 올림픽 마라톤으로 여전히 기억하고 있다.
뒤를 이은 크세르크세스도 다시 그리스로 쳐들어가 그들의 성지인 아크
로폴리스를 파괴함으로 제국의 위엄을 일단 과시한다. 그러나 살라미스
해전을 분기점으로 원정은 또 실패했다.

　페르시아를 물리친 그리스의 페리클레스는 아크로폴리스 재건이
라는 건설사업으로 승전을 기념한다. 더 크고 더 멋지게. 지금 유럽인들
이 건축사의 최고 성취로 치는 파르테논 신전이 탄생했다. 페르시아로
서는 한낱 지방 전투의 패배였으나 어쨌건 제국의 수치였다. 다리우스
는 전투와 무관하게 제국의 영화를 과시하기 위해 화려한 궁전 건립에

착수했고 크세르크세스가 이를 완성했으니 이게 페르세폴리스다. 아크로폴리스는 이에 비하면 소박한 구조물이었다.

그러나 역사는 여전히 꿈틀거리는지라 후에 거꾸로 에게해를 건너온 그리스 왕이 있었는데 알렉산더였다. 관광이 아니라 정복 전쟁이 그의 목적이었다. 알렉산더가 페르세폴리스를 지나칠 리 없었고 과연 다 불태워 버리라고 명령했다. 그래서 지금의 페르세폴리스는 돌기둥 몇 개만 남은 폐허다.

바빌론 유수 후 약 3백 년간 문서에서 사라졌던 유대인들은 동방의 페르시아인 현자 세 사람이 어떤 신생아를 알현하는 순간, 역사에 다시 등장한다. 한글 성서는 이들을 '동방박사'로 번역했다. 성년이 된 그 아이를 메시아로 추앙하는 이들도 생겼으나 대개의 유대인은 동의하기 어려웠겠다. 키루스와 이력서가 달라도 너무 달랐다. 예수는 끔찍한 처형

폐허로 남은 페르세폴리스.
페르시아의 영광을 보여 주던 이곳을 불태우라고 명령한 것은 알렉산더였고 그래서 역사는 기구하게 굽이친다.

으로 자신의 생을 마감 당했다, 유대인들에 의해. 그러나 그의 죽음은 결국 세계를 얻었다. 그 배경에 사도 바울의 긴 편지들이 있다.

그는 활력이 넘치는 유대인이자 로마 시민이었다. 사도 바울이 전도 여행으로 지나간 곳에 아테네가 있었다. 성서 기록으로는 당시 그리스인은 지금의 한국인만큼이나 말하기를 좋아했던 것 같다. 거기서 바울은 개탄한다. 여기는 왜 이렇게 많은 잡신을 믿고 있느냐고. 바울은 이름 모를 신을 모시는 높은 단에 올라갔다는데 그건 분명 아크로폴리스였을 것이다. 아테네에서 높은 단은 거기 밖에 없으므로. 바울이 본 건물은 본인이 보기에 잡신의 하나인 아테나 신상이 모셔진 파르테논 신전이었겠다.

막상 예수를 만난 적도 없는 그 사도 바울은 시오니즘을 버렸다. 이방인도 예수를 부활한 메시아로 믿으면 구원받는다는 믿음 덕에 예수는 메시아로 부활했다. 바울의 긴 편지들이 신약성서의 골격을 이룬다. 수만 명이 땀으로 쌓은 야심의 건물들은 돌무지로 무너져 내렸으되 돌 한 조각 무게도 안 나가는 범부의 문장은 세상을 쌓았다.

읍 규모도 안 되는 작은 마을, 이란 남서부 파사르가대Pasargadae 외곽 광야에 가면 덩그러니 남아 있는 키루스의 소박한 돌무덤을 만날 수 있다. 기독교 메시아는 생사 부활 논쟁이 2천 년째 진행 중이다. 그러나 이 페르시아인 메시아는 그저 육신에 담긴 인간이었다고 이 무덤의 침묵은 증언하고 있다. 유대인들의 찬미가 민망하게 막상 키루스 본인은 조로아스터교도였다. 땅을 훼손하지 않아야 하는 믿음대로 그의 무덤은 석단 위에 조성되었다. 우리 표현으로 풍장이다. 키루스의 묘비명을 플루타르크는 이렇게 전한다.

"그대가 누구고 어디서 왔더라도, 나는 페르시아의 왕 키루스, 다만 내 뼈에 덮인 흙먼지가 과분하다고는 말아주게나."

구약 성서에 메시아로 기록된 키루스 대왕의 무덤.
벌판에 스산하게 서 있다.

　과연 알렉산더는 키루스의 무덤은 손대지 않고 지나쳤다.

　키루스의 사후 2천5백 년 정도 지났다. 그의 뼈에 가라앉았던 흙먼지는 바람에 다시 비산했겠다. 고비 사막을 거쳐 황사의 오명을 쓴 채 날아와 대륙 동쪽 끝에 떨어진 먼지도 있겠다. 날아온 먼지는 이 나라 광장의 열기에 당황했을 것이다. 믿거나 말거나. 말세위협, 영생보장, 불신지옥을 내세운 메시아의 재림, 부활, 환생의 현장이고, 탄핵, 규탄, 처단의 구호가 난무한다. 이리 심심할 틈도 없고 두서도 없는 사회의 도시 풍경이 가지런하면 그게 오히려 신기하겠다. 지금 키루스의 후손들은 새로운 종교의 국가에 살고 있다. 키루스 사후 천 년 정도가 지났을 때 먼 사막에서 태어난 이가 만든 종교다. 그 종교는 키루스를 메시아로 믿던 종교와 아브라함이라는 뿌리는 같지만 지금 엄청난 갈등을 빚고 있다. 그 그림자가 한반도에도 내려앉는다.

여덟 번째 생각

아야 소피아와 초승달

태산을 넘어 험곡에 가더라도 기어이 봐야 하는 건물. 그런 건축 성지 목록의 맨 윗단에 적히는 이름. 원형 돔을 사각 평면 위에 얹어낸 기하학적 성취의 정수. 천상에서 거대한 체인으로 사뿐히 돔을 매단 듯한 비잔티움의 성전. 현실의 물질로 비물질적 공간을 구현해 낸다는 의지로 세운 인류 최고의 건축 걸작.

인류 최고의 건축 걸작인 아야 소피아.
건축의 참된 가치는 외관이 아닌 공간에 있다는 증명이기도 하다.

그런데 그 건물의 알현을 위해 이스탄불을 방문하면 의외의 상황을 직면한다. 골상이 전혀 다른 색목인들이 코리안을 형제라며 얼싸안는다. 그들의 삼촌이 한국 전쟁에 참전했다는 사실이 근거에 깔려 있다. 이국의 재난에 둔감한 한국인들이 튀르키예 지진 구호에 앞다툰 것에도 같은 믿음이 있다. 그런데 왜 튀르키예는 머나먼 동쪽 나라에 파병했을까. 이해하려면 파란만장한 그들의 역사를 우선 들여다봐야 한다.

최근의 발굴 성취는 인류 최고의 유적지가 아나톨리아에 있다고 드러내기 시작했다. 바로 지금의 튀르키예가 담고 있는 지명이다. 이곳의 역사적 유구성은 구약성서도 증명한다. 아브라함이 거쳐 갔다는 하란도, 노아의 방주가 걸터앉았다는 전설의 아라라트산도 아나톨리아에 자리 잡고 있다.

그러나 이곳이 서양사의 진정한 중심으로 부상한 것은 로마 시대다. 콘스탄티누스 황제가 아나톨리아반도의 끝단 쪽으로 천도를 해 버린 것이다. 그래서 도시의 이름도 콘스탄티노플인데 하필 그 황제는 핍박받던 기독교를 공인한 인물이다. 기독교는 국교가 되었고 그 위신에 걸맞게 세운 건물이 건축학도의 순례 성지, 하기아 소피아Hagia Sophia다. 우리 역사로 치면 신라 법흥왕 연간이다.

이후 아브라함의 다른 후손들, 즉 이슬람이 서아시아를 장악했을 때 유럽은 십자군 전쟁으로 이들에게 대꾸했다. 십자군에 맞선 이슬람이 자신들의 대응을 부르는 이름이 지하드, 즉 성스러운 전쟁이다. 십자군들의 물욕은 목적지를 헷갈렸고 결국 엉뚱하게 동로마의 콘스탄티노플을 약탈하기도 했다. 구텐베르크가 인쇄술을 선보일 시기에 오스만 제국은 절대 난공불락이라던 콘스탄티노플을 함락시켰다. 유럽의 역사서들은 함락되었다고 수동태 문장으로 서술한다. 비잔티움은 역사책 속으로 사라졌고 콘스탄티노플은 이스탄불로 바뀌었다. 하기아 소피아

인류 역사상 최고의 건축적 성취의 하나로 평가되는 하기아 소피아.
분명 교회였으나 박물관을 거쳐 지금은 공식적으로 모스크다.
교회였던 시절을 증명하는 벽의 주요 성화는 천으로 가려놓았다.

주변에 4개의 첨탑이 추가되었다. 모자이크 성화는 회칠로 덮이고 벽에 코란 성구가 걸렸다. 기독교 바실리카가 아니고 이슬람교 모스크 아야 소피아Aya Sophia로 변모한 것이다.

오스만 제국은 팽창하여 발칸반도를 지나 비엔나 코앞까지 이르렀다. 함락 위기를 넘긴 비엔나 사람들은 이슬람의 상징인 초승달 모양 빵을 만들어 씹어먹었다. 합스부르크 왕실의 공주, 마리 앙투아네트가 시집가며 파리에 전파했다는 게 크루아상의 전설이다. 이 야사는 진위를 넘어 유럽인들이 지닌 이슬람에 대한 혐오와 공포를 설명한다. 그래서 오히려 크루아상을 금기 식품으로 친다더라는 이슬람 근본주의자의 이야기도 있다.

1차 세계대전에 패전하면서 이슬람교의 오스만 제국도 역사책 속으로 사라졌다. 아나톨리아에 정교분리의 새로운 세속 국가가 세워졌으니 그게 터키, 지금의 튀르키예다. 아야 소피아는 이번에는 박물관으로 바뀌었다. 덩치는 크나 허약했던 신생 국가는 이슬람 혐오가 여전한 기독교 유럽 국가와 미국으로부터 자립을 위한 원조를 확보해야 했다. 우선 필사적으로 나토 회원국이 되어야 했고 그러려면 호감과 신뢰를 얻어야 했다. 그래서 한국 전쟁에 참전하여 피의 결기를 보여 줬다. 결국 튀르키예는 한국 전쟁 마무리 시기에 나토 회원국이 되었다.

정치적 이유의 참전이어도 결국 전장을 달린 것은 국민이었다. 그러니 우리가 그들에게 고마워하는 것은 당연하다. 그런데 잊지 말아야 할 것은 튀르키예의 국기에 여전히 초승달이 그려져 있다는 사실이다. 게다가 현 대통령 에르도안은 명시적 이슬람주의자이며 튀르키예의 이슬람 정통성을 선명히 부각하고 있다. 가장 상징적 사건은 국명을 터키가 아닌 튀르키예로 바꾼 것이다. 그간 '터키 행진곡'이던 모차르트의 피아노 소나타를 '튀르키예 행진곡'으로 불러야 할지 고민되는 상황이다. 그리고 그는 아야 소피아도 다시 모스크로 바꾸었다. 그 이슬람이 전장에서 우리와 피를 나눈 사이다.

이제 한반도로 돌아와 보자. 이 땅에서 이슬람의 성전聖戰을 치르겠다는 것도 아니고 기도할 성전聖殿을 짓겠다는 데에도 반대가 드세다. 알제리에서 말레이시아에 이르기까지 그 사이 지역 국가들의 국기에는 초승달이 흔하다. 그 지역의 무슬림 집안에서 태어났으면 본인의 선택과 무관하게 모태 신앙이 된다. 이들 모두를 폭력적 근본주의자라고 덮어놓고 의심하는 것이 폭력적이다. 모든 무슬림에게 크루아상도 돼지고기처럼 금기 식품일지 모른다는 선입견처럼 위험하다.

질문은 대한민국의 정체성으로 향한다. 대한민국은 종교와 신념 그리고 양심의 자유가 보장된 세속 국가다. 그 헌법은 차별과 혐오와 편견을 부인한다. 그럼에도 소수라는 이유만으로 어떤 종교 집회가 부인된다면 그건 대한민국의 헌법 부정이다. 우리는 추석, 대보름의 보름달 국가이고 국기 복판에 동그라미를 그린다. 초승달이든 반달이든 넉넉히 담아내는 것, 그게 우리의 문화 정체성이어야 한다. 광화문 광장을 점거하는 종교 집회가 허용된다면 다른 종교의 기도 공간도 포용되어야 한다. 튀르키예가 피를 나눈 형제 나라라면 그들의 종교도 마땅히 이웃으로 존중되어야 한다.

도시는 발전해야 한다.
그 발전은 규모의 확대가 아니라 토지와 자원의 합리적 이용을 의미한다.
어찌 됐든 발전은 변화의 특수한 형태다.

어떤 변화는 도시의 경쟁력을 약화시킬 수 있다.
어떤 변화는 시민들의 집합적 의지로 일어날 수 있다.
그런데 대개 그 집합적 의지는 변화의 동력을 제공할 뿐이다.

변화 방향을 결정하는 것은 정책이다.
그래서 정책 입안과 집행이 중요하다.
지방자치를 통해 시민들의 권력을 위임받은 선출직 공무원들이
정책 입안과 집행 주체가 된다.
그러나 그들에게 도시에 대한 식견과 경험이 충분하다는 근거는 없다.

그래서 그 정책은 휘청거리는 경우가 많다.
권력을 위임받지 않으면 특히 더 위험하다.

4장 선거로 읽는 도시

첫 번째 생각
아름다운 도시라는 평양

도를 묻는 제자들에게 그는 말없이 연꽃 한 송이를 들어 보였다. 아무리 석가모니여도 요즘 이런 방식의 수업이면 학기 말 강의 평가가 좋지 않을 것이다. 학생의 질문을 알아듣지 못하더라, 문장 구성 능력이 없는 것 같더라, 묵묵부답을 염화시중拈華示衆* 으로 포장하고 있더라.

요즘 세대인 다른 제자는 도가 아니고 도시를 물었다. 어떤 도시가 아름답습니까. 비루한 선생은 건축을 전공하고 있기 때문이다. 그는 연꽃무늬 막걸릿잔을 들고 있다. 공정한 사회가 만드는 도시가 가장 아름다우니라. 그런데 혹시 이건 동문서답은 아닌지.

대중 강의를 하다 보면 실제로 이런 질문을 많이 받는다. 어떤 도시가 아름다운 도시인가요. 그 배경에는 우리 도시가 아름답지 않다는 경험적 전제가 깔려 있다. 그리고 아름다운 선망의 대상에는 외국 어느 도시들이 기준으로 자리 잡고 있을 것이다. 그 도시들의 일목요연한 공통점은 선진국 도시라는 것이다. 그렇다면 그들은 어쩌다 선진국이 되었을까. 건축의 영역을 넘으나 답을 추리자면 이들이 공정한 사회를 만

---

* 꽃을 따서 무리에게 보인다는 뜻으로, 말이나 글이 아닌 마음으로 뜻을 전하는 일.

들었기 때문이다.

동시에 시작된 두 사회를 사례로 비교해 보자. 아메리카 대륙의 남북 서로 다른 곳에 유럽의 다른 지역에서 온 침략자, 이주자들이 각각 정착해 나갔다. 북아메리카에 도착한 이들은 대개 신교도 중에서도 지독한 골수 칼뱅주의자들이었다. 종교 자유의 갈구와 절대 가난으로부터의 도피가 이주의 추동력이었다. 착하게 살면 천국에 가느냐는 질문 역시 이들은 신과의 무엄한 거래 시도로 간주했다. 구원에 관한 신의 뜻은 한낱 너희가 알 길이 없으니 남은 것은 극단적으로 성실, 근면, 청빈해야 한다는 강령이다. 이승에서의 공정한 생활을 위해 이들은 시민이 권력을 균등히 나눠 갖는 제도를 고안해 냈다. 그리고 그 민주주의 신념으로 무장한 국가를 세웠다.

남아메리카에 도착한 이들의 목적은 물질 획득의 기회였다. 구교도 국가 출신이 주축이 되었다. 돈만 있으면 면죄부를 사서 천국도 얻을 수 있으며, 신뿐만 아니고 신분도 불가침의 영역이라고 믿던 국가 출신들. 이들이 새 대륙에 만든 국가는 공식적으로는 인종, 종교, 신분의 기득권이 충실하게 엮인 유기적 조직체였고 이면에는 비공식이 깔려 있었다. 이들은 이익으로 뭉친 사회를 만들었다. 그게 지금 빈부격차가 극심한 중남미의 도시 풍경이다. 아름다워서가 아니고 신기해서 가본다는 곳.

제자들이 다시 묻는다. 아름다운 도시를 위해 시민들이 무얼 어찌하오리까. 건축 선생이 다시 답하니 우선 시장을 잘 선출해야 한다. 즉 권력 위임을 잘해야 한다. 선거는 종합 선물 세트 구매와 비슷하여 입후보자, 소속 정당, 공약의 종합 선택이다. 그런데 종합 선물 세트에는 꼭 괴상하고 불필요한 것들이 끼어 있다. 세트 상자 구매가 그 안 모든 상품의 구매 동의를 의미하는 건 아니다. 결국 가장 중요한 건 상자 안

'경애하는 총비서 동지'의 주요 업적 중 하나인 평양 미래 과학자 거리.
조선중앙텔레비전에서 수시로 자랑하는 이 거리를 보면 횡단보도가 보이지 않는다.
길 양단에서 검문이 있으므로 아무 자동차나 다닐 수도 없다.

에 담긴 사람이다.

선거의 승자는 다수의 뜻이라며 소수 의견을 묵살하곤 했다. 그래서 공평해졌다고. 다수결 원칙으로만 운영되는 사회의 도시에는 숫자만 남는다. 도시 사안은 참으로 복잡하여 규정 방법이 다양하고 무쌍하되 그 방법에 따라 누구든지 소수에 속할 수 있다. 누구든 환호와 절규의 주체가 된다. 거듭 말하지만 대안은 사업 단위를 좀 더 작게 만드는 것이다. 사업이 클수록 소수의 절규가 커진다.

대한민국의 각종 사회 지표는 북아메리카에서 수입한 민주주의를 운전하여 남아메리카의 사회 구조를 향해 빠른 속도로 달려가고 있다고 알려주고 있다. 그나마 위안이라면 민주주의 발명국에서도 패거리 정치가 자리 잡았으며 정치인 신뢰도는 자동차 딜러 바로 위에 있다는 것 정도겠다. 참고로 미국에서 자동차 딜러의 신뢰도가 각종 직업군 중

파지를 팔아 일용할 양식을 구해야 하는 어떤 할아버지의 뒷모습.
살기 위해 더 많은 파지를 모아야 하고 그럴수록 저 계단은 오르기 어려워진다.
저소득층일수록 공공공간 이용이 고통스러워진다면 그 도시는 잘못된 것이다.

이해할 수 없는 방식으로 놓인 점자 블록.
이때 이 도시가 보내는 메시지는 저주일 것이다.

꼴찌다. 좌절이라면 대한민국에서는 그 순서마저 뒤집혀 있겠다는 것이고.

대한민국은 스스로 공정하다고 확신해 본 적이 없고 그 도시가 아름답다고 자신한 적이 없다. 그래서 피해의식의 지자체장이 과시적 공공건축 사업을 벌이고는 한다. 그러나 도시가 아름다운지 알려면 먼 곳에서 찍은 전경 사진을 보면 곤란하다. 두 발로 걸어보고 소수의 눈물과 애환을 느껴봐야 한다. 간단하다. 휠체어, 유모차가 차별 없이 돌아다닐 수 있으면 그 도시는 아름답다. 나는 사회적 소수가 차별받거나 무시되면서도 아름다운 도시를 본 적이 없다. 세상에서 가장 아름다운 도시라고 스스로 선전하는 평양에 전혀 동의할 수 없는 것은 거기서 장애인을 위한 배려를 찾아볼 수 없기 때문이다.

대한민국에서는 신기하게 고작 지자체 선거인데도 정권 수호와 정권 심판의 청룡언월도를 휘두르겠다는 구호들이 난무하곤 한다. 선출된 자가 덜 부패한지, 더 현명한지 알 길은 없다. 석가모니는 기꺼이 전륜성왕의 길을 내려놓은 분이었다. 그는 옥좌가 아니고 돌바닥에 앉은 분이셨고 심판이 아니라 자비의 선생이었다. 우리가 그 지혜에 이를 길은 없겠으나 그를 흠모할 수는 있겠다. 선거철이 되면 지혜로운 이들은 국민으로부터 권력을 위임받기만 바랄 뿐이다. 그런데 자신이 왜 선출되었는지, 누구의 권력을 위임받았는지 혼동하는 지자체장들도 종종 등장한다. 그들의 구호가 대체로 관광이다.

두 번째 생각

관광도시를 만드는 법

관광객이 물밀듯이 밀려오는 관광도시를 만들어 주시오. 이렇게 주문한 사람은 어느 도시 시장이었다. 표현이 달라도 비슷한 시장, 군수들이 꽤 있었다. 한낱 건축가를 붙잡고 이렇게 요구하는 건 유명해진 몇몇 건축사업 성공 사례 때문이었다. 쇠락하던 탄광 도시가 관광도시로 바뀌었다더라. 미술관 하나로 전세 역전의 잭폿이 터졌다더라.

시장, 군수, 의원들이 스페인의 도시 빌바오에 줄지어 연수를 다녀왔다. 소문의 유명한 도시들이 근처에 있어 함께 들러볼 목적지 명단에

(왼쪽) '빌바오 효과'라는 단어까지 만들어 지자체장들의 선망 대상인 '빌바오 구겐하임 뮤지움'. 그걸 만들기까지 들인 수고를 이해하지 못한다면 껍데기만 본 것이다.
(오른쪽) 멀리서 보거나 그림엽서에서 봐서 유명해진 '시드니 오페라하우스'. 이 건물도 기구한 사연을 거쳐 간신히 준공되었다.

있었겠다. 혈세 절약을 위해 집약적 체류를 선택했을 것이다. 그래서 전세 버스로 돌며 서둘러 사진을 찍고 돌아왔을 것이다. 뉴스에서 관광성 외유라 의심하는 그것이다.

문제가 발생했다. 그들은 관광객이었고 본 것은 먼발치의 멋진 구조물들이었다. 파리에 에펠탑이, 뉴욕에 여신상이, 시드니에 오페라하우스가 있더라. 사진 찍으니 멋있고 그걸 보러 나 같은 관광객이 물밀듯이 밀려오더라. 그런데 우리에게는 없구나. 우리도 관광객을 끌어모을 랜드마크가 필요하다. 그래서 용도도 모르는 채 이상한 건축사업을 시작하곤 했다. 그래서 그들이 파악한 도시의 정체성은 세트장이나 도박장 사이의 어딘가에 있었을 것이다.

왜 이런 일이 벌어질까. 젊어서 외국 체험 기회가 없던 세대가 나이를 먹고 사회 주역이 되었다. 방문한 도시의 속살을 관찰하거나 가치를 음미할 여유 없이 바쁜 고위직에 덜컥 올라 버렸을 것이다. 그래서 질주하는 관광버스 유리창 너머로 보고 느낀 대로 건축가들에게 요구하기 시작했다. 랜드마크 만들어 주시오. 상징적인 조형물 건립합시다. 관광객이 밀려오도록.

옆집 트로피를 구경했으면 땀 흘려 운동하자 다짐해야지 우리도 트로피 만들어 진열하자면 곤란하다. 옆집의 땀은 이렇다. 빌바오는 미술관 건립 훨씬 전에 재단으로 '빌바오 메트로폴리 30', 실행 조직으로 '빌바오리아 2000'이라는 개발공사를 만들었다. 임무는 관광자원 확보가 아니고 시민들이 살기 좋은 도시 조성이었다. 이들은 개발사업으로 번 돈을 재투자해 철도를 걷어내서 공원을 만들고 흉악한 구조물을 철거해서 우아한 가로등으로 도시의 어두운 곳을 밝혔다. 석탄을 실은 열차가 아니고 걸어 다니는 시민을 위한 도시의 틀이 충분히 갖추어졌을 때 시장이 던진 승부수가 미술관이었다. 귀띔하거니와 대한민국에서 책정되는 건축 예산으로는 그런 역전이 이뤄지지 않는다.

서울에도 관광객이 물밀듯이 밀려오는 곳이 있다. 너무 밀려들어 주민들이 짜증의 팻말을 써 붙이기에 이른 곳이 북촌이다. 한옥이야 남산, 민속촌에도 있다. 그러나 북촌에 관광객이 밀려드는 건 이곳이 세트장이 아니기 때문이다. 말하자면 삶의 진정성이 있기 때문이다.

질문은 지자체장들을 향한다. 당신은 누구에 의해 왜 선출되었습니까. 유권자는 관광객이 아닌 시민이다. 선거는 관광 주무 부서장 선임 과정이 아니고 시민의 권력 이양 절차다. 시민들은 자신들이 공평하고 행복하게 살 수 있는 사회를 만들어달라고 선거로 권력을 위임했다. 관광객 유치를 위해 관광버스 불법 주정차를 허용할 테니 시민들에게 불편을 감수하라고 한다면 그 지자체장은 자신이 누구인지 모르거나, 오해하거나, 잊고 있는 것이다.

공무원들이 연수를 다녀온 도시는 대부분 선진국에 있을 것이다. 그 도시는 세트장 운영으로 번 돈을 투전판에 재투자해 이룬 결과물이 아니다. 그 공통점은 랜드마크의 존재가 아니다. 장애인, 노약자, 외국인 등 소수에 대한 차별이 없거나, 없도록 치열하게 노력하는 공간이라는 것이다. 마땅히 그것이 시장과 군수가 꿈꾸는 도시여야 한다. 그때 그 도시는 외국인들이 기어이 방문하겠다는 관광도시가 된다. 그들은 뿌리고 갈 돈지갑을 쥔 관광객이 아니고 문화적 호기심이 가득한 손님이다. 값싸게 모집해서, 특혜 시비가 많은 재벌 면세점 매출을 올려주고, 자국인이 운영하는 식당에서 밥 먹고, 이 땅에 쓰레기를 던지고 가는 관광객이 물밀듯이 밀려오는 관광도시는 무슨 의미가 있을까.

세상에 운명의 별자리로 정해진 장애인은 없다. 우리는 모두 늙으면 결국 몸에 이런저런 장애가 생긴다. 언어가 통하지 않는 곳에 가면 즉시 장애인이 된다. 한국말 못하는 방문객도 불편 없이 생활할 수 있

'외국인 관광객 탑승'이라고 써 붙인 버스.
저 글은 불법 주정차를 너그러이 묵과해달라는 의미를 담고 있다.

게 배려하는 도시가 당연히 국제화된 도시다. 거기는 랜드마크가 없어
도 관광도시다. 가장 중요한 문화 공간은 미술관과 음악당이 아니고 거
리와 지하철이다.

정치뿐 아니라 도시도 생물과 같다. 혈도를 짚어 최소한의 침을 놓
아 그 생명력이 도시에 퍼져나가게 하는 것이 최선의 도시 개발 방법이
다. 그 침이 건물이라면 거점시설이라고 부른다. 그래서 그 침을 놓을
자리가 중요하다. 우리에게는 걸어서 갈 수 있는 놀이터와 도서관이 가
장 필요하다. 그 벤치에서 이국의 관광객이 안전하고 불편 없이 쉴 수
있으면 그게 관광도시다.

결국 사업은 지자체의 몫이다. 인구 감소와 노령화로 지방 도시의
시름이 크다. 그런데 쇠락하는 도심에 518미터 높이의 전망대를 세워
관광명소로 만들어야겠다는 도시가 여전히 존재하는 게 우리 시대다.
그래서 긴장하지 않을 수 없다. 물어야 한다. 유권자는 시민이었는지 관
광객이었는지. 그 도시는 세트장인지 삶의 터전인지.

한강 무인도의 가치

한강 예술섬 탄생! 2009년 이런 문구의 광고가 서울 곳곳에 나붙었다. 그 섬은 노들섬이었다. 오페라 극장, 음악당, 미술관이 포함된 문화 단지를 조성한다고 했다. 그런데 예술섬은 결국 탄생하지 않았다. 2010년 서울시 의회에서 근거 조례를 폐지해 버렸다. 게다가 의회를 설득해야 할 시장은 2011년 엉뚱하게 학생 무상급식 문제로 사퇴해 버렸다. 예술은 사라지고 섬만 남았다.

처음부터 다시 짚어보자. 저 단어 '문화와 예술'은 만병통치약인지라 문화시설을 조성하겠다면 반대하기 어렵다. 그러나 이번 문화시설의 치명적인 문제는 위치였다. 예술섬 조성의 목적은 예술 육성이 아니라 한강변 피사체 조성을 통한 관광산업 육성이었다. 멀리서 관광객들 사진 찍을 배경이 되기는 좋아도 시민의 일상에서는 멀어 막막한 곳.

이런 거대시설의 운영을 고려하지 않을 수는 없다. 기능이 다중 집회 공간이니 대중교통이 문제였다. 접근성을 개선하려면 대중교통 기반 시설을 확충해야 하는데 이럴 때는 배보다 배꼽이 커진다고 한다. 운영 관리비는 계속 보조돼야 하는데 이럴 때는 밑 빠진 독에 물 붓는다고 한다. 혈도를 짚어 거기 침을 놓아야 하는데 침 꽂을 자리 먼저 정하고 거기 핏줄을 당겨오고 수혈까지 해야 하는 상황이다. 의회가 동의할 리 없었다. 그래서 교통시설 조성비, 유지비를 포함해 총 1조 원에 이르는 예산이 들 것으로 추정돼 의회 반대로 무산된 사업이다.

노들섬이 서울시의 골칫거리가 되었다. 사유지를 거액을 들여 매입한 것이니 뭔가를 하기는 해야 한다는 공감대는 있었다. 시장이 바뀌고 사업 방식도 바뀌었다. 위원회 발족, 여론조사, 아이디어 공모, 학생 디자인 캠프, 전문가 워크숍이 선행 작업으로 이어졌다. 사업을 추슬러야 할 때가 되었고 노들섬 사업의 총괄 기획가가 임명되었다. 직책과 임무 그리고 권한이 뚜렷이 규정되지는 않았으나 공무원이 책임지기 곤란한 판단을 대신 하는 자리였다.

총괄 기획가가 설계할 대상은 건물이 아니라 사업 방식이었다. 대상이 뭐든 설계에서 가장 먼저 할 일은 사업 가치를 찾아내는 것이다. 가치를 확인하면 방향이 드러난다. 방향이 정해지면 방식도 정해진다. 다음이 사업 진행이다.

선행 작업의 의견은 다양했으나 공통적인 인식을 추리면 간단했다. 고립된 섬은 거점 공간 건립에 최악이지만 이상한 실험을 하기에는 딱 좋은 곳이었다. 그러기에 상상의 이상향들인 율도국, 네버랜드, 유토피아도 모두 섬으로 상정되었을 것이다. 노들섬은 접근이 어려우니 오히려 도시 내 해방구가 되기 좋은 곳이다. 일상에서 벗어나 우리를 보는 곳. 지구의 위협은 외계인 침공이 아니라 기후변화이며 이를 해결하려면 슈퍼맨이 아니고 우리가 모두 나서야 하는 문제라고 깨닫는 곳. 압도하는 구조물이 아니고 사람들이 먼저 보이는 곳.

사업 순서가 바뀌었다. 건물부터 짓고 운영할 주체 찾아 나서는 것이 아니고 운영 제안을 받아 사업 내용을 우선 결정하게 하는 것이었다. 공모를 거쳐 운영자가 결정되었다. 이들은 대중음악을 거점 기능으

한강 복판의 노들섬.
강으로 둘러싸인 저 공간을 다중 이용 공간으로 만들려면 도시의 희소재인 섬의 가치를 버려야 한다.
그곳에 섬이 있으니 슬프고 외로울 때 갈 수 있는 공간으로 남는 것이 옳다.

로 한 문화 공간을 제안했다. 공모 참가자에는 대기업도 있었다. 심사위원들은 경험은 없지만 이를 뛰어넘는 당선자의 에너지를 금방 파악했다. 운영자가 섬에 필요한 공간을 주문했고 이를 기반으로 건축 공모전이 열렸다. 운영자만큼이나 새로운 건축가들이 당선되었다.

당선된 운영자가 이후 겪어야 했던 길은 단계마다 가시밭길이었다. 목적지가 옳다고 다들 동의해도 가보지 않은 길은 여전히 위험했고 사업은 비틀거리며 조금씩 전진했다. 운영자는 그 거친 길을 결국 다 헤쳐 나갔다. 노들섬에 살던 맹꽁이의 서식처를 확보해 줘야 한다는데 누구도 이견을 달지 않던 신기한 상황은 이전보다 분명 한 발 더 전진한 사회의 모습이었다.

화려한 오페라하우스의 예술섬 광고를 기억하는 이들은 여기에

도대체 뭘 만들 건지 궁금할 수도 있다. 그 비일상적 공간을 위한 공모
전에 제시됐던 가치는 이렇다.

"사회가 시민이 모여서 이루는 집단이라면 자유롭고 평등한 시민사회
는 어떤 방식으로 표현될 수 있을까.

사회와 도시는 위대한 엘리트에 의해 완결되지 않으며 완성되는
순간이 존재하지도 않는다. 이 섬에 다음 세대들도 적극적으로 개입하
면서 그들의 흔적을 퇴적할 방안은 무엇일까.

민주사회는 결론이 담은 가치를 넘어 결론에 이르는 과정을 통해
가치를 판단한다. 우리가 얻고자 하는 것은 화려한 구조물이 아니고 가
장 민주적 과정이라는 기념비다.

    적어도 노들섬은 거기 세워진 특정한 구조물이 아니라 섬 전체가 역사적·예술적 가치를 지닌 공간으로 후대에 평가받기를 기대한다. 그래서 이 공모전의 진정한 심사위원은 다음 세대의 시민들이 될 것이다."

비유하건대 노들섬은 물리적으로 보면 바둑판에 가깝다. 기보에서 들여다봐야 할 것은 줄눈이 아니고 놓인 바둑알들이다. 바둑판의 줄눈이 왜 웅장하고 화려하지 않으냐고 묻는다면 그는 바둑을 오해하고 있는 것이다. 노들섬에서는 섬을 채우는 다양한 사람들이 주인공이다. 우리의 사회는 완성되지 않고 도시도 준공되지 않는다. 조금씩 더 나아진다고 믿으며 변화할 뿐이다. 노들섬도 결국 준공되지는 않을 것이다. 노들섬은 개장일만 기억될 것이다.

석양이 멋지기로 이름난 노들섬.
이곳은 멋지다고 자랑하려는 건물을 부인함으로써 되려 멋진 해방구를 얻었다.

네 번째 생각
철학자의 도시

루트 2. 풀어쓰면 1.4142...이니 도대체 일관성도 끝도 없는 숫자다. 수학 교과서에 무리수無理數라고 쓰여 있는 이건 'irrational number'를 옮긴 단어다. 과연 이성理性이 없는 수인 듯하다. 그런데 수학적 정의로는 정수비로 표현되지 않는 수다. 대응되는 유리수有理數는 당연히 두 개의 정수비로 표현되는 숫자다. 그런데 여기 들어가 있는 것이 비율 ratio인지 이성ration인지 헷갈린 번역이 문제였다. 무리수는 비례로 표현되지 않는 수이니 무비수無比數 정도로 번역하는 게 옳았겠다. 그런데 이를 무리하게 미친 숫자로 만들어 버린 것이다. 세상에는 유리수만 존재한다고 믿던 피타고라스에게도 직각삼각형의 빗변에 등장하는 저 숫자는 미친 숫자였을 수 있겠다.

다음 단어는 'philosophosφιλόσοφος'다. 역시 피타고라스의 조어로 알려져 있다. 그리스어를 그대로 번역하면 '지혜의 탐구자'다. 나중에 본인이 철학자로 알려지는 니시 아마네西周, 1829-1897가 일본 메이지 시대에 'philosophy'를 철학哲學으로 번역했다. 지금은 대학교의 전공으로 좁혀져 있으나 원래는 세상의 원리와 이치를 탐구하는 모든 학문을 지칭했다. 그래서 지금도 전공과 무관하게 박사 학위명은

'Doctor of Philosophy'다. 뉴턴의 탐구도 과학이라는 이름을 얻기 전에는 자연 철학이었다. 풀어쓰자면, 자연을 탐구하는 지혜의 추구.

플라톤이 보기에 이상적 도시를 위해 필요한 지도자가 지혜의 탐구자philosophos였다. 그런데 철학이라는 단어의 지칭 대상이 변화하면서 이 지도자도 엉뚱하게 철학자, 즉 철학 전공 학자로 오해되기 시작했다. 그래서 덩달아 플라톤까지 실없는 고대의 철학자로 인식되는 지경에 이르렀다. 그러나 오역의 문제를 걷어내면 플라톤은 여전히 유효하다. 사회 지도자는 지혜로운 자 혹은 지혜의 탐구자여야 한다.

질문은 우리 시대로 향한다. 서울에 신기한 건설사업 계획들이 발표되었다. 첫 번째 사업은 반지 모양 대관람차 조성이었다. 유행의 발단은 '런던 아이'였다. 런던의 '꼬마'가 아니고 '눈'의 의미인 대관람차다. 이게 요즘 표현으로 대박을 터트렸다. 관광객이 장사진을 치며 빅벤을 물리치고 런던의 랜드마크가 되었다. 그래서 지구촌 곳곳에 대관람차

대관람차인 런던 아이.
이 역시 지명도를 얻게 되면서 별 볼 일 없는 도시마다 하나씩 덩달아 갖춰야
하는 물건으로 인식되기 시작했다.

열풍이 불었다. 2023년 서울도 대관람차 계획으로 촌스러운 지구촌 대열 합류를 선언했다. 이번에는 '서울링'이라고 불렀다.

건설사업 개시 홍보를 위해서는 그림이 필요하다. 그런데 서울시에서 내건 그림은 같은 난지도의 20여 년 전 '천 년의 문' 사업 당선작의 짝퉁이었다. 사실 대관람차는 구조적 요구 조건이 달라서 '천 년의 문'과 모양이 같기도 어렵다. 그런데 이런 조건 다 무시하고 굳이 '천 년의 문'을 베낀 건 구조적 지식은 물론이고 책임 의식도, 저작권 의식도 없다는 증언이다. 아니면 이성이 없든지.

서울시는 노들섬에 뭔가를 또다시 만들겠다고 건축가들을 초대했다. 이전에 예술섬을 짓겠다던 그 땅이다. 그런데 이번 사업의 목표도 또 관광자원 조성이라고 한다. 뭐로 쓸지 알 수 없으나 화끈한 무언가를 제시하라고 건축가들을 지정해서 요구했다. 여기서 궁금한 것은 결국 어떤 그림들이 등장했느냐는 것이 아니다. 이 사업 시작의 철학이 무엇이냐는 것이다. 그 대답의 순간, 이 사업이 지혜sophos의 소산인지 판단할 수 있다. 아니면 무지moros의 결과인지.

다시 강조하거니와 노들섬은 섬답게 접근하기 어렵다. 그런 비일상이 대도시 한복판에 있다는 게 이 섬의 진정한 가치다. 여기에 다중 이용시설로 사람들이 북적거리는 공간을 만들겠다면 가치는 한계로 바뀐다. 그 한계를 극복하려면 세금을 계속 부어야 한다. 그래서 얻으려는 것이 볼거리라면 도시는 동물원에 가까워지고 시민들은 행인일 뿐이다. 관광객 유치가 사업 목적이라면 앞으로 시장은 관광객 투표로 선출해야 한다. 우리 도시에는 이런 무리수 말고도 이성적으로 풀어야 할 기후변화, 교통체증, 주거 부족 문제 등의 문제가 끝이 없다.

비워두는 것도 지혜. 간신히 보존해 온 빈 공간을 기어이 채워넣겠다는 건 욕망이다. 이 도시에는 다음 세대를 위한 공간도 남겨둬야 한다. 시민 혈세로 런던 아이, 에펠탑, 시드니 오페라하우스를 흉내 낼 필요가 없다. 석유 한계를 맞은 중동의 졸부 도시를 우리가 따라가고 경쟁해야 할 이유도 없다. 지구촌이 코리아를 주목하는 시대다. 그런데 외국에서 본 것을 흉내 내고 굳이 저명한 외국인 건축가들 모셔 와야 한다고 믿는다면 그건 국제화가 아니고 시대 오독이고 납세자 모독이다. 우리의 관광 자산은 대관람차가 아니고 한밤중 배회가 가능한 거리와 노트북을 놓고 다녀도 좋은 카페다. 그리고 이방인에 대한 시민들의 진심 어린 환대다. 우리가 필요한 것은 현명한 지자체장들이다. 그건 플라톤 시대부터 지금까지 유효한 가치다.

다섯 번째 생각
흰 눈 위의 불평등

이명박 전 대통령의 정치적 입장에 동의하지 않을 수 있다. 그의 재임기에 사회 불평등 지표가 높아졌다고 진단하는 사회학자, 경제학자들도 있다. 그럼에도 인정할 건 인정해야 한다. 그는 청계천 복원이라는 초대형 공약을 걸고 시장에 당선되었다. 서울시가 보행 중심 공간으로 바뀌기 시작한 것은 그의 시장 재임기였다. 천정부지의 아파트값이 진정된 것도 그의 대통령 재임기였다. 금융위기의 결과였을 수도 있고 그린벨트 훼손 대가였을 수도 있지만 어쨌건 집값은 잡혔다.

거기까지였다. 그는 한반도 대운하를 공약했다. 있는 강을 트고 묶어 만든다고 했다. 진행도 포기도 어렵던 공약은 슬며시 4대강 사업으로 바뀌었다. 황당한 전이였다. '생명의 강 살리기'라는 거대한 광고판을 나는 보았다. 그러나 그 광고판 아래 생명 가득한 자연을 무참하게 걷어내는 불도저의 야만을 나는 또 보았다.

필요하면 짓고 필요 없으면 철거한다는 이분법의 시대였다. 존치와 철거 사이를 보는 상상력은 없었다. 청계 고가가 철거되었고 세운상가도 철거하겠다고 했다. 퇴적된 도시 흔적이 뉴타운의 간판 아래 깨끗이 사라졌다. 은행과 건설사가 떼돈을 벌었고 시민의 주거 결정권이

서울역 고가가 변해 얻은 이름이 서울로7017이다.
저 위로 사람들이 걷기 시작하면서 서울역 뒤로 인식되던 서울역 서부 지역이 달라지기 시작했다.

부인되었다.

　그럼에도 믿어야 했다. 끝내 우리가 더 나은 세상을 향해 가고 있으리라고. 종종 돌아가는 길에 접어들더라도 끝내 한 길에서 만날 것이다. 이전보다 더 나은 세상을 다음 세대들에게 넘겨줄 수 있을 것이다. 다행히 세상은 조금씩 바뀌었다. 도시를 갈아엎지 말고 조금씩 손봐서 바꾸자고 한다. 세운상가도 철거하지 말고 고쳐서 쓰자고 한다. 존치와 철거 사이를 메울 수 있는 상상력이었다.

　서울역 고가가 바뀌었다. 안전 진단이 철거를 요구했으니 철거를

해도 할 말이 없었다. 그러나 보행자 공간으로 바뀌었다. 도시 변화 증언의 기념비로 남을 것이다. 아직 시간은 더 필요하다. 나무도 더 자라고 꽃도 더 피어야 한다. 때도 묻어야 한다. 그러나 헐지 말고 고쳐서 쓰자는 이 방향은 분명 옳다. 고민할 것은 '공정성의 거대한 담론 천명'이 아니고 '일상 속 실천 방안'이다.

　도심은 보행자 공간이 돼야 한다. 도시의 공공영역은 배타적으로 소유하거나 이용하면 안 된다. 그러나 기존의 도시는 공평하지 않았다. 부유한 자들이 더 많은 공공영역을 누렸다. 그 대표적 공간이 도로이고 그 주체가 기어이 도심에 진입하는 자동차다.

자동차는 도로를 이용하려고 구입한다. 자동차의 공공영역 사용 대가는 유류세로 징수돼 왔다. 유류세가 정당한 것은 자동차가 운행 과정에서 배타적으로 도시의 공공영역을 점유하기 때문이다. 많이 쓰면 많이 내는 합리적 체계다. 이제 석유 자동차를 전기 자동차로 바꾸자고 한다. 화석연료를 불사르는 엔진의 시대가 지나가야 한다는데 나도 동의한다.

맹점이 바로 여기에 있다. 친환경 차라면서 전기차 구매자에게 보조금 지급하고 세금 감면하고 주차장 이용료 면제를 해준다고 한다. 보조금은 세금에서 지급한다. 이미 독점적 지위 확보를 한 자동차 제조업체의 미래를 위해 왜 국민의 혈세가 지원돼야 하는지 의아하다. 전기자동차 보급으로 유류세도 사라지고 자동차의 도로 점용에 대해 강제할 정의가 사라진다. 보행자들은 납세자로서 상대적으로 차별받는다. 환경의 간판을 내건 전기차 장려가 그래서 걱정스럽다. 불평등이 묻어 있기 때문이다.

도시는 하루 만에 바뀌지 않는다. 도로를 인도와 차도로 나눈 이분법에서 여전히 차로는 지배자들의 질주를 위해 비워둔 상태다. 차도는 광활하되 인도는 항상 가장 인색한 폭으로 조성된다. 도로가 작동하기 위해 필요한 장치들은 모두 약자의 공간, 그 좁은 인도에 쓸어 넣는다. 신호등, 가로등, 전신주, 가로수, 변압기가 모두 인도 위에 올라가 있다. 그것도 모자라 그 위에 오토바이가 질주하고 자동차가 올라선다. 200마력의 기계를 앞세운 자가 0.1마력 보행인의 안전을 위협하는 도시는 공정하지 않다.

폭설이 내릴 때를 떠올려보자. 자동차의 안전한 운행을 위해 세금으로 구매한 염화칼슘을 밤새 차도에 뿌린다. 그러나 집 앞 눈은 알아서 치우라고 한다. 눈 치울 사람이 없는 인도는 빙판이 된다. 낙상사고는 넘어진 너의 책임이다. 여전히 우리는 그런 도시에 살고 있다.

인도를 잠식한 경찰차들.
저런 범법의 주체들이 법치의 주체로 인정받기는 어렵겠다.

눈 온 날의 풍경.
차도에는 밤새 염화칼륨을 뿌려 자동차 운행에는 지장이 없으나 인도는 방치돼
보행자들은 알아서 조심히 걸어야 한다.

여섯 번째 생각
마차 시대의 도시

시속 23.8킬로미터. 한강 공원의 자전거 속도겠다. 그러나 변속기어를 장착하고 쫄바지를 걸쳤는데 이 속도면 느리다고도 해야겠다. 그런데 이게 백 마리 넘는 말들이 힘을 합쳐 뛴 속도란다. 서울시 자동차 평균 주행 속도.

2022년 서울시 등록 자동차는 319만 대다. 그중 승용차가 276만 대이니 86.5퍼센트다. 다시 같은 시기 주민등록인구는 966만 명이니 천만에 약간 못 미친다. 일상으로 접하는 그 승용차의 정체를 가정하자. 배기량 2천 cc의 현대 쏘나타라면 큰 무리는 없겠다. 몸무게를 달아보자. 이 자동차 한 대당 중량은 1천5백 킬로그램 정도다. 여기에 승용차 대수를 곱하면 인당 평균 60킬로그램인 서울시 전체 인구의 총무게보다 7배 무겁다. 이 승용차는 한 대당 160마력짜리 마차다. 그렇다면 지금 서울시에 4억 3천만 마

2019년 서울시 등록 자동차

그 외
종류
45만대

승용차
267만대

서울의 승용차 비율.
한국에서 저 승용차는 거의 혼자 타는 물건이다.

주작대로처럼 넓은 서울 강남의 차로.
보행자는 한 번에 길을 건너지도 못하게 중간에 장애물 교통섬을 설치해 놓았다.
이 도시의 주인이 누구인지 노골적으로 보여 준다.

리의 말이 뛰어다니는 중이다. 사람은 한 명인데 말은 43마리의 도시
다. 명백히 자동차, 아니 우마차 도시다.

　서울시는 전체 자동차 운행 거리 통계도 알려준다. 이걸로 초등학
교 저학년 수준의 산수를 하면 알기 쉬운 그림을 그릴 수 있다. 승용차
한 대의 연간 주행거리는 평균 1만 1천 킬로미터를 약간 넘는다고 한
다. 하루에 평균 31킬로미터를 주행한다. 쏘나타 마차 값이 3천만 원이
라면 말 한 마리 값은 19만 원 정도다. 연비가 리터당 13킬로미터 정도
라니 연간 여물값은 요즘 유가 기준으로 마차당 백만 원, 말 한 마리당
6천 원이 좀 넘는다. 이전 시대에 상상 못 하던 저렴한 호사다. 그런데
이 여물이 화석연료라 재생할 수 없고 죄다 이산화탄소로 배출돼 지구
를 덮는 게 문제다.

　마차당 하루 주행시간은 1.3시간 정도다. 마부들은 1년이면 20일

정도를 마부석에 앉아 보낸다. 문제는 나머지 시간이다. 1년의 94.6퍼센트인 345일간 말들이 할 일 없이 서 있다는 이야기다. 즉 나머지 4억 2천만 마리의 말들은 항상 어딘가에서 잠을 자든 여물을 먹든 노는 중이다. 이들은 다 어디에 있을까.

건물마다 다르나 주차장법에서는 대개 면적 150제곱미터당 한 면의 주차장 설치를 요구한다. 설계해 보면 건물 지하에 주차장 한 면을 설치하는데 35에서 40제곱미터 정도가 필요하다. 진입로와 기계 환기 장치를 둘 공간이 포함된 면적이다. 자동차는 지표면에 가까운 공간을 요구하고 그런 곳은 땅값도 비싸니 일반적으로 마차보다 마구간 값이 훨씬 비싸다. 그래서 건물을 만들 때 마구간 설치에 인색해진다. 법규 기준 이상으로 주차장을 설치하지 않는다.

그런데 좀 이상하다. 서울시의 주차장 보급률은 136퍼센트다. 서울시 전역이 주차 문제로 골머리인데 주차장은 여유가 있다니. 답은 마차가 이동하는 물건이기 때문이다. 승용차는 몰고 나갔다가 다소곳이 집에 돌아오기 위해 존재하지 않는다. 출발지와 목적지에 주차장이 한 면씩 필요하다. 그래서 모든 마차는 하나가 아니라 두 면의 주차장을 요구한다. 그러니 서울의 주차장은 64퍼센트나 과부족이다. 종로구, 중구, 용산구를 합친 바닥 면적이 추가로 필요하다. 마구간을 못 찾은 마차들은 결국 길 위 어딘가에 서 있어야 한다. 그곳은 후미진 골목이나 인도 위일 가능성이 높다. 인구 천만 명인

자동차 한 대의 힘을 마력으로 환산하면 저 정도의 말이 끄는 셈이다. 한 사람이 움직이기 위해서 그 정도의 에너지가 필요하다는 이야기다.

영업용 자동차가 아니라면 자동차는 대부분을 주차해 있어야 한다.
그래서 주차장이 부족하면 도시 공간 여기저기를 비집고 들어선다.

도시에서 125만 대 마차를 끌던 2억 마리 말들이 마구간 아닌 어딘가에서 무단 취식 중이다. 그래서 서울시의 보행 환경은 매우 좋지 않다.

자동차의 발전은 눈부시다. 블랙박스는 물론이고 온갖 센서로 무장한 상태다. 시간과 에너지 소모를 마른 수건 짜듯 줄여준다. 연비 증진을 위해 정차 중에는 엔진이 꺼지기까지 한다. 게다가 자동차마다 장착한 저 내비게이션은 놀라운 예지로 합리적인 길을 인도한다. 인공위성들이 알려주는 위치 정보를 상대성이론으로 계산해 빅데이터를 근간으로 최적의 알고리즘으로 해석해 실시간으로 알려주는 물건이란다. 그런데 그 최첨단 기계가 알려주는 길을 따라가다 눈을 들면 가끔 엉뚱한 현실을 만난다. 적색 신호등.

서울시 신호등들은 시간대 실시간 제어라는 체계로 운용된다고 쓰여 있다. 멋진 용어다. 요일과 시간대별로 데이터베이스를 입력하여 정해진 시간에 자동으로 빨간불이 켜진다는 것이다. 뒤집어 말하면 실시간이 아니라 과거 교통상황을 근거로 작동한다는 이야기. 지금 운전자들이 사용하는 내비게이션이 지난 통계에만 근거해 최적의 경로라고 알려준다면 그 업체는 이미 도산했을 것이다.

지난 세기 국토의 구조를 바꾼 것이 기차다. 개항 후 제물포 노량진 간 시속 20킬로미터였던 기차 속도는 3백 킬로미터가 되었다. 도시 구

조를 바꾼 것은 자동차다. 자동
차 덕분에 도시가 커졌고 자동
차 없이 도시가 작동하지도 않
는다. 당연히 자동차가 필요한
사회인 건 맞다. 그러나 자동차
로만 작동하는 도시, 자동차 이
용을 권장하는 도시가 문제다.
60킬로그램의 몸을 이동시키
기 위해 1천5백 킬로그램짜리

서울의 자동차들을 원만하게 주차하는 데에 필요한 추가
면적이 저 정도다. 종로구와 중구를 합친 면적이다.

기계를 계속 움직여야 하니 효율은 4퍼센트라고 해야겠다. 어이없다.

지금의 도시는 여전히 이상하다. 다음 세대의 자동차는 배설물 없
는 말이 끌고 마부도 필요 없다고 한다. 그런데 저런 첨단 기계들이 결국
마차 속도로 돌아다니는 도시라면 구조적인 문제를 의심할 수밖에 없
다. 그 도시가 불합리하고 비능률적인 시스템을 갖고 있다는 이야기다.
우리가 자동차를 위한, 그래서 자동차가 가득 들어차 운신하기도 어려
운 도시를 만들어 왔기 때문이다.

텅 빈 길에서도 적색 신호등은 껌뻑껌뻑 켜진다. 악법도 법이다.
수많은 마부는 브레이크를 밟는다. 그래서 시속 19.6킬로미터. 이건 서
울시 중구의 평균 자동차 속도다. 스마트시티가 화두이고 정보화에 미
래가 있다는 세상이다. 과거형 자동 점멸 신호시스템이 자동차 공회전
을 부추기고 이산화탄소 발생을 높인다. 서울은 백 마리 말을 몰아내는
힘으로 여전히 0.1마리 말의 힘으로 달리는 자전거 속도를 내는 초현실
적 도시다.

건축은
무엇을
말하는가

도시를 채우는 것은 건물이다.
건물을 만드는 데에는 엄청난 자원이 투입된다.
공공재원을 통해 건물을 만들 경우
그 재원은 세금이라는 점이 특히 중요하다.

시민의 힘은 결국 헌법에 규정된 의무를 이행하는 것에서 나온다.
거기서 가장 큰 힘은 납세다.
자기 노동력을 통해 얻게 된 재화를 헌납하는 것이다.
그래서 서양에서 벌어졌던 혁명의 동력을 잘 들여다보면
근저에는 납세 정의에 대한 불만이 깔린 것을 알 수 있다.

그러나 지구상 모든 국가가 공화정 민주국가는 아니며
민주국가라고 써 붙였어도 작동 방식은 민주주의가 아닌 예도 있다.
대한민국도 예외는 아니다.
그걸 건축이 설명하곤 한다.

5장   건축으로 읽는 권력

첫 번째 생각
지덕이 쇠한 공간

지덕地德이 쇠하였다. 상상력이 놀랍다. 인간이 갖춰야 할 마땅할 가치를 땅도 지니고 있다니. 그런데 그 덕은 절차탁마切磋琢磨*의 대상이 아니요, 기운생동氣韻生動‡의 일종인 모양이다. 퍼서 쓰면 소진되는 그런 것. 보이지 않는 기운이 자연 자원처럼 땅에 숨어 있다더라.

지덕이 쇠하였다. 그 정치적 수완 또한 놀랍다. 논리는 간단하다. 일단 세상이 어지럽다. 정치적 난제를 일거에 소거할 강력한 방안이 필요하다. 기득권자들을 무력화시키려면 판을 뒤집어야 한다. 그런데 명분이 필요하다. 이때 저 문장이 등장하는 것이니, 지덕이 쇠하였다. 난세야기의 지덕소진은 쉬 보충되지 않는다. 따라서 터를 옮겨야 한다.

그렇다. 이건 상상의 산물이다. 관찰, 계측이 되지 않고 존재, 소진이 증명 불가다. 규명하고 알아내는 것이 아니고 주장하고 믿어야 할 대상이다. 이런 건 지식과 학문이 아니고 신념과 신앙의 영역이다. 풍수

---

* 옥돌을 자르고 줄로 쓸고 끌로 쪼고 갈아 빛을 내라는 뜻으로, 학문이나 인격을 갈고닦을 때를 칭한다.
‡ 최고의 예술적 경지를 일컬을 때 주로 쓰이는 표현. 밖으로 드러난 형체와 색을 표현할 뿐 아니라 내재적인 기질도 드러내는 상태를 말한다.

와 도참의 문제가 이것이다. 모두가 동의할 논리가 없고 다양한 주장이 있을 뿐이다. 지도자의 사적 신념이 논리와 원칙에 앞서면 난세가 당연하니 대안도 합리적일 수 없다. 그래서 난세의 지덕 쇠망론이 나왔을 때 이견은 난무했고 결론에 이른 방법은 정치적 결단이었다.

대한민국 대통령의 뒷모습은 모조리 흉흉하다는 점에서 나름대로 일관성이 있다. 거기 항상 붙어오는 설명이 있으니 청와대 자리는 흉지라더라. 좌청룡 우백호 금계포란金鷄抱卵**의 명당을 찾아서 청와대를 옮겨야 한다는 진단이 대안으로 등장한다. 대한민국의 수도 서울의 역사는 수십 년에 지나지 않는다. 그러나 조선의 수도를 한양으로 옮긴 지 6백 년이 넘었다. 지덕이 쇠하였나?

그렇다면 질문은 조선과 대한민국의 관계다. 대한민국은 조선 왕조의 계승자인가. 대통령 불행사不幸史의 배경에는 대개 제왕적 권력 행사가 깔려 있다. 생존하는 대통령의 동상을 세우고 대통령 생일 축하연을 동대문운동장에서 성대하게 거행하던 시대도 있었다. 대통령의 미국 방문이 가물었던 현지에 단비를 몰고 왔다는 너스레가 공영 방송에 서슴없이 중계되던 시절도 있었다. 국운융성國運隆盛 지덕왕성智德旺盛의 시대였을까.

이들이 전제군주였으면 아무 문제 되지 않을 사안들이었다. 그러나 그들은 민주공화국의 대통령이었다. 만수무강 축원동상은 철거, 폐기되었고 천기조화天氣造化 무소불위 대통령은 유배만리流配萬里 백담사로 향했다. 퇴임 대통령의 감옥행은 대한민국 일상사가 되었다. 불행한 것은 대통령이 아니고 국민이다. 성실납세 행복추구의 국민에게는 도대체 무슨 잘못이 있는 걸까.

:. 지세가 황금 닭이 알을 품고 있는 형상으로 살기도 좋지만 많은 자손을 보고, 또 그 자손들이 번성하는 길지를 뜻한다.

청와대의 문제는 풍수지리상 흉지라는 것이 아니었다. 국민의 일상으로부터 너무 멀다는 것이었다. 청와대는 도시로부터 고립돼 있고 집무실은 청와대 내에서 고립돼 있다. 대한민국 대통령의 집무실은 위치와 형식 면에서 조선 시대에 가깝다. 조선 왕실의 우선 가치는 왕실 보전이었다. 백성 안위는 그다음 가치였다. 그런 왕실보다 청와대는, 대통령 집무실은 더 고립된 곳이었다. 실체와 진실은 보고되는 활자와 영상 너머에 있다. 청와대 생활 3개월이면 바깥세상에 깜깜해진다는 것이 이전 어느 대통령 측근의 증언이다.

조선 시대 후반인 1780년대가 되면서 독특한 문건이 하나 작성되는데 그건 지도였다. 등고선으로 이뤄진 추상적 도상법 이전 시대에 산과 물길을 보이는 대로 그렸으되 전대미문의 정확도를 갖춘 '도성도'다. 남북이 뒤집힌 배향이 이 지도의 정체성을 설명하는 단서다. 이건 어람용御覽用 지도였다. 창덕궁에서 남쪽을 바라보고 앉은 임금이 펴놓고 도성을 파악했던 것이다. 궐 밖이 그리 궁금했던 그 임금은 정조였다. 제왕도 백성의 일상이 궁금했는데 공화국 대통령의 심산유곡深山幽谷** 결가부좌結跏趺坐***는 시대정신과 국가 정체성에 맞지

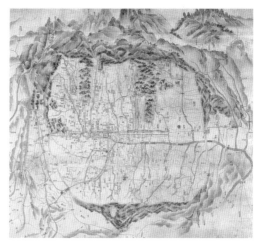

1780년대에 작성된 것으로 추정되는 도성도.
비슷한 시기에 유사한 정밀도를 가진 두 장의 지도가 있는데 각각 규장각과 리움에 소장돼 있다. 어람용 지도라서 임금이 앉은 방향에 맞춰 남쪽이 위로 가게 그려져 있다.

않는다.

대통령궁은 위치도 이전도 어느 국가에서나 심각한 문제다. 결국 경호가 문제다. 대통령은 가둬놓고 경호하는 게 가장 안전하다는 결론이다. 그렇다면 질문은 이렇다. 우리는 경호에 성공한 대통령이 필요한 것인지, 성공한 대통령의 경호가 필요한 것인지.

먼 나라 백악관의 대통령은 헬기 이동이 일상이다. 헬기장 앞마당에는 낚싯대 같은 막대기에 마이크를 매단 기자들이 진을 치고 있다. 문장은 정중하나 내용은 거침없는 대거리를 해대는 존재들이다. 헬기장 오가는 길에 혹은 집무실 안에서 그곳 대통령과 기자들은 입씨름이 다반사다. 그래서 우리는 동영상 검색으로 청와대보다 백악관 돌아가는 상황을 훨씬 쉽게 파악할 수 있다.

구중궁궐九重宮闕***에 홀로 앉은 절대 군주의 종묘사직 보전이 존재 의미고, 국가 기운인 시절이 분명히 있었다. 아마 그걸 지덕이라고 칭했을 수 있다. 그렇다면 청와대의 지덕은 쇠하였다.

:: 깊은 산속 으슥한 골짜기.

::. 불교 용어로, 오른발을 왼쪽 허벅지 위에 얹은 다음 왼발을 오른 허벅지 위에 얹어 앉는 자세를 가리킨다.

::: 아홉 겹의 담으로 둘러싸인 궁궐. 아주 깊숙한 곳을 칭할 때 사용하는 표현이다.

두 번째 생각

용산을 향하여

나른한 봄날이었나보다. 병아리 떼 봄나들이에 좋은 날이었고 학생들은 소풍길에 나섰다. 그날 저녁 병아리색 민방위복의 대통령이 텔레비전에 등장해 졸린 얼굴로 물었다. 구명조끼를 입었다는 학생들을 그렇게 발견하기 힘들더냐고. 대한민국의 허울이 벗겨지는 순간이었다. 그 국가의 작동 원리는 가자도생이더라는 게 드러났다. 대한민국은 쪼개져 나갔고 조각들은 무저갱無底坑*으로 침몰했다. 대통령은 실패했고 국민은 불행해졌다. 저 청와대가 어떤 곳인지도 드러났다. 청와대는 과연 구중심처九重深處‡였으며 몰래 주술사가 드나들고 기업인을 불러 말도 돈도 받아내는 곳이었더라는 소문이 돌았다. 꾸준히 나돌던 청와대 이전 당위론이 더욱 확실히 떠올랐다.

무취불귀無醉不歸, 취하지 않으면 집에 못 간다. 이건 정조가 신하들을 잡아놓던 구실이었다. 어람용 지도의 주인공 정조는 유독 궐 밖 행차도 많은 임금이었다. 그러나 다음 임금들은 구중궁궐에서 나오지

---

* 바닥이 없이 깊은 구덩이라는 뜻으로 죽은 사람이 가는 곳을 말한다.
‡ 아홉 겹으로 둘러싸인 깊은 곳. 이 또한 깊은 곳에 자리한 궁궐을 가리키는 표현이다. 구중궁궐과 유사한 의미다.

않았다. 이후의 도성도는 그냥 원본을 베껴 그린 것들만 몇 종류 전해진다. 조선은 침몰해 갔다.

우리 시대로 오자. 청와대 이전론의 가장 유서 깊은 근거인 북악풍수길흉론은 이 시대에도 배회하고 있는 고려말 신돈의 존재 증언이겠다. 이에 비해 역사학자 토인비가 『역사의 연구』에서 내내 이어가는 설명의 요체는 간명하다. 문명은 젖과 꿀이 흐르는 음택길지陰宅吉地에서 발생하고 흥기하는 것이 아니다. 문명의 성공 요인은 금계포란형 지세가 아니라 불굴의 응전 정신이다. 대통령의 말로가 흉흉한 것은 자연적 산세, 물길, 풍광 탓이 아니라 정치적 대립, 불신, 보복 때문이다. 기말고사 낙제의 원인은 앉은 자리 탓이 아니라 수험생의 노력 부족이다. 땅의 형세는 정치적 운명을 규정하지 않는다.

청와대의 문제는 풍수가 아니라 단절이다. 지적되던 문제는 두 종류였는데 하나는 도시 일상과의 단절, 다른 하나는 경내 대통령 집무실의 고립이었다. 그래서 청와대 광화문 이주 공약이 등장하곤 했다. 문제는 대통령 집무실이 갑남을녀 방문하는 동주민센터가 아니라는 점이었다. 어느 국가에서나 국가원수 집무실은 첩첩한 기밀과 경호로 작동하는 기관이다. 그러나 광화문으로 통칭하는 공간이 지닌 지고의 가치는 개방이다. 국가 상징이면서 누구나 접근할 수 있어 대한민국의 의미를 공간으로 표현하는 열린 거리여야 한다. 청와대의 광화문 이전은 국민에게 다가가는 게 아니라 민폐 끼치는 일이다. 광화문은 굳이 대통령 집무실이 비집고 들어갈 곳이 아니더라. 그래서 그 공약들은 하릴없이 포기되었다.

청와대 경내 집무실 위치가 결국 대통령을 보좌진으로부터 고립시킨다는 이야기도 많았다. 그래서 아예 보따리를 싸서 보좌관 집무 공간으로 이주한 대통령도 있었다. 분명 적극적인 노력이다. 그러나 여전히 대한민국보다 미국 대통령 집무실 풍경이 국민에게 자세히 알려져 있다는 이상한 사실은 바뀌지 않았다. 인터넷으로 검색되는 대통령 집무실 이미지가 미국에서 일상이라면 대한민국에서는 연출과 이벤트다.

풀리지 않는 문제를 푸는 방법의 하나는 문제를 재정의하는 것이다. 이 문제의 화두는 기어코 광화문 어딘가로 가야만 하는 것이 아니고 단절을 해소하는 것이다. 그런 공간을 찾으면 되는 것이었으니 결론을 먼저 짚으면 용산은 탁월하고 매력적인 대안이었다. 그것은 광화문만을 외통수 대안으로 전제한 사고에 대한 통렬한 반박이었다.

용산의 이 지역이 지닌 가치는 도시적 맥락에서의 유연하고도 충분한 가능성이다. 청와대와 달리 적당히 도시와 붙어 있고, 적당히 떨어져 있으며, 광화문과 달리 적당히 개발돼 있고, 한편으론 적당히 덜 개발돼 있는 곳이다. 백 년 넘는 기간 외국군의 주둔으로 주변 도시 공간이 기형적으로 왜곡되면서까지 도시화로부터 보존됐다는 초현실적 역설 덕분이다. 그곳 인근의 대통령 집무실 배치는 공간을 돌려받는다는 담담한 사실을 넘는 2차 광복 선언문 낭독이라 해도 좋을 것이다.

공간이 인식을 지배한다. 건축학 교과서의 문구다. 공간이 중요한 것은 그 배치 방식이 우리 관계를 정의하고 소통을 규정하기 때문이다. 여기서 인식이라는 단어가 칭하는 것은 운명이 아니라 관계라는 점에서 풍수와 그 의미가 다르다. 그런데 그 혁신적 제안의 실천 방안부터는 건축적 상식과 아주 다르다. 두 달도 안 되는 기간에 대통령 집무실을 개보수하고 입주하는 일정이었다.

건축적 상식은 이렇다. 입주하려면 공사를 마쳐야 한다. 공사를 하려면 설계가 선행돼야 한다. 설계하려면 뭐가 필요하고 준비해야 하는지 확인하고 검토하는 기획 작업이 또 선행돼야 한다. 집무실 이전 비용 추정 논란과 이전 과정의 안보 공백 시비는 다른 말로 기획 부재다.

용산으로 이주한 대통령 집무실.
이주 초기에는 근접 접근이 허용되었으나 다시 겹겹이 담장이 설치되었다.
이상과 현실의 차이가 있었던 모양이다.

기획이 없다는 것은 이후 단계를 차례대로 진행할 수 없다는 걸 의미한
다. 단 하나의 방법이 있으니 그건 날림으로 공사하는 것이다. 그런 사
업의 결과는 실패거나 시행착오일 가능성이 아주 높다. 거듭, 공간이 인
식을 지배한다는 데에 동의한다면 그 공간의 생산과 조직 방식에 신중
해야 한다. 다시 문제를 정의하거니와 지금의 화두는 청와대 탈출이 아
니고 대통령의 건강한 소통 체계를 만드는 것이다. 그걸 가능하게 하는
공간 조직을 만드는 것이다.

　　대한민국 대통령 집무실이라면 그 결과물이 대한민국의 꿈과 야심
을 보여 줘야 한다. 그것은 건축으로 표현된 대한민국의 민주주의이며
이를 이뤄낸 국민의 자부심이 돼야 한다. 그러나 국방부 청사로 사용하

던 그 건물은 무심한 콘크리트 덩어리다. 국방부가 지닌 독특한 지향점에 걸맞게 절대 위계와 상명하복의 작동 원리를 담고 있음이 확연한 건물이다. 그러기에 지난 세기 사회주의적 리얼리즘에 충실한 소비에트 블록 관청사라고 하면 믿어질 모습이다.

잔디밭 개방이 집무실 이전 목적일 수는 없다. 민주주의를 미국에서 수입했다고 해서 대통령 집무실까지 모방할 필요도 없다. 21세기 우리의 민주주의는 백악관도 국방부도 아닌 새로운 공간을 요구하고 거기 담아야 한다. 그것은 분명 훨씬 비위계적이고 탈중심적이고 불특정적인 공간일 것이다. 그것이 우리의 민주주의가 작동하는 방식이고 이를 공간으로 구현해 낸 것이 기와집 풍경보다, 르네상스 양식보다, 전체주의 청사보다 더 자랑스럽게 보여 줄 수 있는 대한민국의 모습이다.

국민이 기대하는 대통령은 목욕탕에서 만난 옆집 아저씨처럼 친근하지만 옆집 아저씨처럼 하루 앞만 내다보는 사람은 아닐 것이다. 우리의 모든 대통령은 성공한 대통령이 돼야 한다. 지지 세력, 소속 정당과 무관하게 모두 성공한 대통령이 돼야 그게 자랑스러운 우리의 대한민국이다. 대통령이 봄나들이 나온 시민들에게 먼발치에서 손이라도 흔들면 감동은 충분할 것이다. 용산에 꽃이 피면 그런 풍경도 좋을 것이다. 문제는 뒤에 남은 청와대다.

세 번째 생각
땡전 없는 시대와 청와대

'땡전' 한 푼 없다. 파산 지경에 이르러 호주머니를 들추며 하는 이야기다. 저 '땡전'의 족보가 궁금해진다. 가장 설득력 있는 것은 당백전當百錢 유래설이다. 조선 말 경제 지식 없는 왕실이 무책임하게 발행했다는 그 화폐의 이름이다. 폴란드 망명정부의 지폐가 무색한 악화다.

당백전 발행 이유가 경복궁 중건이었다는 건 교과서에 나온다. 임진왜란 때 전소하여 잡초만 무성했던 그 궁궐이다. 과거 시험장으로 가끔 사용됐다고 실록에는 쓰여 있다. 경복궁 중건의 목적은 왕권 확립이었다고 교과서는 설명한다. 왕실의 권위가 한순간에 추락할 리 없었으니 단숨에 회복될 일도 아니었다.

조선 후기 임금이 내외 환란에 피난하고 항복하는 사건들이 이어지고 왕위 계승 순위가 꼬인 임금의 즉위는 예송논쟁의 주제로 비화했다. 과연 왕실의 권위는 착실하고 확실하게 추락했다. 대신 왕실의 친인척 가문이 한양에서 득세했다. 지방에서는 족벌 가문이 자리 잡았다. 이들은 문집 발간으로 시조 신비화하고, 족보 간행으로 인원 확인했으며, 문중 제사로 내부 결속하고, 서원 건립으로 지역 군림했다. 그러니 경복궁 중건과 서원 철폐는 다른 사업이 아니었다.

철종이 후사 없이 사망했다. 수렴청정垂簾聽政의 권력자는 신정왕후였다. 다음 왕으로 총명한 이를 선택하면 자신과 일가에게 위험한 일이었겠다. 그래서 흥선군의 어수룩하다던 둘째 아들을 골랐다더라. 신정왕후가 흥선군을 책임자로 내세워 경복궁 중건을 시작했다. 뒷일은 잘 알려져 있다. 백성의 원성은 높았고 국가 재정이 파탄 지경에 이르렀다. 땡전 한 푼 없는 왕실은 가진 걸 내다 팔거나 나눠 줘야 했다. 이 상황을 교과서는 제국주의 침략 과정이라 부른다.

경복궁 중건 30년도 되지 않았을 때 당황스러운 사건이 벌어졌다. 국가 재정을 거덜 내며 지은 왕궁을 임금이 버렸다. 사용 기간으로 보면 재건축 요구가 무성한 요즘의 아파트보다 짧다. 아관파천 이후 고종은 그 궁궐로 돌아오지 않았고 제국의 간판을 달아 권위를 열망했다. 그 뒤 조선총독부는 임금 떠난 궁궐에 자신들의 청사를 지었다. 우리는 모욕적 역사라고 분개하지만 그들에게는 그저 주인 없는 공간의 재활용이었을 것이다.

대한민국은 조선과 다른 국가다. 그런데 그 대한민국은 경복궁 원형을 복원하겠다고 나선 지 오래다. 도로 선형을 바꿔가며 일제 강점기에 사라진 월대도 복원했다. 경복궁 주변 공간은 역사적 정체성의 상징이므로 복원 주장에 동의할 수도 있다. 그런데 이상한 건 우리 자신의 기행에는 관대하다는 것이다. 복원한다는 경복궁 동편 경내는 널찍하게 주차장으로 쓰이는 중이다. 서편 경내에는 정체가 불명한 건축 양식의 국립고궁박물관이 자리 잡고 있다.

대한민국 시대에 궁이 또 버려졌다. 이번 궁은 왕궁royal palace이 아니고 대통령궁presidential palace이다. 청와대라고 불렸다. 문제 많은 위치에 이상하게 배치된 건물이라고 지탄받는 대상이다. 문제는 대개 동의했으나 해결 변수가 복잡했다. 복잡하게 얽힌 문제는 단칼에 풀어

역사를 바로 살리기 위해서라며 존재가 희미한 구조물들을 새로 만드는 동안 궁궐 내부는 관광객용 대형 주차장으로 사용되고 있다.

야 한다. 쾌도난마. 이 사안도 그렇게 결론이 났다. 대통령은 용산으로 떠났고 건물은 남았다.

'땡전' 시대가 있었다. 9시 시보가 땡하고 울리면 이어지는 뉴스의 첫 문장이 항상 "전두환 대통령은…."이었기에 붙은 이름이다. 그의 임기 직후 올림픽이 개최되었다. 서울올림픽은 남쪽이 북쪽과의 경쟁에서 이겼다는 판정을 얻은 세계적 이벤트였다. 자존심이 세워졌다. 대통령궁은 당연히 국가의 정체성을 보여 주는 상징적 건물이다. 그래서 식민지 시대의 흔적이 선명한 건물을 올림픽 개최국의 대통령궁으로 계속 사용할 수 없었다. 선거로 당선된 대통령이어도 선거 과정에 '땡전'이 걸쳐 있어 가시적 표현이 특별히 중요했을 것이다. 콘크리트 기와집에 대한 건축계의 반성이 많은 시대였지만 여기서는 별 대안도 없었다. 전통 양식이 아닌 어떤 모양의 건물을 가져다 놔도 비난이 쏟아질 것은 자명했다. 전통은 가장 안전한 선택이었고 그래서 건축 양식은 기와집일 수밖에 없었다.

　문제는 내부다. 피해의식이 여전한 시기였다. 대한민국의 정통성과 자부심을 과장해 표현해야 했다. 청와대 건물에서 선택한 방식은 거대함으로 권위를, 목재로 전통을, 금박으로 성취를 드러내는 것이었다. 그래서 콘크리트로 '유사 근정전'을 불러내서 목재 껍질을 두른 뒤 예식장 샹들리에와 시골 호텔의 금박 문고리를 달면 청와대가 딱 나온다. 그 결과 '건축은 한 시대의 증언'이라는 사실의 증언자가 청와대가 되었다.

　세상이 변해 우리는 이제 선진국을 자임하게 되었다. 대한민국의 안목과 민주주의 정체성은 더 이상 그 공간의 구조와 형식에 맞지 않는다. 그런 건물에서 최고 안목의 정상급 외국 손님을 맞는다면 그건 지금의 대한민국에 대한 모독이다. 그래서 청와대는 또 버려졌다. 그러나 이번에는 맥락이 다르다. 권위를 향한 열망이 아니라 권위로부터 탈출이라는 명분은 대한민국이 백 년 전의 대한제국과 다른 국가라는 의미다. 이제는 열강이 노리는 먹이가 아니라 열강 누구도 어수룩하게 보지 못하는 나라가 되었다. 청와대는 그 성장을 목격해 온 핵심 건물이다.

　대한민국의 대통령은 하늘이 내린 나라님이 아니라 선거로 선출된 시민의 한 사람이라는 사실이 중요하다. 대한민국은 선출 대통령까지 탄핵한 국민 덕에 군사 쿠데타는 꿈도 못 꾸는 국가가 되었다. 청와대는 경복궁보다 오래 사용된 구조물이다. 건물이 촌스러워도 그게 우리의 과거였다. 그 청와대가 관광객의 탐방지가 아니라 시민들이 대한민국의 민주주의를 확인하는 일상의 성지가 된다면 그건 경복궁을 넘는 가치다. 대한민국의 새로운 세대를 보면 그들이 만들 미래가 밝다는 것은 분명하다.

뒤에 남은 청와대.
대통령의 공간에서 국민의 공간으로 변했다는 큼지막한 선언이 전면에 등장했다.

청와대 접견실.
전통 건축의 가구식 구조를 표현한 벽체, 만화 '미녀와 야수'에 나올
법한 바로크 양식 가구, 그리고 출처를 알기 어려운 샹들리에가 한눈에
들어온다.

청와대 본관에 있는 통일된 모양의 전기 콘센트.
대통령이 고르는 것은 아니지만 대통령 집무실의 품격을 보여 준다.

네 번째 생각
대관식의 독법

대머리왕, 정복왕, 경건왕, 사자심왕. 중세 유럽 왕들의 별명이다. 조지 3세, 헨리 8세, 윌리엄 3세와 같은 이름보다 구분이 쉬웠을 것이다. 그런데 이들은 왜 같은 이름들을 계속 썼을까. 무려 루이 16세에 이르기까지.

무력으로 왕조 개창은 가능하나 혈통 계승까지 이룰 수는 없다. 백성들은 통치 대상이며 반란 주체다. 그들에게 권력의 정통성과 당위성을 설득해야 한다. 인류사를 통해 가장 널리 이용된 왕조의 존재 근거는 하늘의 뜻이다. 그래서 왕조 개창기에는 초인적 신비 설화들이 집중적으로 유포된다. 이 순간, 왕권은 종교와 밀착하게 된다. 신비로운 상상의 동물에 의한 상징도 그 도구다. 동아시아에서 가장 널리 동원된 것은 용이었다.

신성의 가시적 표현 매체는 빛, 불처럼 비물질적이어야 했다. 초월적·추상적·신비적 존재를 표현하는 딱 좋은 재료, 그건 황금이었다. 다른 물질과 달리 반짝거리는데 부식도 되지 않는다. 게다가 희소성도 높으니 아무나 가질 수도 없다. 그래서 황금은 절대 권력과 초월적 존재를 표현할 때 가장 널리 사용된 재료다. 불상도 초기에는 제작 재료가

노출되었으나 결국 전파기에
는 금박이 입혀 졌다. 예수에
게도 신성의 존재라는 교리가
확립되자 황금 광배가 붙었다.

귀족도 봉토를 통해 얻는
소출과 백성들의 세금에 얹혀
사는 유한계급이었다. 계급 전
체가 신비적 정통성을 주장하
기는 어려웠으나 여전히 계급
차별화의 근거는 필요했다.

복원된 태조 어진.
임금은 하늘에서 내린 존재임을 부각해야 했으므로 금박 용
문양의 어의를 입었다.

외부 침략으로부터 백성의 보호가 이들의 계급 정당성이었다. 희생이
아니고 사실상 거래 조건인 이를 '노블레스 오블리주'라고 불렀다. 그
러기에 왕족, 귀족들은 당연히 군인이 돼야 했다. 그 직무 이행의 증거
가 훈장이므로 그들의 의례 복장은 가슴에 훈장이 달린 장교복이었다.
프랑스 혁명 이전까지 이들이 차별화된 투표권을 주장하던 근거도 바
로 국방 이행의 주체였다는 점이다. 납세 이행은 그다음 이야기다.

무엇보다 왕가 혈통 계승의 가장 뚜렷한 표식은 선왕들의 이름을
계승한 것이다. 루이 16세까지 이르는. 영국의 이번 왕은 세 번째 찰스
다. 이제 연방과 영광이 아니라 파파라치와 타블로이드로 연상되는 왕
가다. 의심받는 권력일수록 의전과 전통을 강조해야 한다. 그의 대관식
풍경을 분석하면 이 말에 잘 들어맞는다.

우선 공간이 중요하다. 대관식장은 역사적 정통성이 뚜렷한 곳이
어야 하니 당연히 유서 깊은 웨스트민스터 성당이다. 집전 대주교는 왕
은 봉사하는 존재라며 노블레스 오블리주를 계속 강조했다. 참석한 왕
족과 귀족들은 신의 이름에 의한 충성 서약으로 화답했다. 권력 기준인

루이 16세.
절대 권력의 소유자는 절대 권력의 유무를 관찰자들이 이해하도록
시각적으로 표현해야 했다.

예수상은 금빛 광배로 둘러싸여 의전을 내려보고 있었다. 제대祭臺에는
금빛 상징 소품들이 가득했고 왕복에는 금장이 덮였다. 타고 오간 마차
에도 금빛이 찬란했다. 노동복을 입은 무지렁이들이 가득한 펍과는 전
혀 다른 세상이다. 그 백성들이 이렇게 외치면 신성 차별화가 성공한
것이다. 신이여, 왕을 보호하소서.

　전쟁 중인 우크라이나 대통령의 전투복은 정치적 행위이고 선언
이다. 대관식장 참석 귀족들의 복장도 당연히 그런 것이니 노블레스 오
블리주의 증언인 금빛 훈장들은 주렁주렁 화려했다. 그런데 민주주의
국가의 방문객들은 어떠했을까. 과연 모두 아무런 장식 없는 복장으로
대관식장에 입장했다. 시선이 집중된 미국 대통령 부인은 머리의 띠 정
도로 상대방에 대한 의례를 표시했을 뿐이다. 심지어 영국 총리도 훈장
과 장식 없는 평복으로 축사했다. 하여간 대관식 풍경은 빛나며 화려했
다. 노을처럼.

북한의 조선중앙텔레비전이 보여 주는 백두혈통의 현재 모습.
백두산과 백마와 금장이 모두 일관된 메시지를 전달하는 중이다.

이렇게 지는 왕조가 있는데 엉뚱하게 새로 조성되는 왕조도 있으니 기가 막힌 일이다. 종교를 부인했으니 신령한 초인도 동물도 불러낼 수 없는 곳이다. 결국 공간적 장치가 소환되었다. 단군 설화로 신비한 백두산에 혈통을 덮으면 북한판 왕조가 나온다. 그 시각화가 금장 고삐가 둘린 백마를 타고 눈 덮인 백두산을 질주하는 임금님 모습이다. 이것이 수시로 생산하고 열심히 배포해야 하는 신비와 감격의 풍경이다. 그런 위대한 천출명장天出名將이 불철주야不撤晝夜, 위민헌신爲民獻身의 마음으로 현장지도 중이라고 믿거나 말거나 믿을 때까지 우긴다. 공화국 인민 보위를 위한 핵무장은 북한판 노블레스 오블리주의 구현이다. 그래서 백성들은 초근목피로 빈궁하지만 세뇌된 행복으로 외쳐야 한다. 절세위인 불멸업적, 백두혈통 결사옹위. 임금님, 아니 원수님 만세.

그러나 대한민국의 권력은 출생 혈통이 아니고 국민 위임에 근거한다. 세습 없는 5년 계약이다. 권력 위임 과정은 선거로 드러난다. 정통성에 의심이 없으니 취임식에서 금마차를 탈 이유도 없다. 취임식장이 종교 공간이 아니고 민의의 전당인 국회라는 점도 자연스럽다. 그러나 우리는 불완전한 민주주의를 겪어왔다. 그 과정을 거치며 스며든 제왕적 대통령의 흔적은 여전히 남아 있다. 가장 상징적인 것은 역시 상상의 동물, 봉황이 새겨진 대통령 휘장이다. 영국의 대관식 즈음, 때마침 우리의 대통령 관저에서는 일본 총리를 초대한 만찬이 있었다. 만찬장의 복장과 가구도 정치적 행위이고 선언이다. 이를 담은 사진 배포도 마찬가지다. 그런데 사진 속 의자는 금박 장식으로 덮여 있었다. 과연 문화적 관성은 쉽게 가시지 않는다.

2023년 5월 7일 이뤄진 윤석열 대통령 내외 부부와 기시다 후미오 일본 총리 부부의 친교 만찬 모습. 금박 장식 의자가 자꾸 눈에 들어온다. ⓒ대통령실

다섯 번째 생각
최고 존엄의 불량사업

"개마고원 트레킹 한 번 하게 해주시죠." 판문점 정상회담 연회장의 문재인 전 대통령 건배사였다. 소원의 표현이자 살가운 친근감의 요청이었다. 그런데 북한산부터 에베레스트 베이스캠프의 구간을 난이도별로 빼곡히 메우고 있는 것이 이 땅의 등산 교도들이다. 그들이 순간 일제히 침을 꼴깍 삼켰을 것이다. 나도!

북한의 최대 역점 건설사업 중 하나가 원산 갈마 관광지구 조성이다. 이건 남쪽이라면 이해하기 어려운 사업이다. 국책사업이라면 예비 타당성 검토에서, 민간사업이라면 사업성 검토에서 반려될 것이 뻔하기 때문이다. 사업 규모가 너무 크다. 그러나 견제 장치가 없는 사회는 수도 한복판에서 벌어졌던 류경호텔 건설사업 중단에서도 별 교훈을 얻지 못한 것 같다. 사업 시작의 간판은 '사회주의 강성대국의 행복한 인민 낙원 조성'이었다. 최고 존엄의 끝없는 인민 사랑 앞에 사업성이라는 썩어빠진 자본주의적 잣대는 위험한 언동이겠다. 물론 이면에는 관광사업을 통한 경제난 타개 의도가 있겠고.

대통령이 평양을 방문했을 때 여명거리를 지났다. 70층 건물의 골조 완성에 74일, 외장 타일 공사 마무리에 13일 걸렸다고 자랑하는 거

순안공항에서 평양 시가지에 이르러면 거치는 여명거리.
멀리서 보면 화려한데 벽체의 단열재는 없고 마감 재료는 값싼 타일이나 페인트다.
건축학과에서 학생이 저렇게 설계하면 겉멋 부리지 말라고 야단맞기 쉽다.

리다. 남쪽이라면 부실 공사 여부로 관계자 감사가 이어지고 안전 문제 점검하라고 입주자들이 머리띠 두를 일이다. 갈마 관광지구 조성 사업도 그렇게 만리마 속도로 다그쳤다. 붉은 기를 흔들며 노래하는 선동대 너머 밤새 밝힌 횃불 아래 오로지 인간의 등짐으로 시멘트 포대를 나르는 군인돌격대가 만리마 역군의 모습이었다. 단열, 장애인, 내구성은 끼어들 단어가 아니었다.

그런데 여기 빨간불이 켜졌다. 준공 연기. 최고 존엄의 요구가 관철되지 않은 전대미문의 사건이다. 돌격대의 밤샘 공사도 건설 자재가 있어야 가능하다. 자력갱생 구호에 균열이 발생한 것이다. 균열은 방치하면 자라나고 시스템을 붕괴시킨다. 최고 존엄은 위험을 느꼈을 것이다. 그런데 눈치껏 도와줬어야 할 남쪽 정부는 경제제재 항목도 아닌 관광사업 재개에 무관심하고 스텔스 전투기를 구매했다더라.

경험이 있다. '금강산 방식'은 남쪽 자본이 건물을 지어주고 남쪽 관광객이 가서 이용하는 것이다. 원산 해변은 사진으로만 보아도 남쪽에서 찾을 수 없는 절경이다. 그러나 짓고 있는 건물들은 별로 기대할 수준이 아니다. 전체 건물 배치 방식은 생경하다. 게다가 최고 존엄의 현지 지도가 수시로 계획을 흔들고 바꿨다. 그래서 안타깝다. 불경기라는 남한 건설업계가 도와주면 딱 좋을 일이기는 하다. 비행기 대신 파리가 날아다닌다는 양양공항에서 갈마비행장 직항도 의미 있겠다.

질문은 결국 강원도로 향한다. 북쪽의 관광자산이 남쪽 강원도의 보완재인지 대체재인지. 전쟁의 최대 피해자가 강원도였다면 분단의 최고 수혜자는 사실 강원도였다. 북쪽이 막힌 덕에 자연 관광산업의 동력을 갖춘 것이다. 분단이 아니었다면 동계올림픽의 평창 개최가 국민의 동의를 얻기도 어려웠을 것이다.

금강산 관광이 한창 무르익었을 때 엉뚱한 일은 설악산에서 벌어졌다. 설악동이 초토화된 것은 관광객 급감 때문이었다. 통일을 군이 이야기하지 않더라도 북한과의 관광 교류가 시작되면 가장 긴장해야 할 곳이 강원도다. 여름휴가를 태백산맥 아니라 개마고원으로 가고 싶다고 대통령도 국민 대표로 선언해 버렸다. 그물에 걸린 명태도 살기 좋다는 원산을 구경하고야 죽겠다는 것이 가곡 '명태'의 가사다. 금강산, 원산, 마식령이 설악산, 속초, 대관령의 대체 휴가지가 될 것이다. 자연 관광 넘어선 문화 관광으로 환골탈태하지 않으면 강원도의 미래는 밝지 않다.

상대방이 알아들을 수 있는 단어로 이야기하는 것도 중요하다. 개마고원 트레킹 한 번 하게 해주시죠. 대통령의 발언으로 남쪽 등산 교도들이 침을 흘리는 순간 안전벨트가 아니라 걸상 끈, 에스컬레이터가 아니라 계단 승강기라고 호칭하는 사회인 북쪽 참석 인사들은 아마 땀을 흘렸을 일이다. 거, 트레킹이라는 게 뭡네까?

설악산 권금성에서 본 속초.
통일되면 금강산이나 개마고원, 원산 명사십리와 경쟁해야 한다.

여섯 번째 생각
국회의사당의 발언 방식

총리는 연설 중이다. 그런데 야당 의원들은 반대 피켓을 들고 책상을 두드리며 야유를 보낸다. 그리고 국가까지 부르더니 줄줄이 퇴장해 버린다. 이러면 우리는 당연히 여의도를 떠올릴 것이다. 그런데 이들이 부른 건 애국가가 아니었다. 의회 승인 없이 근로자 정년을 늦추겠다는 대통령 결정에 대한 프랑스 국회의 반발이었다. 국회는 어디나 다 비슷하더라며 위로가 될 수 있다. 익숙한 것은 야유하는 풍경뿐이 아니다. 부채꼴 반원형의 중심에 의장석과 발언대가 있는 공간 배치도 우리와 비슷하다. 사실 전 세계 의회의 일반적인 공간 구조가 이렇다.

공간적으로 대비되는 의사당은 도버해협 건너편에 있다. 영국 의회는 여전히 귀족의회House of Lords와 평민의회House of Commons로 나뉘어 있다. 이들의 공간 구조는 양당 체제를 전제로 한다. 보수당과 노동당 의원들이 장의자 몇 줄에 마주 보고 앉는다. 축구장의 응원석이 서로 마주 보고 양분되는 것과 비슷하다. 타협, 협상을 부정하고 적대성을 불러일으키기 딱 좋은 구조다. 욕설이 난무하고 집기가 날아다녀야 마땅하다.

특히 평민의회는 정체성을 과시하듯 의사 진행이 어수선하고 왁

자지껄하다. 바닥 가운데에 그은 불가침 선의 거리가 칼 두 자루 길이라는 소문도 들린다. 각료와 당수는 연단에 팔꿈치를 괴고 삐딱한 자세로 손가락질까지 해가며 발언하는 게 일상이다. 그런데 여기서 원만한 의사 진행이 이뤄지는 묘수가 궁금해진다.

이 공간의 절대 권력자는 의장이다. 의장은 양쪽 좌석 사이의 끝단에 앉아 질서를 유지하라고 외친다. 의장은 발언하는 수상도 주저앉히고 무례한 발언을 한 의원을 퇴장시킬 수도 있다. 모든 의원은 의장을 향해서만 발언한다. 이 발언 방식이 묘수다. 다른 의원을 호칭할 때는 항상 '제가 존경하는 신사my honorable gentleman' 혹은 '제가 존경하는 숙녀my honorable lady'라고 삼인칭 대명사를 사용해야 한다. 상대 당을 의장에게 정중히 고자질하는 체제라고 보면 된다. 영국이 자랑하는 전통이 가장 두껍게 깔린 지점이 바로 여기다.

영국 평민의회 의사당 풍경. 가운데 의자에 절대 권력의 의장이 앉는다. ©Wiki Commons

평민의회 의사당은 2차 세계대전 때 독일의 폭격으로 전소했다. 여기서 처칠이 등장한다. 그는 부채꼴 평면으로 짓자는 의견을 받아들이지 않고 원래의 사각형 평행좌석 평면을 고수했다. 수시로 마음을 바꾸려는 의원을 공간이 수용하면 안 된다는 논리였다. 의원은 650명인데 수용 좌석은 427석이다. 좌석 지정도 없어서 자리 못 잡은 의원들이 회의 내내 서 있는 풍경이 일상이다. 처칠은 의원에게 발언의 면책특권을 넘어 지정 좌석 특권은 필요 없다고 주장했다. 그러면서 남긴 이야기가 유명해졌다. "우리는 건물을 만들고, 건물이 다시 우리를 만든다."

이제 우리 국회의사당을 들여다볼 차례다. '외국의 의사당 지붕에

우리 국회의사당의 모습.
지붕에 얹힌 돔은 형태와 비례를 고려해 보면 대단히 기이하다.
요즘은 AI 시대라서 컴퓨터에서 저걸 지우는 데에 10초면 된다.

돔이 있더라'라고 해서 우리도 바가지를 덮었다고 건축계에 알려져 있다. 이 건물은 1970년대의 권위주의적 관공서 건물 양식에 충실하다. 국회 방청 때는 모자를 써도 다리를 꼬아도 안 된다는 엄숙한 시기였다. 그답게 민주주의는 오독된 채 건축적 완성도는 없고 거대한 계단과 열주만 전면을 압도한다.

중계 카메라에 비치는 의사당은 여전히 소란스러운 경우가 많다. 그럼에도 이제 물리적 폭력으로 의사 진행이 방해받는 경우는 떠올리기 어렵다. 다른 나라와 비교하면 믿기 어려울 정도로 짧은 시간에 이뤄낸 성취다. 집합적 정당정치의 수준은 소주 회식의 안줏감 수준인 건 맞다. 그러나 '권위적 나으리'로서의 국회의원은 이제 찾아보기 어렵다. 그런 자세로는 당선이 어려운 시대다.

서울시의회 의장단 풍경.
의장은 유독 장식이 많은 바로크 양식 의자에 앉는다. 의자가 놓인 단의 높이는 원만한 의사 진행을 위한 것은 아니고 권력의 차별화를 표현하기 위한 것이다.

건물로 번역된 민주주의, 그것이 의사당의 모습이어야 한다. 한국은 가장 역동적인 민주주의 국가지만 의사당으로 읽히는 민주주의는 오로지 권위적이다. 국회의사당에서 전면 기단은 여전히 주차장으로 쓰이고 주차 권리의 품계석으로 차별화를 표현한다. 헌법의 규정과 달리 여기서 국민이 권력의 주체라는 가치는 도대체 찾기 어렵다. 국회의사당이 백화점처럼 개방돼야 한다고 할 수는 없다. 그럼에도 바뀐 사회를 반영해서 잘못된 건물을 계속 고쳐나가는 노력은 필요하다. 건축적으로 최악의 건물로 빠지지 않고 선정되는 이 건물이 우리의 민주주의를 보여 준다고 하면 비극이거나 희극이다.

의회로 보여 주는 영국 민주주의는 그들의 축구만큼 흥미롭고 웨스트민스터 성당만큼 자부심 넘친다. 젊은 정치인 리시 수낵Rishi Sunak, 1980-이 수상이 되면서 의회 풍경은 훨씬 활기 넘치고 유쾌해졌다. 마그나카르타 시절로 거슬러 올라가는 전통에 억눌린 줄 알았던 영국 의회도 변한다. 1992년에는 역사상 첫 여성 의장을 선출하고 의장이 그간 써오던 가발을 벗었다. 우리 국회의사당은 저 피해의식 섞이고 우스꽝스러운 지붕의 바가지라도 벗으면 좋겠다.

사회 변화가 도시에 변화를 요구했다.
그런데 도시는 건물의 집합이니
사회 변화가 먼저 건물 변화를 요구했다는 표현이 옳을 것이다.

거리의 패션 변화에 비하면 건물 양식 변화는 아주 천천히 일어난다.
그럼에도 그 변화는 충분히 느낄 수 있는 속도로 진행된다.
뒤집어 생각하면 우리 주변의 건물 변화를 통해 사회 변화를 설명할 수 있다.
그 변화는 건물을 사용하는 아주 일상적인 방식에서 찾아낼 수도 있다.
특히 비교할 수 없이 빠른 산업화를 겪은 대한민국에서 변화 모습은 역동적이다.

사회 변화는 일사불란하게 진행되지 않는다.
그래서 여기저기 부정교합이 발생하고
변화 이해의 교란변수가 등장하기도 한다.
그럼에도 좀 더 멀리서 바라보면 변화한 사실 자체는 부인할 수 없다.

6장 건축으로 읽는 사회

첫 번째 생각
좋은 공공건물을 얻는 방법

"상투적인 표현의 반복 사용이나 틀에 박힌 문구는 피할 것." 이건 어떤 공공기관 문건의 한 부분이다. 그 문장의 앞뒤는 이렇다. 긍정문으로 알기 쉽게 서술해야 하며, 문장 내용은 간단명료하고, 불필요한 낱말이나 구절은 피하고, 예측보다는 직설적으로 기술하되, 이해하기 쉽고 혼동을 일으키지 않도록 구두점을 사용할 것. 그중 가장 중요한 문장이 있다. 정확한 문법으로 기재할 것.

나도 정확한 모국어와 그 문장의 사용 가치에 동의한다. 공공기관의 이 문장은 특정인을 염두에 둔 것도 아니었다. 그렇다면 고졸 인구의 80퍼센트가 대학교에 진학하는 국가에서 고등학교 논술 대비 요강으로 나올 법한 주의 사항이 공공문서에 등장한 이유는 무엇인가.

대입 논술고사 대비 지침에 나올 법한 요구들은 용역 수행자들을 대상으로 한 것이었다. '대학민국' 국어 교육 성취에 대한 부정적 목격담일 수도 있겠다. 그런데 이 문서의 진정한 문제는 문법이 아닌 어투였다. 청유와 권유가 아니고 지시와 명령의 문장인 것이다. '아' 다르고 '어' 다르다는 게 한국인의 언어 감각이다. '명료한 문장을 사용하시오'와 '모호한 문장을 사용하지 말 것'은 관계 설정 전제가 다르다.

이 문서의 제목은 '과업 내용서'였다. 이전 시대에는 '과업 지시서'였다. 제목이 벌써 공무원이 '나으리'였으며 지시할 주체였던 시대를 증언한다. 계약서의 갑이라고도 불렀다. 하청업체가 협력업체로 호칭이 바뀌는 시대에 맞춰 문서 제목도 바뀌었다. 그러나 세상은 한 번에 바뀌지는 않더라. 구글로 검색하면 '과업 내용서'는 7만 건이되 '과업 지시서'는 여전히 6만 건 정도 등장한다. 아직 공공기관의 절반은 자신이 지시해야 할 주체, 즉 갑인 것이다. 문서를 받은 자는 용역을 수행하는 을이며 정확한 표현을 사용해야 할 의무의 대상이 된다.

검색된 문서를 몇 개 내려받아서 들여다보자. 거기에는 막상 자신들은 정확한 문장 사용 요구에 전혀 응할 생각이 없는 입장들이 우글거린다. 비문은 속출하고 과업과 아무 관련 없는 조항들이 퇴적암 속 화석처럼 무심히 곳곳에 박혀 있다. 도대체 왜 대한민국 관공서에서는 아직도 허가와 심의를 굳이 '득'해야 한다고 주장하고 있을까. 그 문서들에는 을이 책임지고, 응하고, 따라야 할 조건들이 즐비하다. 이런 내용은 결국 단 한 문장으로 요약할 수 있으니 그것은 다음과 같은 갑의 선언문이다. 나는 책임지지 않겠다. 즉 모든 것은 을의 책임이다. 그리하여 그 을은 이 과업 지시서를 받기 위해 복잡하고 기이한 문서들을 줄줄이 만들어 보내야 한다. 청렴 서약서, 이행 보증서, 보안 각서, 보증보험 납부서 등등.

이 책임 회피의 운동장에 새로운 사건이 던져졌다. 한국 현대미술사의 최대 사건으로 기록돼야 마땅할 전무후무한 일이다. 이건희 삼성회장의 소장 미술품이 기증된 것이다. 도대체 이건희 회장은 어떻게 그리 많은 미술품을 소장할 수 있었을까. 당연히 그의 재력이 뒷받침됐기 때문이다. 그만큼 중요한 것은 그가 자신의 판단에 책임을 지는 자리에 있었기 때문이다. '인왕제색도'를 소장할 미술관 리움을 건립할 때 세

미국 대사관 직원 숙소가 철거되고 송현 공원이 조성되기 전의 풍경.
통칭 '이건희미술관'이 저기 들어서야 한다는 암묵적 공감대가 형성되는 분위기다.

계 최고의 건축가들 3명에게 설계를 의뢰할 수 있었던 것은 그가 책임
을 지는 자리에 있었기 때문이다.

이 사건은 거기 걸맞은 건물을 요구하고 있는데 일단 호명하면 이
건희미술관이 되겠다. 기증된 미술품 수준에 맞춰 명품 건물을 지어야
한다는 소리가 들린다. 옳은 이야기다. 그런데 이 미술관의 건립 주체가
정부 기관이다. 과업 지시서를 내보내는 곳이다. 즉 좋은 미술관 건립의
성취보다 사업 과정의 책임 소재가 더 중요한 곳이다.

명품백 장만의 첫 조건은 충분한 통장 잔액의 확보다. 명품백을 사
겠다며 전통시장 물가 자료를 뒤적이면 곤란하다. 우리의 국립박물관
미술관의 수장고가 그리도 허접한 것은 예산이 부족하기 때문이고 기증
품으로나 채워야 하기 때문이다. 세상에 싸고 좋은 건 기대하지 말아야

한다. 명품 건물을 짓기 위한 조건도 같다. 기대 수준에 맞는 예산 책정.

그런데 공공건물 건립 예산 계획을 세우는 기존의 방법은 명쾌하다. 우선 최근에 지은 유사 건물의 공사비를 조사한다. 그리고 단위 면적당 평균값에서 크게 벗어나지 않는 값을 소요 면적에 곱한다. 그러면 투자 심사 통과 근거도 생기고 예산 수립자가 감사에서 더 책임질 일도 없다. 전통시장 잡화상 매대 위의 평균 가격이 쇼핑 기준점이 되는 순간이다.

다른 방법도 있다. 과업 지시서를 보낼 을을 고용해 책임을 미루는 것이다. 먼저 고용될 그 을은 앞서 거론된 그 복잡하고 기이한 문서들부터 줄줄이 만들어서 제출해야 한다. 문서만큼 철저하다면 투명성, 청렴성에서 대한민국은 지구상 최고의 국가가 돼 있어야 마땅하다. 그런데 그게 형식, 절차, 면피일 뿐이라는 게 문제다. 이렇게 복잡한 폐쇄 회로 안에서 지시받는 을인들 책임지고 다른 근거를 대기 어렵다. 그들 역시 유사한 사업의 평균값 근처를 오가는 예산안을 제시한다. 누구도 추궁당할 우려가 없으니 용역비를 받고 다 행복할 수 있다. 그렇게 예산을 집행해 지은 건물들은 결국 이전의 그 건물 수준만큼 허접해지되 물가 상승률만큼 좀 더 허접해진다. 이번 휴가에 방문한 공공미술관과 도서관 그리고 기념관들이 왜 그렇게 수준이 낮은지 궁금하다면 예산과 과업 지시서를 떠올리면 된다.

공공기관의 과업 내용서는 문자로 번역된 공공기관이다. 그 문서가 횡설수설하는 문장으로 덮여 있는 것은 직원들의 국어 교육 성취도 때문이 아니다. 지적과 필요에 따라 땜질해 왔기 때문이다. 유사한 준공 건물을 기반으로 한 예산 책정은 감사 회피의 최고 안전장치다. 험악하고 적대적인 감사는 공무원들에게 책임회피, 자리보전, 복지부동伏地不動*의 생존 전략을 강요해 왔다.

이건희 회장의 재력과 선구안이 그의 미술품 수집 기반인 건 틀림

없다. 그런데 더 중요한 건 그가 선택하고 판단하고 책임졌다는 것이다. 공공기관의 발주에서도 책임질 지위에 있는 사람의 책임 자임과 적극적 개입이 없다면 문서 한 장도, 예산 액수도, 건물 수준도 바뀌지 않는다. '인왕제색도'가 걸릴 건물이 명품이 되기 위한 첫 조건을 불필요한 낱말과 상투적 표현 그리고 틀에 박힌 문구를 피하면서 직설적이고 명료하고 간단하고 이해하기 쉽게 한 단어로 기술하면, 그건 예산이다. 예산을 추정하는 작업은 기획의 한 부분이다.

예산 확보와 함께 중요한 변수는 위치다. 사유화된 땅의 값어치가 다 다른 것은 그 위치의 중요도가 다르기 때문이다. 그런데 건물 용도에 따라 그 위치의 요구 조건이 달라진다. 문제는 그 위치가 결정되는 방식이 가끔 참으로 엉뚱하거나 어수룩하다는 점이다.

• 땅에 엎드려 움직이지 아니한다는 뜻으로, 주어진 일이나 업무를 처리할 때 몸을 사리는 경우를 일컫는다.

두 번째 생각
국회의사당의 기구한 팔자

육군공병대 불도저가 남산 중턱을 밀어내기 시작했다. 국회의사당 건립을 위한 부지 조성 사업이었다. 1959년의 일이다. 그런데 어떤 모양의 건물이 들어설지는 아직 아무도 몰랐다. 부지 조성 공사가 공정률 60퍼센트를 넘은 후에 건물 설계의 현상공모 당선작이 결정되었다. 다음에는 남산에 국회의사당이 들어서는 게 옳은지 토론이 벌어졌다. 사업이 시공, 설계, 기획 순으로 이뤄졌다.

많은 이가 묻는다. 좋은 건물을 얻는 묘법이 무어냐. 답은 간단하다. 그런 묘법은 없다. 건축은 주택 하나 짓는 데에도 수십 명이 투입되는 복잡한 사업이다. 그런 과정에 묘법이 있다면 그건 사기거나 꼼수다. 정공법이 있을 뿐이

남산 중턱에 켜켜이 쌓인 역사.
빨간 선은 조선 시대의 서울 성곽이고 회색 부분이 조선 신궁이다.
경사를 표시하는 등고선은 국회의사당을 얹기 위해 공병대가 조성한
절성토 경사지를 표시하고 있다.

다. 좋은 건물이 필요한 건 사용자가 수혜자가 되기 때문이다. 특히 공공건물은 건립에 공공자금이 투입되고 대개 불특정 시민이 사용자다. 그래서 좋은 공공건물은 더 절실해진다. 거기 이르는 정공법을 짚어보자. 남산 국회의사당 사업의 역순이다. 기획, 설계, 시공.

먼저 그 건물이 필요한지, 건물 얹기에 이 땅이 적당한지 판단해야 한다. 공공건물 건립 과정에서 벌어지는 일반적인 비극은 지자체장과 기관장이 직관적으로 판단하는 것이다. 남산 국회의사당도 당시 대통령의 뜻으로 시작되었다. 그러나 중요한 건 언제나 전문성이다. 지금은 대규모 공공사업이면 예비 타당성 검토 절차를 거친다. 이 절차는 모든 걸 돈으로만 계량한다는 게 문제다. 하여간 아무리 작은 사업이라도 건물과 땅의 합리성을 읽는 건축 전문가의 의견이 필요하다. 최종 결정은 물론 정치 행위이고 그런 결정을 위해 지자체장을 뽑은 것이다.

대개 다음은 설계 발주로 들어간다. 그런데 여기서 빼놓으면 사업 전체를 그르치는 과정이 기획이다. 기획의 첫 단계는 그 건물이 무엇인지, 그 건물의 존재 가치가 무엇인지의 규명이다. 법인 설립 작업이라면 정관 맨 앞의 설립 목적을 쓰는 일이다. 우리 헌법도 그 첫 조문에 대한민국이 무엇인지 규정해 놓았다. 대한민국은 민주공화국이고 모든 권력은 국민에게서 나온다. 세종대왕도 훈민정음 첫머리에 이 새로운 글자의 존재 가치를 풀어놓았다. 백성들이 쉽게 쓸 수 있는 글자. 명쾌하게 서술된 이런 문장이 없으면 이후 작업은 모두 좌충우돌의 험로로 들어선다. 사업 지연과 예산 낭비 후에 엉뚱한 건물이 등장한다.

존재 가치를 규명하는 첫 문장을 만들려면 인문학 공부가 필요하다. 국회의사당이 무엇이고, 학교가 무엇이고, 도서관이 무엇인가. 이에 대답하고 문장으로 서술하려면 역사에 대한 성찰과 사회에 대한 분석이 필요하다. 그래서 건축은 인문학으로 출발해서 공학으로 완성되며 예술작품으로 남기를 열망하는 작업이다.

다음 단계는 조건 서술이다. 헌법이라면 권력 주체라는 국민을 규정하는 단계다. 국민의 권리와 의무 서술이다. 훈민정음 제정에서는 제자製字, 글자를 만듦 원리의 규정이었다. 백성들이 더 쉽게 쓰려면 소리글자여야 하고 혀와 입, 이와 목구멍의 모양을 따른다는 것. 건설사업이면 문장으로 건물을 설계하는 것이다. 당연히 아직 형태는 없다. 이 작업을 거치면 필요한 공간의 크기와 성격이 드러난다. 여기까지가 기획이다. 물론 여기서 소요 예산 추정이 빠지지 않는다.

사업 방향과 성패가 결국 이 기획으로 규명된다. 그런데 이 과정을 건너뛰는 사업이 숱하다. 출발 이후 목적지를 찾는 것이다. 많은 공공건물이 건립 도중 갈등을 겪는다. 특히 기피 시설의 경우 갈등이 극심하다. 찬성 쪽은 최선을 반대쪽은 최악을 머릿속에 그리기 때문이다. 서로 다른 그림으로 논의하면 오해와 갈등이 커진다. 이를 줄이려면 기획에 근거해 개략적인 건물 그림을 그려 공유하는 게 효과적이다. 실제로 지을 모양은 아니다. 이것을 '기획 설계'라고 부른다. 이렇게 기획 방향의 공유가 가능하면 대화할 수 있고, 그 방향이 옳다는 확신도 얻을 수 있다.

좋은 기획은 이후 개입하고 충돌하는 수많은 이해관계에서 흔들리지 않는 가치관이 된다. 제시되는 대안들에 대해 일관되고 신속한 판단 근거다. 갈등 의제의 경중 판단이 가능하므로 사업 진행은 오히려 유연해지고 예측 가능해진다. 훈민정음 설계에서도 글자 모양의 다양한 대안이 있었을 것이다. 그 평가와 판단은 모두 첫 문장에 근거했을 것이다. 과연 어떤 것이 백성들이 더 쉽게 쓸 수 있는 모양인가. ㄱ·ㄴ·ㄷ이 모습을 드러나는 순간이다.

기획 이후에는 좋은 건축가를 선발해 실제 건물에 쓸 설계 발주에 들어가면 된다. 그다음이 시공이다. 물론 후속 과정들도 쉽지 않다.

그러나 좋은 기획은 좋은 건물을 얻는 전제 조건이고 정공법의 출발점이다.

아, 국회의사당은 결국 어찌 됐을까. 군사정권이 들어서고 사업은 백지화되었다. 입법부가 남산 중턱에서 행정부를 내려다보는 게 불쾌해서였다고 당시 신문 기사는 보도했다. 대체 용지로 사직공원, 종묘를 배회하던 국회의사당은 1975년에야 여의도에 준공되었다. 대한민국 최고 흉물 건축으로 여전히 수위를 다투는 존재다. 이유는 민주주의가 뭐냐는 존재 가치의 질문 없이 지어진 건물이기 때문이다. 그럼 남산 부지는? 파놓은 땅은 백범 광장이 되었다. 그리고 이후의 사업 방향은 이렇다. 원형 복원.

분식점을 내려 해도 상권 분석이 필요하다. 인근에 경쟁 유사 업종은 없는지, 유동 인구는 충분한지, 그에 따라 임대료는 수용 가능한지. 그래서 행정에서 인사가 만사이듯 건축에서도 위치가 만사라고 해도 좋다.

대지 조성 공사가 진행되고 현상공모까지 마친 국회의사당의 위치를 바꾸기로 했다고 보도하는 신문 기사. 기사에는 종묘로 옮길 것이라 돼 있으나 그 이전에는 사직단으로 옮긴다는 이야기도 꽤 있었다.

어떤 건물은 저잣거리 복판에 자리 잡아야 한다. 또 다른 건물은 산속 으슥한 골짜기에 자리 잡아야 한다. 건물 용도에 따라 필요한 위치가 다르다. 그런데 이 조합을 그르치면 건물이 가진 가치를 충분히 발휘하지 못한다. 그 조합을 이해하기 위해 도시에 대한 관찰로 쌓인 경험이 필요하다. 그런데 분식점 수준의 상권 분석도 없이 덜컥 공공건물의 위치를 잡는 것이 문제다. 이러면 분식점 주인이 아니고 시민들이 불행해진다.

남산 중턱의 경사지를 다시 걷어냈을 때 드러난 서울 성곽을 보존하기 위해 보호각이 설치되었다.

세 번째 생각
마로니에 잎이 나부끼는 도시

"마로니에 잎이 나부끼는/네거리에 버린 담배는/내 맘같이 그대 맘같이 꺼지지 않더라."

담배꽁초 무단 투기는 과태료 5만 원이라고 지적하면 곤란하다. 1950년의 그는 실연의 우수를 털어내기 위해 도시를 방황 중이다. 노래 '서울야곡'의 시작은 이렇다.

"봄비를 맞으면서 충무로 걸어갈 때/쇼윈도 그라스에 눈물이 흘렀다."

가사 속 그는 한숨 어린 편지를 찢어 버리고 보신각 골목길을 돌아나온 참이었다. 좀 더 가면 안국동 네거리가 지척이었다. 그리고 율곡로에 접어들 것이다. 나부끼던 마로니에 잎은 낙엽이 되어 떨어지겠다. 그는 하염없이 터덜터덜 걸었을 것이고 그런 계절이 몇 번 혹은 수십 번 무심하게 지나가겠다. 그렇게 어떤 공원에 이르러 그는 잠시 어리둥절할 것이다. 그가 충무로를 떠났을 때 이곳은 대학 캠퍼스였다. 그 대학이 관악산으로 옮기고 남은 터는 주택가로 변했다. 그 일부를 비워 만든 것이 마로니에 공원. 그 구석에 새로 지은 벽돌 건물 두 채의 이름은 '문예회관'.

아르코예술극장과 아르코미술관이 '문예회관'이라는 이름으로 준공된 1980년대 초반 이 주변은 공원과 주택가에 지나지 않았다. 그러나 그 이후 대학로라는 거리 이름을 얻고 소극장들이 들어서면서 주변은 거대 상권으로 변모했다.

공원 주변에 맥줏집 한두 곳이 박혀 있던 시절이 있었다. 그곳이 청춘 해방구로 돌변한 기폭제는 대학로라는 명명에 따른 '주말 자동차 통행금지'였다. 이후 대학로는 현재까지 전국 최고의 소극장 밀집 지역이 되었다. 이런 방향 설정은 대학로 명명이 아니고 문예회관의 존재 덕분이다. 지금 이름은 '아르코예술극장'이다. 이렇게 주변 도시를 바꾸는 핵심 건물을 거점시설이라고 부른다. 건물이 잉태하고 잉태하여 도시를 바꾼다.

문화시설이 주변을 문화 도시로 변화시키지 못한다면 문 닫힌 신전에 지나지 않는다. 아니면 문화적 허영심의 발산 혹은 해소처이거나. 문화 거점시설 성공의 우선 조건은 입지 설정이다. 사람들이 어슬렁거릴 주변 환경이 있는 곳에 자리 잡아야 한다. 성공 사례 뒷면에 실패 사례가 있다. 초대형 문화시설인 '예술의전당' 전면은 왕복 10차선의 남부순환도로고 후면은 우면산이다. 이곳은 변화시킬 주변이 없다. 예술의전당은 그 내재적 문화 폭발력에도 불구하고 밀봉된 문화 철옹성, 도시의 폐쇄회로가 되었다. 예술의전당이 길 건너에 배치됐다면 지금 서초동은 전체가 예술 도시로 변모해 있을 것이다.

아직 개탄하기는 이르다. 우리에게는 전 세계가 경이롭게 보아 마땅한 희귀 사례가 있으니 '국립현대미술관 과천관'이다. 이 미술관의 전면은 과천 저수지, 후면은 청계산이다. 템플 스테이를 해야 할 법한 오지에 미술관이 자리 잡았다. 미술관에서 굽어보면 오른쪽은 놀이공원, 왼쪽은 동물원이다. 앞뒤로 엄숙하고 좌우로 명랑한 희극적 배치다. 이런 곳에 미술관을 점지한 것은 문화는 고고, 우아, 고상해야 한다는 신념의 소산일 것이다. 그래서 문화시설은 근엄, 장엄, 엄숙해야 하는 신전에 가까운지라 도시에서 멀어졌다. 그 덕에 여름철 애인과 함께 찾은 방문객들 등에 땀방울이 흘렀다. 그들의 실연 후 쇼윈도 그라스에

관악산에서 본 국립현대미술관 과천관.
도시와 아무런 접촉이 없는 청계산 중턱에 얹혀 있다.

미국의 페덱스 필드(Fedex Field)와 에로우헤드 스타디움(Arrowhead Stadium).
미식축구를 관람하고 먹고 마시는 일이 모두 그 안에서 벌어져야 하는 상업시설이다.
그래서 주변은 주차장으로 둘러싸인 채 도시와 아무런 접촉점이 없다.

스페인의 레알 마드리드 스타디움(Real Madrid Stadium)과 캄프 누(Camp Nou).
대중교통으로 이동해서 경기가 끝나면 주변에서 뒤풀이하는 구조다.

눈물이 흐르듯.

실연의 방랑자가 더 걷는 동안 세상이 좀 바뀌었다. 문화시설이 접근성 좋은 도심에 있어야 한다는 것을 깨달았다. 결국 '국립현대미술관 서울관'이 생겼다. 최고의 입지다. 문화시설의 도시 내 역할은 손님 유인이다. 연주, 관람 전후에 방문객이 먹고, 마시고, 쉬고, 구경해야 하는데 이건 주변 도시에서 해결할 일이다. 그러면 상권이 살아나고 고고, 우아, 고상하게 도시가 바뀌기 시작한다. 이때 문화시설은 거점시설이 된다. 제대로 침놓을 자리 찾아 침놓은 것이다.

언제나 마로니에잎이 피고 지고 나면 실연失戀의 아픔은 잊히고 실연實演의 음악당은 활짝 다시 열릴 것이다. 원래 송년 음악회에서는

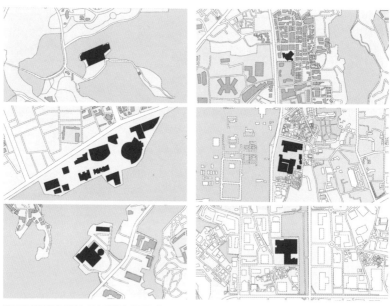

(위부터) 국립현대미술관, 예술의전당, 국립극장. 주변은 그냥 공원이거나 산지다. 그래서 일상적 접근은 대단히 어렵고 승용차 이용을 강요한다.

(위부터) 아르코예술극장, 국립현대미술관 서울관, 세종문화회관. 지하철로 접근해서 공연과 관람이 끝나면 도시 여기저기를 배회하면 된다.

베토벤의 '합창교향곡'이 필수, 신년 음악회에서는 요한슈트라우스의 '왈츠'가 양념이다. 신년 음악회에서 '라데츠키 행진곡'에 맞춰 발 구르고 손뼉 친다고 도시가 바뀌지는 않는다.

매상이 오를 거란 기대감으로 주변 상가들도 음악회가 기다려지는 게 중요하다. '합창교향곡'의 감동에 겨운 청중들이 늦은 밤이라도 귀가하지 않고 근처 맥줏집으로 향할 수 있어야 하겠다. 맥줏집 주인이 그들을 '합창교향곡' 가사처럼 "오 친구여O Freunde !"라고 반겨주면 그게 문화 도시겠다. 뒤늦게 합석한 바이올린 연주자가 맥줏집 주인 애창곡인 '서울야곡'을 탱고 선율로 들려줄 수도 있겠다. 그때 내 맘같이 그대 맘같이 불 꺼지지 않는 멋진 도시에서 모두 발 구르며 외칠 것이다. 앙코르!

적절한 위치를 잡았다고 주변이 알아서 변화하지 않는다. 건물이 갖춰야 할 조건이 있다. 아니 갖추지 말아야 할 조건이다.

안드로메다에서 온 교훈

동, 대, 문, 역, 사, 문, 화, 공, 원. 무슨 역이름이 이렇게 기냐. 무려 아홉 자다. 그런데 설명이 길면 뭔가 수상하다. 이것도 피해의식이 느껴지는 이름이다. 당연히 가보면 별다른 역사, 공원 없다. 있는 건 동대문인데 그건 동대문역에 선점되었다. 남은 건 문화다. 그나마 이 동네에서 문화를 거론할 수 있는 건 근처에 DDP가 있기 때문이다. 거의 매일 문화 행사가 벌어지는 곳.

이 건물이 준공되자 여기저기서 평가가 무성했다. 한마디 하지 않고 넘어가기에는 존재감이 너무나 육중했기 때문이다. 본 적도 들은 적도 없는 저 거대한 금속성 유기체라니. 미증유의 건축적 걸작이라는 호평과 안드로메다에서 빚어 던져 불시착시킨 도시 부조화물이라는 혹평 사이의 어딘가에 평가 스펙트럼이 형성됐다. 형태 문제의 비평은 대체로 부당했다.

왜 그런 괴상한 모습의 건물을 만들었냐는 건 건축가가 받을 힐난은 아니었다. 중국집 주방장에게 왜 짜장면을 만들어 내놓느냐고 따지면 곤란하다. 이미 그런 모양의 건물로 알려진 건축가를 현상공모에 초대하여 당선됐는데 그에게 접시 위의 식사가 왜 돈가스가 아니냐고 타박하는 것과 다를 바 없다. 문제라면 초대한 이들이 대답해야 옳았다. 형태가 하도 독특해 주변 도시 맥락과 안 어울린다는 질문도 부당했다. 원래 서울은 비빔밥 같은 경관을 지니고 있어 맞춰야 할 맥락을 찾기가 좀 어려운 도시. 그런 형태적 난맥상의 중심지가 바로 여기 동대문 근처이니 뭘 해도 맞고 뭘 해도 안 맞는 곳이다.

그런데 문제는 다른 곳에서 등장했다. 이 거대한 투자에도 불구하고 주변 상권이 시름시름 쇠락해 간다는 점이었다. 분명 3개의 지하철 노선을 갈아타는 유동 인구가 저리 많을 텐데 상권 쇠락은 어떤 연유일까. 짚어보려면 과거를 들춰봐야 한다. 이곳이 동대문운동장이던 시절 주변을 지탱하고 있던 상권은 연관된 체육, 상업시설들이었다. 권투 글러브, 볼링공, 축구화에 챔피언 수여용 트로피를 장만하려면 이 근방 상가를 찾으면 해결되었다. 모두 동대문운동장의 영향력이니 이렇게 유동 인구를 모아준 시설을 상권의 거점이라고 한다. 상업 부동산 개발에서는 영어를 써서 '앵커anchor'라고 부른다. 이런 거점시설의 배치는

대한민국에서 가장 이상한 형태의 건물로 꼽히는 DDP.
이 도시 조직에서 독특한 형태는 별로 이상하지 않다.

상가 개발에서는 기본 조건이다.

지난 시절 한국에서 최고의 복합상가 거점시설은 영화관이었다. 영화가 관객의 방문 시점에 맞춰 상영을 시작하는 것이 아니었다. 관객은 아이스크림을 사 먹으며 배회하다, 팝콘을 뒤적이며 영화를 보고, 저녁을 먹고 귀가했다. 그래서 상권이 유지되었다. 아파트 거실 벽면의 텔레비전 크기가 거대해지기 전까지는.

영화관만으로 부족하면 수족관, 서점, 전망대 등이 그런 역할을 했다. 서울의 코엑스에는 이상한 책 공간이 자리 잡았다. 성격이 모호한 이곳은 도서관도 카페도 대기 공간도 아니되 단 하나 뚜렷한 것은 거점시설이라는 점이다. 누구나 머릿속에 연상되는 그곳. 도시라면 랜드마크로 불리는 에펠탑이나 시드니 오페라하우스가 그런 역할을 한다. 이들이 해야 할 일은 방문객을 모아서 주변에 뿌려주는 것이다. 그래서 주변 상권을 살리는 것이다.

그런데 DDP는 거대시설인 것은 맞는데 거점시설로 작동하지는 않는다. 이유는 운영 구도다. 이 거대한 시설을 운영하는 데에 계속 시민 혈세를 부어 넣을 수 없다. 그래서 운영 조직으로 재단을 만들었다. 입장 수익만으로 생존할 수 없는 재단의 전략은 치열하고 간단하다. 방문객의 소비가 외부로 새지 않도록 내부에 소매점을 확보해야 한다. 그래서 거점시설이 주변 상가를 부흥시키는 것이 아니

DDP 마켓이라는 이름의 상가.
이들은 생존을 위해 주변의 상권과 경쟁해야 한다.

고 고사시키는 주체가 된다. DDP는 내부에 훌륭한 상가를 갖추고 있으니 방문객이 굳이 주변 도시를 배회할 필요가 없다.

그다음부터는 건축적인 해결이 요구된다. 이 건물은 길에 면해 철저히 배타적이다. 문도 진열장도 없는 벽이 외부에 존재할 뿐이다. 이런 걸 '배타적 건물'이라고 부른다. 방문객은 무조건 내부로 입장해서 외부를 잊어야 한다. 중요한 것은 형태의 문제가 아니고 이처럼 건물이 도시와 관계를 맺는 방식이다. 양변의 건물들이 쇼윈도를 도로 쪽으로 도열시킨 거리를 '가로'라고 부른다. 도시의 길은 가로가 돼야 한다. 그러나 DDP 주변의 외부 공간은 공원도 가로도 아니다.

유사한 사례들이 여기저기 많다. 구도심을 살리라고 만든 건물들을 도심 한복판에 넣은 성의가 무색하리만큼 주변 상권이 계속 쇠락한다. 이들은 내부에 멋진 쇼핑센터를 장착하고 있다. 수백 억대 자산을 가진 대기업이라고 해야 할 상업시설이니 이미 쇠락한 가로의 상권과 비교할 수도 없다. 결국 방문객들은 내부를 돌아다니다 떠난다. 도시는 여전히 쇠락해 간다.

이것이 DDP의 교훈이다. 그러고 보니 이 이름도 아홉 글자에서 줄여낸 것이다. 동대문디자인프라자. 고속버스터미널도 '고터'로 줄여 부르는 세대의 시대다. 디지털미디어시티는 '디엠씨'이고. 동대문역사문화공원은 언제쯤 홀쭉해지려나. DDP의 교훈은 이름에도 있구나.

이렇게 지어 완공된 건물은 나이를 먹으며 평가를 받는다. 그 평가와 가치가 쌓여 도시가 풍부해진다. 그런데 그 평가는 다면적이고 다층적이어서 평가 주체에 따라 다른 가치가 매겨지곤 한다. 그것도 갈등일 것이나 그런 갈등은 도시의 일상이다. 그리고 그런 갈등의 해소 방식이 사회 건강성의 계측 도구겠다.

건축이라는 문화적 자산

아비를 아비라 부르지 못하는 심정도 애달프겠다. 그러나 파랗지 않은 걸 파랗다는 것도 기이하기는 하다. 박물관의 조명 아래 반짝이는 저 물건의 이름은 청자다. 그러나 이리 돌아보고 저리 굽어보아도 저것은 분명 청靑색이 아니고 녹綠색에 가깝다. 교과서에는 비색이라 쓰여 있으되 그렇다고 '고려 비자'라고 부르지 않는다.

사실 우리에게 파란blue색과 푸른green색은 넘나드는 단어다. 5월이면 "날아라 새들아 푸른 하늘을/달려라 냇물아 푸른 벌판을."이라고 노래하는데 이 두 '푸른'은 정녕 다른 색이다. 내 고장 7월은 청포도가 익어가고 들판에 청보리가 가득하다는데 막상 그건 청색 아닌 녹색 식물들이다. 좋게 말하면 유연한 언어 사용이고 꼬집어 말하면 색채 무감각이다. 구분하고 정리할 때는 되었다.

이승의 한 줌 흙이 지옥 불에 연마돼 불사조 깃털처럼 사뿐하게 환생하니 비물질적 우아함, 그것이 청자다. 청자는 용도도 궁금하다. 고려 말에 청자 부장품을 묻은 이들이 사용 설명서까지 무덤에 넣지는 않다. 대개 형태로 용도를 유추하나 모호한 것들도 즐비하다. 그래도 여전히 청자이고 문화재다. 용도로만 가치를 따진다면 그때 청자는 한낱 그릇일 뿐이다.

용도를 초월한 아름다움의 가치를 묶어 예술로 규정한 것은 18세기 유럽 철학자들이다. 그래서 아무 데도 쓸모없는 음악이 예술의 정점에 올라 찬미 되었다. 그 벼슬 군의 미관말직에 건축이 간신히 발을 걸치고 있었다. 용도 없는 건물은 상상하기 어려우니 예술 경계의 애매한 위치였다.

메이지 시대에 일본인들은 생소한 단어들에 실린 유럽의 새로운 사고체계를 만났다. 거기 '아키텍처'가 포함돼 있었다. 그건 자신들이 만들던 일상적 건물과 다른 가치를 담은 단어였다. 당시 일본에서 집 짓는 것은 조선造船과 짝을 이루어 조가造家라고 부르고 있었다. 그래서 아키텍처를 번역할 신조어가 필요해졌으니 그 결과물이 '건축建築'이었다. 동아시아 공통어인 건축이 등장한 것이다.

그렇다면 '건물'과 '건축'의 구분 선은 무얼까. 그 구분은 단어 본고장인 유럽에서도 여전히 모호하다. 내가 긋는 선은 이렇다. 용도가 사라졌을 때 철거가 마땅하다면 건물이다. 용도가 사라져도 존재 가치가 있으면 건축이다. 아파트 재건축 현장에서 철거를 애달프게 생각하지 않는 것은 그것들이 건물이라는 증언이다. 조선총독부 청사가 철거될 때 수많은 논쟁이 있었던 까닭은 그것이 건축이었기 때문이다.

공간으로 해석한 사회를 도시에 새겨 역사의 증언자로 남기는 작업, 그게 건축의 가치다. 그래서 건축은 사회적 작업이다. 1980년대 우리 건축의 화두는 전통이었다. 그것은 우리의 정체성이 어떻게 건축으로 구현되겠느냐는 질문이었다. 기와집뿐 아니라 백자와 청자까지 건축적 형태 추출의 근원으로 호명되기도 했다. 가장 즉물적인 대답은 '독립기념관'이었고, 가장 추상적인 번역은 '국립현대미술관 과천관'이었다.

그런데 이 시기에 기존 우리 건축과 담론의 궤가 다른 건물이 서울 한복판에 세워졌다. 훨씬 더 긴 호흡에서 건축의 영속적이고 근원적인 가치를 묻는 건물이었다. 그건 파르테논 신전부터 부석사 무량수전을 가로지르는 공간 비례, 구조 표현과 같은 추상적 주제를 천착한 결과였다. 그 건물이 남산 중턱의 '밀레니엄 힐튼 호텔'이다.

호텔은 기능이 복잡다단하다. 그런 조건을 맞춰 설계해 나가다 보면 건물 형태도 복잡해진다. 그런데 이 건물은 그 조건들을 심지어 산

남산에서 내려다보는 밀레니엄 힐튼 호텔.
이 건물이 여전히 우아함을 잃지 않는 것은 재료와 비례의 힘이다.

중턱이라는 경사 조건까지 맞춰 간단명료한 상자 안에 다 풀어냈다. 게다가 그 큰 덩치를 사뿐하고 날렵한 비례로 빚어낸 것이다. 모서리를 살짝 꺾은 것은 최고의 비례를 찾는 신의 한 수였다. 전혀 다른 차원의 우아함이었다.

그러나 세월은 무상하니 경제 상황의 부침 따라 이 건물의 소유자도 바뀌어왔다. 그래도 여전히 밀레니엄 힐튼 호텔이었다. 그런데 이번의 새로운 소유자는 코로나로 수요가 더 줄어든 호텔의 존재를 의심하기 시작한 듯했다. 게다가 채우지 못한 용적률을 채워 투자 이익 환수를 최대화하려면 전혀 다른 건물이 필요해졌다. 철거부터 용도 변경까지의 가능성을 알려주는 보도가 흘러나왔다. 사회가 바뀌면 건물도 바뀌어야 한다. 그래서 새로운 용도에 따라 내부를 개보수하는 건 당연한 일상이다. 이때 필요한 것은 건축적 상상력이다. 서글픈 건 이게 부동산일 뿐이라는 가치관이고 가장 끔찍한 미래는 철거다.

온갖 조명이 가득한 서울역 앞에서 바라본 밀레니엄 힐튼 호텔.
더 이상 영업을 하지 않으니 조명이 켜진 방이 하나도 없고 어둡게 인근 조명을
반사하고 있을 따름이다.

더 이상 호텔이 아닌 이것을 앞으로 호텔이라 부를 수도 없겠다. 그럼에도 이 건물은 존재 가치가 있다. 이건 건물이 아닌 건축의 성취다. 우리는 그간 수많은 건물을 거침없이 부숴왔다. 그것들이 건축적 가치를 지녔는지 묻지 않았다. 백 년 걸려 짓는다는 스페인의 건물을 칭송해 왔지만 우리는 백 년도 되지 않은 건물들을 부지런히 철거해 왔다. 스코틀랜드에서는 위스키 한 병이 익을 시간에 우리는 건물을 짓고 헐었다.

쓸모없어졌다고 청자를 다 깨서 버렸다면 지금 우리의 박물관은 공허했을 것이다. 건물은 사적 재산이지만 건축은 사회문화적 자산이다. 철거가 건축의 종말이면 우리의 도시도 공허해질 것이다. 우리의 역사도 공허해지고.

여섯 번째 생각

맥주, 김밥 그리고 건물

동양과 조선. 이들은 20세기 후반 한반도를 분할 점거했던 보리 제국들
이다. 각각 '오비'와 '크라운'이라는 이름의 맥주로 밤의 회식 세계를 평
정했다. 그런데 20세기 전반에 이들의 이름은 달랐으니 '기린'과 '삿포
로'였다. 일본 자본의 맥주회사가 적산으로 접수됐다가 불하拂下된 것
이다. 우리의 맥주는 일본에 뿌리를 두고 있다.

　　도시를 답사하다 보면 곳곳에 박혀 있는 적산 가옥들을 만난다. 하
루가 다르게 사라지는 건물들인지라 마주치면 반가워진다. 그런데 이
들을 만나면 항상 드는 질
문이 있다. 저 건물의 원주
인은 패망 이후 어떻게 되
었을까. 패망은 집합적으
로 국민의 몫이었을까. 그
들의 전쟁 결정은 국민 투
표를 통한 합의를 거친 것
이었을까. 빈 건물들은 어
떤 과정을 거쳐 지금의 주

적산 주택이 가장 많이 남아 있는 지역의 하나인 군산.
저 건물의 주인이었을 일본인은 패전 이후 부동산 재산을 고스란히
남겨두고 대한해협을 건너갔겠다.

인을 만나게 되었을까. 대체적인 답은 혼란기의 점거 혹은 불하였다.

일제 강점기를 '조선총독부 수탈'이라는 안경으로만 보면 저해상도의 흑백 사진만 얻게 된다. 한반도는 일제 강점기에도 지금의 대한민국처럼 복잡한 사연이 다층적으로 얽힌 곳이었다. 조선은 일본인들에게는 새로운 기회의 땅이었다. 수많은 민간인의 이주와 투자가 있었다. 거기에는 하층민들도 당연히 대거 끼어 있었으니 이들은 조선 거리에서 인력거를 끌기도 하고 유곽에서 몸을 팔기도 했다. 나중에 적산 가옥이라고 불명예스럽게 불릴 주택들도 지었다.

핵폭탄 투하 이후 미군정은 한반도의 일본 민간인 재산까지 자신들에게 귀속시킨다고 선언했다. 패전 이후 일본인들은 투자한 부동산을 모두 두고 조선을 떠났다. 그 유산은 대한민국 정부가 받았고 결국 한국인들에게 불하되었다. 대한민국 정부는 그 민간 재산을 원소유자들에게 보상한 적이 없다. 그냥 과거사로 덮어둔 것이다. 조금만 건드려도 크게 덧나는 게 한일 관계의 상처다. 갑자기 더 불거진 상처에 강제노역과 위안부 보상이 있다. 진정한 사과가 필요하다고 썼으나 그 사과는 결국 금액으로 표현돼야 했다. 이 상처의 해결 방법이 궁금해지는 것은 같은 잣대의 반대쪽에 민간인 적산 처리 문제가 보이기 때문이다.

이번 상처는 누가 긁었을까. 심지어 불가역적이라 약속한 위안부 합의를 뒤집은 것은 명백히 우리 정부다. 피해당사자와의 합의가 없었다는 것이 근거였다. 다퉈야 할 대상이라고 마음먹은 것은 일본인지 이전 정권인지 모른다. 그래서 피해의식을 지피고 내부 결속에 성공했을지 모른다. 그러나 대한민국이 얻게 된 상처는 국제적 오명이다. 믿을 수 없는 국가. 오명은 국민이 뒤집어썼다.

지자체가 탈을 만들어 붙인 사례가 있다. 2020년 청주시는 시청사 신축을 위한 대대적인 국제 현상공모를 개최했다. 기념비적인 알렉

청주 시청 현상공모 당선작의 조감도. 기존 건물을 존중한 배치가 보인다. ⓒ토문건축

산드리아 도서관을 설계했던 노르웨이 건축가 집단의 제안이 당선되었다. 그런데 익숙한 풍경이 펼쳐졌다. 새로 당선된 지자체장이 사업 백지화를 선언한 것이다. 보존하기로 했던 기존 청주 시청사 철거를 전제로 사업을 처음부터 다시 시작하겠다고 했다. 익숙하고도 진부한 근거가 제시되었다. 건물이 낡아 안전상 문제가 있고 '왜색 건물'이라는 주장이다.

왜색 주장의 내용은 이렇다. 1965년 준공된 이 건물의 건축가가 일본에서 공부했으며 옥탑은 후지산, 로비 천장은 욱일기를 형상화했고 난간은 일본 전통 구조를 따랐다는 것이다. 그리하여 일본 근대건축가의 건축 양식을 답습한 것이니 철거가 마땅하다는 주장이다. 그리고 문화재청이 존치를 일방 강요했으니 존치의 사회적 합의가 결여됐다는 것이다.

그래서 싹 철거하면 새 청사를 더 싸게 지을 수 있다는 이야기다. 이건 인간이 삭제된 '부동산 절대주의' 건축관이다. 기존 청주 시청사

일본에서 유학한 건축가가 설계했다고 왜색 시비가 걸렸던 청주 시청사.
이 사진을 촬영한 직후 철거되었다.

를 설계한 건축가에게 이 건물은 인생의 한 부분을 걸어야 하는 일이었을 것이다. 그가 일본에서 공부했다는 사실이 굴레가 돼야 한다면 앞으로는 김밥에 박힌 단무지도 다 빼내야 한다. 나중에 왜색이라고 낙인찍힌 난간도 성실히 시공해 낸 시공자가 있었다. 거기 보이는 꼼꼼함은이 건물이 그에게도 한낱 밥벌이 현장은 아니었다는 증명이다.

건물은 다만 회색 콘크리트 구조체일 수 있다. 그러나 시간의 염료를 뿌리고 관찰하면 건물에 묻어 있는 사람들의 기억이 다채로운 색채로 드러난다. 그 기억으로 건물은 아름다워지고 도시가 애착을 얻는다. 도시는 백화점 진열장이 아니고 도서관 서가와 같아야 한다. 시간이 쌓은 인간의 가치와 존재 의미가 도시에 퇴적돼야 한다. 철 지나면 내버리고 새로 싸게 만들면 좋다는 부동산 공화국. 믿을 수 없는 국가. 왜 오명은 항상 국민의 몫인가.

그간 곳곳의 지자체장들이 오래된 공공건물에 사형 선고를 내려왔다. 고작 임기 몇 해 선출직들의 불가역적 직권 남용이었다. 일제 강점기의 건물을 고쳐 놓으면 사진과 커피에 굶주린 인파가 쇄도하는 세상이다. 부산은 심지어 피난기의 궁핍을 자산으로 삼겠다며 피난민촌의 흔적을 찾아내고 나섰다. 대한민국은 이제 그런 정도의 여유는 가진 사회가 되었다. 그런데 그 왜색 건물에 대한 선고는? 집행되었다.

한국 전쟁 피난 시절의 기억을 관광상품으로 만들기 시작한 부산.
저 계단을 오르내린 기억들까지 모두 소중한 자산이다.

도시는 거대한 건축 교과서다.
그래서 학생이든 기성 건축가든 도시를 걷고 체험하는 모든 게 공부다.
그 도시는 외국의 모르는 곳일 수 있고 자신이 살고 있는 곳일 수도 있다.

도시는 공간으로 구현된 사회다.
도시를 들여다보는 것은 그것이 담고 있는 사회를 해석한다는 의미다.
지구상의 도시들이 많고 다양하다고 해도
결국 그들은 어떤 방식으로든
그 사회의 모습을 일목요연하게 표현한다.

도시는 그림엽서 속이 아니라
우리 발아래 있고 우리를 담고 있는 실체다.
그걸 느껴보는 가장 좋은 방법은 도시를 걷는 것이다.
그리고 대중교통으로 시민들과 섞이는 것이다.

7장   공간으로 읽는 일상

신기루 도시와 주유소

"우리 할아버지는 낙타를 타고 다녔다. 나는 벤츠를 탄다. 우리 아들도 아마 벤츠를 탈 것이다. 그런데 우리 손자들은 다시 낙타를 타야 할 수도 있다." 이 문장이 산유국의 위기의식을 설명하고 있다. 매장량이 고갈돼서든 기후변화로 인한 환경 정책 때문이든 석유 시대는 종언을 고할 것이다. 이 전망에는 이견이 없다.

이런 위기감이 중동에 신기루 도시들을 만든다. 이들도 대안 전략으로 관광도시 조성을 꺼내 든다. 그러나 낙타 체험 여행이 미래 관광 상품이 될 수 없으니 사막에 물을 뿌려 골프장 만들고 유럽산 프랜차이즈 미술관을 세운다. 냉방이 쾌적한 쇼핑센터와 분수 뿜는 호텔이 포진한 대추야자 가로수의 도시다. 방향이 어찌 됐든 이들은 백 년 뒤를 가늠하고 도시를 만드는 중이다.

20세기를 받쳐온 에너지가 석유였으니 그 마무리 여파도 전 세계에 미칠 것이다. 산유국이 아니라고 우리도 예외일 수 없다. 일단 조선 산업의 수주 목록에 결국 유조선이 사라지겠고 정유 공장도 철거 위협에 직면할 것이다. 도시 곳곳에 자리 잡은 것들도 변화해야 할 것인데 그건 주유소다.

승용차가 희귀하던 시절에는 주유소도 특별했다. 대통령의 서슬이 시퍼렇던 시대에 청와대도 아닌 주제에 무엄하게 청기와를 얹어 유명해진 주유소도 있었다. 당시 버스정류장 이름이 될 정도였으니 청기와 주유소는 역사상 가장 유명했던 주유소로 기억돼야 할 것이다.

자동차가 일상재가 되면서 주유소 간 거리 제한도 풀렸다. 주유소가 도시에 숱하게 뿌려지면서 소매 유가를 놓고 서로 경쟁하는 시대에 돌입했다. 그래서 휴지와 물통이 고객 사은품으로 등장했다. 주유소의 입지가 더 중요해졌는데 그게 좀 흥미롭다. 일반적인 소매점이라면 가장 선호하는 곳은 블록의 모서리다. 백화점은 투자 규모가 크니 입지 조건은 무조건 교차로 모서리다. 그래서 백화점 건물의 모습은 둥근 모서리와 거기 있는 전망 좋은 엘리베이터가 일반적이다.

그런데 주유소는 좀 다르다. 승용차의 주행 원칙은 직진이다. 차선 변경은 접촉 사고를 일으키는 가장 큰 원인이다. 그래서 초보운전자에게 최고 난도의 주행이 바로 차선 변경이다. 그런데 교차로 주유소에 들어서려면 우회전하려는 차량과 차선 변경을 위해 위치 경쟁을 해야 한다. 그래서 주유소 입지로 교차로 모서리는 장점이 없다. 지도를 펴고 주유소 위치를 짚으면 보인다.

마지막 주유소. 가끔 도로에서 만나는 최후통

2023년 서울 강남구의 주유소 위치.
검은 점 세 개는 2020년 이후에 새로 생긴 주유소. 흰 점 여섯 개는 2020년 이후 폐업한 주유소다.

첩이다. 주유하고 가지 않으면 낭패를 보리라는 위협이기도 하다. 우리의 운전자들은 이 상황을 현장 전문용어로 '앵꼬'라고 한다. 그래서 다시 지도를 펴놓고 짚어보면 도시고속도로 진입 마지막 길목에 자리 잡은 주유소들을 확인할 수 있다. 청기와 주유소도 김포공항 가는 길에 있던, 당시 이름으로 제2 한강교를 건너기 직전의 마지막 주유소였다. 비행기 탑승이 특권이던 시절 다리 너머는 허허벌판이라 청기와 주유소는 위치와 형식이 그 이름에 걸맞은 모습이었다.

이렇게 기민한 주유소가 다시 변화를 요구받고 있다. 분명 자동차들인데 이미 밤새 충전하고 나왔다는 차들이 무심히 주유소를 지나친다. 주유소의 미래에 경고등이 켜진 것이다. 실제로 주유소는 변하고 있다. 그런데 그 변화 요인이 복잡하고 흥미롭다.

카페와 치킨점을 비롯한 소매점에 키오스크라는 것이 등장했다. 최저임금을 감당하기 어려워지면서 손님에게 일을 시키기 시작한 풍경이다. 주문받던 알바생들의 최저임금을 분식점도 버티기 어려웠는데 주유소인들 다르지 않았다. 그래서 주유소 역시 손님에게 일을 시키기 시작했고 그걸 셀프 주유소라고 부른다. 그러나 주유소의 상황은 소매점과 좀 달랐다.

이전의 주유소에서는 운전자가 차창을 내리고 '만땅!'이라고 외치면 그만이었다. 그런데 이제는 손님이 차 문을 열고 내려서, 카드를 넣고, 버튼을 누르고, 주유구를 열고, 기다리다가 다시 주유기를 걸고, 영수증을 챙겨야 한다. 자본주의의 민첩한 메커니즘이 차에서 내린 이 운전자들을 그냥 두고 보지 않는다. 이들을 커피와 빵으로 유혹하고 잊었던 물휴지와 담배를 사라고 권유하기 시작했다. 주유소의 업종 이종교배에 따른 진화가 시작된 것이다.

주유소가 지닌 다른 기회는 땅이다. 주유소는 계단을 못 오르는 자동차를 상대하는 업종이라 다층 구조를 지니지 못한다. 그런데 도시의 땅값은 계속 올라갔다. 기름 팔아 번 돈보다 땅값이 올라가 얻는 이익이 더 큰 곳이 많다. 이 여유로운 땅이 앞으로 어찌 더 개발될지 궁금한 일이다.

대추 한 알에도 태풍, 천둥, 번개가 몇이나 들어 있다더라. 대추야자 뿌리도 모래 속에서는 치열하다. 주유소 하나에도 세계사 전개, 국제 정세 변화, 소비자 행태가 다 간섭한다. 당연히 편의점, 커피점, 분식점도 다 그렇게 민감하고 탄력적이다. 거기 모든 식구의 생존이 달려 있기 때문이다. 이들이 모여 작동하는 구조체를 도시라고 부른다. 그래서 도시는 거대한 유기체다.

두 번째 생각
이상한 나라의 놀이터

현 지역에 적 포탄 낙하! 중대장이 외쳤다. 아무도 도와주지 않는다. 빛의 속도로 도망쳐 숨어야 한다. 훈련 상황이다. 중대장 눈앞에서 얼쩡거리면 군장 메고 연병장 돌아야 한다. 알아서 생존해라.

각자도생各自圖生. 이건 정글의 법칙이다. 강자들은 결속연대結束連帶로 생존한다. 약자들은 알아서 살아 나가라. 역사는 연대하지 못한 약자들의 처절한 생존 목격담으로 충만한 정글의 연대기다. 우리 도시가 정글이 아니라면 그건 공정한 생존 장치들 덕분이다. 그러나 공정의 탈만 쓰고 약자에 대한 적극적 배려 없는 규칙이 섞여 배회할 때 도시와 정글은 한 공간에 병존하게 된다. 그 구분 선을 계급이라고 부른다.

주차장법이라는 게 있다. 주차장의 설치 기준과 조건이 규정된 법규다. 우리 아파트의 외부 공간을 정의하는 강력한 법규다. 아파트 건물 사이로 주어진

이제는 일상이 된 주택가 풍경.
저기서 뛰어놀 수 있는 골목대장은 아무도 없다.

1세대 아파트라고 해야 할 한강맨션.
외부 공간은 모두 주차장이고 어린이 놀이터라고 조성된 곳은 사진 속 장소 하나뿐이다.

기준의 주차장을 확보하면 자동차 지상 천국의 단지가 완성된다. 자투리 공간에 어린이 놀이터를 구겨 넣으면 된다.

1997년 외환위기 직후 건설업계에 아파트 미분양 폭탄들이 떨어지기 시작했다. 공급 업체들은 생존의 승부수를 던졌다. 주차장을 지하에 넣어 본 것이다. 이 외부 공간의 환골탈태換骨奪胎가 대박이었다. 지상 공원 아파트를 체험한 사람들은 다시는 주차장 천국으로 돌아가지 않았다. 이후 지상 주차장 아파트는 심의 통과도 어려워졌다. 자동차 걱정이 없으니 어린이 놀이터는 훨씬 더 좋아졌다. 그런데 그 놀이터에 큼지막한 빗장이 채워졌다. 외부 주민 이용 금지.

지상이든 지하든 대규모 아파트 단지의 주차장 설치는 설계 기법상 까다로울 수 있으나 어렵지는 않다. 가장 중요한 변수는 아니다. 하

지만 주차장법은 건축법의 다세대, 다가구주택이라는 단어를 만나면서 '폭탄법'으로 변한다. 건물 전체를 규정한다.

　자동차는 빨리 달리는 데에는 참으로 유용한 기계다. 그러나 그 외 관점에서는 황당한 기계다. 직각으로 다니지도 계단을 오르지도 못한다. 그런데 필지별 각자도생, 주차장 설치. 필지는 작은데 주차장을 알아서 만들어야 하니 경사로가 필요한 지하 주차장은 엄두를 못 낸다. 결국 이 황당한 기계가 대지를 선점한다. 지상 1층이 주차장이 된다. 소위 필로티 구조의 건물이 탄생하는 순간이다. 보행자를 위한 지상 공간의 개방이 필로티의 탄생 철학이었는데 우리 도시에서는 그 자리를 자동차가 꿰찼다.

　자동차들이 다세대 주택촌 골목길을 잠식하자 중대장이 아니고

아파트 외부가 주차장에서 공원으로 바뀌면서 주거 환경이 훨씬 쾌적해졌다. 어린이 놀이터도 훨씬 좋아졌다.

골목대장들이 멸종위기에 처했다. 서식처 잃고 밀려난 골목대장들 아파트 단지 놀이터를 옆 마을을 기웃거렸을 때 만난 것은 주거 계급사회 선언문이었다. 외부 주민 이용금지. 너희끼리 알아서 놀아라.

　　철조망 내부 아파트의 것도 미끄럼틀, 시소, 그네의 삼박자를 갖췄기에 놀이터라고 불렸지만 놀기 좋은 공간은 아니었다. 더워도 추워도 문제였다. 미세먼지, 전염병 뉴스에도 맥을 못 췄다. 그렇다고 아이들이 집 안에서 놀 수도 없었다. 층간소음으로 분쟁을 넘어 살인 사건까지 보도되는 사회다. 결국 뛰어다녀야 할 아이들은 적 포탄이 낙하하는 모니터 속 게임으로 뛰어들었다. 전 세계 최고의 근시 아동 양산 사회체계가 갖춰졌다. 근시도 장애. 대한민국은 육성된 장애인으로 충만한 국민 개병 국가인 것이다. 적 포탄이 낙하해도 안경이 우선 필요한 병

사들의 국가.

　자본주의는 과연 민첩하여 키즈 카페라는 걸 만들었다. 아이들은 재미있는 놀이기구들에서 체력이 고갈될 때까지 놀 수 있다. 어른들은 옆에서 음료수 마시며 한담하면 된다. 그런데 여기에는 요금을 지불할 크레딧 카드가 필요하다. 짐작대로 최저요금은 최저임금 이상이니 비싸다.

　수저 색깔이 아이들 노는 데에 차별 기제로 작동한다면 그 사회는 뇌관이 즐비한 미래를 만날 수밖에 없다. 이 사회의 미래가 정글이 아니라면 아이들이 부모의 경제력과 관계없이 뛰어놀 수 있는 공간을 지금 제공해야 한다. 그 놀이터는 미끄럼틀을 던져놓고 이름만 붙여놓은 지난 시대의 것과 달라야 한다는 게 키즈 카페의 증언이다. 계급 철폐가 사회가 건강하게 존재하는 길이라는 게 역사책의 증언이다.

우리에겐 아동복지법이 있다. '지역 아동 센터'와 '우리 동네 키움 센터'도 있다. 그러나 이들의 눈높이는 어른이다. 아이들을 마음대로 뛰어놀 주체가 아니고 돌볼 대상으로 규정하고 있다. 새로운 공간이 필요하다. 공공도서관은 미국의 대표적인 시민 육성 공간이다. 카페는 프랑스 왕정을 뒤집은 담론의 유통 공간이었다. 놀이터는 미래 시민들이 사회성을 키우는 공간이다. 도서관이자 카페면서 체력 고갈을 요구하고 보장하는 화끈한 놀이터가 합쳐진 그런 건물이 이 도시에 필요하다. 아이들, 부모들이 섞여서 모여 놀고 수다 떠는 공간이겠다. 그런 곳이 저소득층 주거 공간 주변에 집중적으로 배치돼야 한다. 키즈 카페 가겠다던 아이들도 굳이 거기 가서 뛰어놀겠다고 버틸 정도의 서비스를 제공하는 곳.

선거권이 없기에 아이들은 민주사회의 약자다. 선거는 그 약자들의 미래를 향한 권력 투자다. 당선하는 즉시 물리적 구조물을 파고 메우고 깔겠다는 근시안들 말고 아이들 놀기 좋은 사회를 위해 필요한 법규를 제정하고 예산을 배정하겠다는 이들이 선출되면 좋겠다. 우리가 사는 곳이 각자도생 정글이 아니고 공존의 도시임을 증명하기 위해서.

도서관이 필요한 이유

이것이 저것을 죽이리라. 빅토르 위고의 소설 『파리의 노트르담』에서 사제가 중얼거린다. 그의 앞에 책이 놓여 있고 창 너머에 대성당이 보인다. 이 발언은 예언인가 협박인가.

성서는 필사로 생산되었고 라틴어에 포박된 희귀본이자 유일본이었다. 무지렁이들에게 성서를 설명하려니 성당 벽에 천국과 지옥이 빼곡히 조각되었다. 사제들은 비문秘文의 뜻을 읽어 천국과 지옥의 구분선을 그었고 백성들은 구원과 처벌의 무게 아래에 돌을 쌓았다. 광기라고 표현돼 마땅한 집념의 시대였다. 그게 중세 유럽의 대성당이다. 그런데 일상어로 번역된 성서는 인쇄술이라는 숙주를 얻어 창궐하는 바이러스처럼 세상에 번져나갔다. 그리하여 결국 책이 성당을 죽이리라.

저 거대한 구조물을 붕괴시키는 이 작은 것은 무엇인가. 책의 역사는 문자와 도상을 담는, 매체 변화 과정의 서술이다. 메소포타미아 문명 시절 문자의 매체는 점토판이었다. 교환과 계약의 증거 자료로 시작한 쐐기문자는 결국 「길가메시 서사」의 장대한 문장 기록에 이른다. 그럼에도 점토판은 그저 문자가 새겨진 물체였다. 그리고 중국의 죽간竹簡처럼 이건 국지적 현상이었다.

스크롤이 등장했다. 이것이 처음으로 인류가 공유한 책 형식이라고 봐야 할 것이다. 베수비오 화산 폭발로 잿더미에 덮인 헤르쿨라네움 문서들도, 이스라엘 사해 근처 쿰란 동굴 문서들도 모두 스크롤이다. 이집트 알렉산드리아 도서관의 문서들도 스크롤이었다. 우리에게도 익숙한 두루마리다. 그런데 스크롤은 검색이 불편하다. 문서 앞뒤로 가려면 이전 부분을 돌돌 말아가야 한다. 헤르쿨라네움 스크롤은 선반에 눕혀서, 사해 스크롤은 항아리에 세워서 보관한 것들이다. 변형 위험도 공간 소모도 크니 보관도 쉽지 않다.

그다음에 코덱스가 등장했다. 종이나 양피지를 일정한 크기로 잘라 제본한 것이다. 이것은 스크롤의 검색과 보관 문제를 말끔히 해결했다. 모서리에 쪽수를 적었으니 펼쳐서 검색했고 적당한 곳에 적당히 놓아 보관했다. 우리가 지금 읽는 책이 코덱스고 우리 주변의 도서관은 코덱스의 바다다. 코덱스가 스크롤을 죽였다.

이번에는 이 e북이 등장했다. 이 매체는 스크롤을 죽인 코덱스의

디지털 시대를 맞아 디지털 도서관을 전면에 조성한 국립중앙도서관.
디지털은 어느 곳에서나 접근할 수 있는 것이 가치이므로 이런 거대한 구조물은 사실 모순에 가깝다.

칼을 돌려 잡았다. 그리고 코덱스의 목에 칼날을 들이밀었다. 네게는 있느냐, 수만 권 꽂힌 책장 사이를 순식간에 헤집는 검색의 힘, 대성당 공간이라도 가득 메울 내용을 손톱 크기 칩에 몰아넣은 저장 능력.

이북에는 절판과 희귀본 개념이 없다. 출판사의 고민인 인쇄 부수 결정과 판매 부수 집계의 난관도 없다. 배달 요구도 없고 침대 겸 독서 조명등도 필요 없다. 이북은 저 책을 죽일 것인가. 이에 맞선 코덱스 신도들의 신앙 고백은 이렇다. 종이책은 사라지지 않을 것이다. 종이를 넘기는 손맛과 몸을 감싸는 종이 향을 이북이 어찌 흉내 내랴. 이 발언은 희망인가 회한인가.

코덱스가 스크롤을 대체하는 데에 몇백 년이 걸렸다. 스크롤의 흔적이 곳곳에 아직 남아 있기는 하다. 엄청난 관성이다. 우리의 중장년층이 받아들였던 둘둘 말리는 빛나는 졸업장이 스크롤이었다. 컴퓨터 모니터 높이를 넘는 긴 문장을 아래로 넘길 때 우리 손의 검지가 마우스 휠을 굴린다. 스크롤이라 부른다. 그런 만큼 이 글을 읽는 독자들 생전에 코덱스 멸종은 없을 것이다. 그러나 잊지 말지니 웹툰은 이미 만화책을 죽였다. 스마트폰에 달린 카메라도 필름 없는 디카다.

이제는 유물이 된 아날로그 시대의 카드 목록함.
속에 수록된 카드를 죄 뒤져야 찾으려는 책의 서지 번호를 알 수 있다.

필사본 시절 도서관은 수도원의 구석방이었다. 제국주의 유럽에서는 박물관의 방 한 칸이었다. 인쇄술로 빗장이 풀리고 시민사회가 되면서 도서관은 건물로 독립하고 공공공간이 되었다. 그렇다면 새 매체의 시대에 저 도서관은 어찌 될 것인가. 성당도 철거된 건 아니다. 더는 그런 방식으로 지어지지 않았을 따름이다. 미래의 도서관은 박물관 혹은 미디어 센터에 가까워질 것이다. 코덱스가 하루아침에 모조리 이북으로 변환되지도 않을 것이다. 지식 저장소로서 도서관은 아직은 유효하고 여전히 필요하다. 산업화 시대에 카네기 기금으로 세운 공공도서관이 2천5백여 곳이 넘는다. 정보화 시대의 선구자 빌 게이츠는 그 공공도서관이 자신을 키웠다고 짚는다. 선순환 생태계다. 세계를 장악한 정보 유통의 플랫폼들은 여전히 미국에 있다.

공공 재정 지출을 통한 건축사업은 필요하다. 그러나 대상에 랜드마크 건립은 빼고 동네 도서관을 포함해야 한다. 도서관은 건물 양식이 중요하지 않다. 책은 누워서도 읽는다. 창고, 주택을 고쳐서 책을 쌓아도 도서관이 된다. 다른 기능과 결합해도 된다. 거점 도서관은 책의 성당이고 시간 축적이 필요하다. 그러나 동네 공공도서관은 지금 시장에 유통되는 책들을 사서 곳곳에 만들 수 있다.

지식 생산 유통에도 언어 사용 집단 규모 한계가 있다. 말하자면 시장 규모다. 우리나라는 도서관의 서적 구매만으로는 저자의 생존이 보장되지 않는 작은 나라다. 그럼에도 혹은 그러기에 도서관은 지식 생태계를 유지하는 최소한의 장치이고, 지식 생산을 국가가 장려하는 증거다. 지식 생태계는 21세기 사회 기반 시설이다. 그 육성은 작은 나라가 작은 지구 위에서 사는 길이다. 그리고 그 기반 시설에 도서관 외에 학교가 빠지지 않는다.

책은 어떤 자세로도 읽을 수 있다고 선언하는 어린이.

네 번째 이야기

학교 가는 길

일단 침대에 눕혀본다. 침대 크기보다 키가 크면 자르고 작으면 늘린다. 이것이 그리스 신화에 나오는 프로크루스테스Procrustes의 침대다. 이 엽기적인 이야기가 대한민국에서 유명해진 것은 거기 꼭 맞는 상황이 있기 때문이다. 멀쩡한 아이들을 궤짝에 넣고 암기 기계로 만들어 사회에 뱉어낸다. 그게 우리 교육이니 프로크루스테스의 침대가 아니고 뭐냐는 것이다.

그래서 대안도 등장했다. 침대의 가로 세로비를 다양하게 해서 아이들을 눕혀보자는 것이다. 대입 수시 전형이라고 불렀다. 그랬더니 부모 권력으로 대각선으로 눕혔다느니, 재력으로 깔창을 사서 대고 모자를 쓴 채 누웠다는 불만도 등장했다. 심지어 침대에 눕혔다는 증서의 직인이 위조되었느니, 침대에 누운 현장 사진의 인물이 본인이냐는 시비까지 생겼다.

괴상한 침대다. 그런데 이 다툼 너머에는 여기 누워볼 기회조차 얻기 힘겨운 아이들이 있다. 장애를 지닌 아이들이다. 설명한 것처럼 근린주구형 도시설계의 원칙은 주거지로부터 보행 거리에 초등학교가 있어야 한다는 것이다. 그런데 발달 장애가 있는 아이들은 학교에 가려면 차를 타고 거대한 도시를 종주해야 하는 경우가 태반이다.

2020년 서진학교가 개교했다. 발달장애아 특수학교다. 무릎 꿇은 엄마들의 호소 모습으로 유명해진 그 학교다. 이제 개교 과정을 복기해 볼 때가 되었다. 그 과정이 대한민국 사회의 단면을 고스란히 보여 주기 때문이다. 전생에 이 학교는 일반 학교였다. 도시설계 원칙대로 아이들이 걸어서 등교하던 학교다. 문제는 주변이 주로 임대 아파트라는 것이다. 공공임대 아파트는 입주 기간이 길다. 학부모가 나이를 먹고 아이가 졸업하자 신입생이 줄었다. 다른 아파트 단지 아이들이 입학하면 해결될 간단한 사안이었다. 그런데 주변에서 임대 아파트 아이들 많은 학교라고 기피했다. 우리 사회의 현실 그대로다. 두메산골도 아닌 서울의 초등학교가 폐교되는 사건이 벌어졌다.

교육청에서는 이 자리에 특수학교를 짓기로 했다. 그런데 여기 정치가 개입되며 문제가 생겼다. 원래는 구성원들의 갈등을 조정해 사회적 안정을 이뤄나가는 게 정치의 가치다. 그러나 멀쩡한 사회에 돌을 던져 갈등을 제조해 내는 게 대한민국 정치의 독보적 특징이다.

우리의 교육청은 독립된 공화국이라고 보면 된다. 교육감도 직선으로 따로 뽑는다. 학교를 지을 때 구청 허가도 필요 없다. 그런데 국회의원 선거철에 이 학교 용지에 한방 병원을 짓겠다는 공약이 등장했다. 이건 행정 무지나 정치 만능 신념일 뿐이다. 군이 한방 병원인 근거는 허준이 지금의 강서구에서 태어났다는 것이었다. 양천 허씨 문중의 제사 한담閑談 정도에 그쳤어야 할 이야기가 국회의원 선거 공약이 되었으니 이 또한 참 한국적이다. 다음 이야기는 알려진 대로다. 주변 주민들이 학교보다 병원을 주장했고 엄마들은 무릎을 꿇었다. 사진이 전하는 절절함은 여론이 되었고 학교는 간신히 개교했다.

그 서진학교가 서울시 건축상 대상을 받았다. 서울특별시의 이름

서진학교의 중앙 통로.
전시된 것들은 모두 학생들의 작업 결과물이다.

처럼 서울시 건축상도 특별한 권위를 축적한 상이다. 서진학교의 수상
은 사회적 문제에 대한 건축계의 견해 표명이라고 봐야 할 것이다. 우
리 도시에서 화려한 랜드마크보다 이런 건물이 훨씬 중요하다는 건축
계의 선언이겠다.

　건물로서의 서진학교는 부실하다. 그러잖아도 부족한 일반 학교
예산을 특수학교 건립에 단순 적용했으니 물리적 완성도를 기대하기는
어렵다. 공공기관답게 몇 해 뒤 준공할 건물을 올해 물가로 짓겠다니 물
가 상승은 고려도 반영도 되지 않는다. 현상공모 당선작 선정 이후 각
종 자문과 심의 회의 그리고 설명회, 감사, 인증 등 절차를 거쳤고 그때
마다 설계 도면은 수정돼야 했다. 감리비 지급도 없는데 굳이 건축가가
현장 협의를 이어간 건 책임 의식 때문이었을 것이다. 이 수상은 황당한
조건에서 불굴의 노력을 기울인 건축가에 대한 치하이기도 하다.

　교육은 독특하게 국민의 권리면서 의무다. 헌법에 쓰인바, 능력에
따른 균등한 교육 기회의 보장은 장애에 따른 기회 배제를 의미하지 않
는다. 장애 여부에 근거한 교육 기회의 차별이 있다면 이건 헌법 가치

서진학교의 복도.
공간이 환대로 가득한 것이 느껴진다.

의 부인이다. 특수학교 설립은 복지가 아니고 권리의 실현이다. 특정인과 집단의 이익 추구가 다른 이의 권리를 침해할 수 없게 추스르는 것이 정치다.

이제 프로크루스테스의 침대로 돌아오자. 법규에 따른 교실의 최소 기준 면적은 66제곱미터다. 이럴 때 유독 교육은 공평해지니 초등학교 1학년생과 고등학교 3학년생의 신체 크기 차이는 고려하지 않는다. 특수학교의 최소 기준도 같다. 그래서 이 신비한 숫자의 산출 근거가 궁금해진다.

대한민국 법규에 등장하는 면적 값들은 정교한 연구에 근거한 산출치인 듯 아닌 듯 오묘한 숫자들이다. 그런데 막상 익숙한 평수로 역산하면 모조리 어처구니없어진다는 공통점이 있다. 교실의 최소 기준도 20평의 단순 변환 값이다. 각 변 7.5미터와 9미터의 사각형을 그리면 이 최소 기준이 살짝 넘는 67.5제곱미터라는 숫자가 나온다. 더 커지면 공사비는 증가하니 결국 이것이 '한국형 프로크루스테스 궤짝' 규격이다. 우리는 여기 여전히 아이들을 밀어 넣는 중이다. 참으로 한국적이지 않은가.

다섯 번째 생각
예식장의 변천

끈 떨어진 갓. 이 문장의 나이는 얼마나 될까. 이건 그 물건을 머리에 얹어본 사람들의 이야기겠다. 갓이 사라진 기폭제는 19세기 말 단발령이었으니 조선 시대에 생겨난 문장임은 틀림없다. 이제 세상이 바뀌어 끈 붙은 갓마저 선비 머리에 얹을 의관이 아니라 민속주점 벽에 붙을 장식 소품이 되었다.

갓이 사라진 뒤에도 문장은 끈질기게 구전되는 이유가 무엇일까. 저 문장이 결국 가리키는 것은 끈도, 갓도 아닌 다른 어떤 것들이기 때문이다. 더 이상 쓸모없어진 것들, 사회적 변화가 버리고 간 그것들. 그런데 코로나 봉쇄령으로 맞았던 가장 극적인 사회 변화로 결혼식을 빼놓을 수 없겠다. 그래서 우리는 끈 떨어진 갓의 목록에 추가할 것 하나를 발견하는 중이다. 그게 주례다.

주례사가 펼쳐지는 예식장 건물부터 보자. 예식장은 우선 입지부터 만만찮은 계산을 요구한다. 충분한 주차장 확보가 경쟁력이므로 지가가 낮아야 한다. 동시에 도보 이용자도 무시할 수 없으므로 교통 요지에서 멀어도 곤란하다. 역세권 보행 거리와 지가표를 겹쳐 그리면 딱 예식장 입지가 드러난다. 거기 얹을 건물 규모는 주말 성황과 주중 폐장을 고려해 결정해야 하는 사안이었다.

　20세기 후반의 예식장 건물 양식은 우리의 독창적 발명품이었다. 신데렐라의 성채이거나 로마 귀족의 저택 형상이되 막상 서양 건축사 어디에도 존재하지 않는 환상이었다. 그래서 간판도 없는 그 건물을 예식장으로 식별한다면 그는 분명 한국인이었다. '예식장'이었던 '웨딩홀'은 21세기 들어서며 '컨벤션'으로 간판을 바꿔 달기 시작했다. 호텔 수준의 건물로 변모하여 주중 모임 유치를 위한 고심의 전략이었다.

　이제 건물에 담긴 내용을 들여다보자. 결혼식장을 이루는 공간으로는 식장 외에 로비, 신부대기실, 폐백식장이 필요하다. 이 세 곳에 신기하게 전통 혼례의 흔적이 남아 있다. 전통적 결혼식은 신랑이 신붓집을 방문해 거행했다. 신붓집에 신랑을 위해 마련된 방은 없었고 그래서 그는 마당에 멀뚱멀뚱 서 있었다. 그 마당이 지금의 로비이니 신랑은 거기서 어슬렁거리며 하객을 맞는다. 그에 비해 신부는 방에서 신부 화장을 하고 기다렸는데 이건 신부 대기실로 변했다. 결혼 후 신랑과 신부가 신랑집으로 가서 신랑 식구들에게 첫인사를 하는 행사가 폐백이었다. 그래서 지금도 이바지라고 부르는 폐백 음식은 신붓집에서 마련하되 막상 폐백식장은 전통적으로 신부 가족 불가침의 공간이었다. 며칠 걸렸을

전통 혼례에서 신랑 집에 가서 올려야 했던 폐백.
상업적 예식장에서는 폐백식장이라는 이름으로 변해 남았는데 굳건히 전통적 의례가 유지되는 공간이다.

이 절차 전체가 예식장이라는 건물에 축약돼 단숨에 진행된다.

결혼식은 청춘남녀가 만나 가정을 이루는 의식, 이건 교과서에 쓰였을 법한 소리다. 현실의 결혼식은 신랑 신부를 앞세운 양가 가문의 자존심 대결장이며 유장한 한국 사회의 가부장적 대가족제 증언장이었다. 갓 쓴 성리학 사회에서 입신양명의 가시적 성과는 과거급제였으되 이게 20세기에 번역된 것은 대입 성취거나 사법시험 합격이었다. 그래서 명문 대학 동문회관에 예식장이 마련되었고 엉뚱하게 법원, 검찰청, 사법연수원에 폐백식장이 꾸려졌다. 하객들이 마땅히 알아들어야 할 이야기를 건물이 알아듣게 전해주었다.

그럼에도 여전히 의심하거나 말귀를 못 알아듣는 하객, 그리고 과다하게 축약된 혼례의 일정 시간 소비를 위해 주례가 필요했다. 그는 사회자가 소개하는바, 신랑의 모교 은사님으로서 모모 대학의 모모 교수라는 직함이 딱 적당했다. 아니면 가문의 사회적 영향력을 증명하는 저명한 인사이거나. 그리하여 주례는 학사 경고를 두 번 맞은 신랑의

코로나 사태로 집합 인원이 49명으로 제한된 시절의 결혼식장.
공간 크기와 하객 수가 부조화 상태다.

전과는 덮고 그가 얼마나 전도유망한 젊은이며 또한 신부는 그에 어울리게 단아한 현모양처 재원임을 하객들에게 설명하는 역할을 맡았다. 그리고는 연애와 결혼이 달라 결혼생활에는 사랑과 행복 외에 풍랑과 갈등도 있을 것이며 이를 슬기롭게 다스리기 위해 새출발하는 신랑 신부에게 다음과 같은 세 가지를 간곡히 당부하며 마지막으로 다시 한번 한마디만 몇 차례 덧붙인 끝에 이렇게 간단하나마 주례사에 갈음하겠다는 것이 주례의 임무였다. 그런데 막상 그 주례사의 과장된 덕담 밑에 깔린 것은 쓸데없는 걱정과 간섭이었다.

끈 떨어진 갓, 그게 주례사 이후의 주례다. 그나마 주례의 얼굴이 잠시 더 필요한 것은 신랑 신부의 힘찬 행진 이후 가족과 친지 사진 촬영 직전까지다. 이후 그는 있으면 오히려 더 거추장스러운 존재로 전락한다. 코로나 봉쇄로 결혼식 참석 인원이 제한돼 굳이 없어도 될 인물을 추려내 보니 그게 주례였고, 그래서 등장한 것은 주례 없는 결혼식이다. 이게 단 1년여에 벌어진 사건이라면 전 세계가 경악할 속도의 사회 변화다.

필수 등장인물이었던 주례를 없애고 스스로 미래를 선언하는 신랑과 신부.

함께 관찰할 것은 청첩장이다. 우선 종이 우편물이던 것이 디지털 문자로 날아들기 시작했다. 더 중요한 사안이 있다. 20세기 후반 우리 사회는 급속한 핵가족화를 목격했다. 그럼에도 여전히 가부장적 대가족의 끈은 설과 추석의 정기 모임과 결혼식, 장례식의 비정기 모임으로 유지되었다. 종이 청첩장의 신랑 신부는 김모 씨 장남 누구이며 박모 씨 장녀 누구로서 성 없이 이름만 쓰는 것이 갓 쓰는 시절부터 전래한 유구한 법도였다. 콩 심은 데에서 난 게 콩이되 팥일 리 없다는 걸 굳이 밝혀 써야 하느냐는 이야기였다.

그런데 코로나가 강요한 소규모 결혼식은 더 이상 결혼식이 가문 과시장이 아니어도 좋다는 실험 성공기였다. 부모의 개입이 최소화된 예식이 가능해지는 순간, 신랑 신부들은 모바일 청첩장의 본인 이름에 당당히 성을 넣었다. 자신이 성을 명기함으로 그들은 독립된 존재임을 천명했다.

19세기의 갓 쓴 세대들은 단발령이 초래할 금수 사회를 진정 우려했다. 과연 지금 도시에는 그 우려를 훨씬 넘어 반바지와 레깅스를 입은 젊은 금수들이 활보 중이다. 그러나 그들은 임금님께 충성할 백성이 아니고 권력의 주체인 시민들이다. 사회 구성원들은 시대마다 알아서 치열하게 살았고 사회는 발전해 왔다. 지금 새로운 세대는 우리 역사상 최강의 경쟁력을 장착한 존재들이다. 그러므로 주례사 세대가 진정 격정할 것은 다음 세대들이 만들어 갈 어떤 미래가 아니고 그 변화에 굳이 간섭하려 드는 자신들의 오만일 가능성이 높다. 때가 되고 나이가 차면 결혼해야 한다고 전제하는 것도 주례사 세대들이다. 그런데 그들은 다음 세대보다 일단 나이가 많다. 그게 우리나라에서는 문제다.

여섯 번째 생각
나이라는 지하철 권력

2024년 10월 21일 8시 30분 15초. 이야기하려는 건 시간이 아니고 읽는 방식이다. 여기 출생 성분이 묘하게 다른 것이 하나 있다. 이천이십사 년 시월 이십일 일 '여덟 시' 삼십 분 십오 초. 이걸 '팔 시'라고 읽으면 제대 후 아직 군기가 덜 빠진 것이다. 다른 것들은 모두 숫자로 읽는데 시는 개수로 센다. 문화적 유전자가 다르다는 증거다.

20세기 초반의 소설을 읽어보면 시간을 묻고 답하는 단위는 시時가 아니고 점點이다. 지금 몇 점이냐 묻고 몇 점을 쳤다고 답한다. 괘종시계처럼 종각에서 치는 종소리를 셌겠다. 파루 종, 인경 종이 그 종이겠다. 20개 넘게 세려면 너무 많으니 반으로 나눴겠고 그 구분 점이 점심點心. 점과 점 사이는 길어서 반으로 나눌 수 있으니 여덟 시 반. 다른 어떤 시간도 반으로 표현하지 않는다. 분과 초는 기계식 시계가 들여온 개념일 것이다.

한국인이 세는 시간 단위가 하나 더 있는데 그게 나이다. 개수로 세니 당연히 0이 없다. 말하자면 한국인의 나이는 서수에 가깝다. 첫째 해, 둘째 해의 개념이다. 그래서 연말에 태어난 아이는 태어난 다음 날 두 살이 되기도 하는데 이건 태어난 지 두 번째 해를 맞았다는 이야기다. 해가 바뀌어 설을 쇠고 떡국을 먹었으니 나이도 먹는 건 이상할 게 없다.

이렇게 설 단위로 연수를 세는 건 즉위한 임금에게도 적용되었다. 그의 재위 연수는 즉위 날짜와 관계없이 설을 쇤 달력과 함께 넘어간다. 여기서 문제가 생기는 부분이 하나 있다. 즉위 햇수를 첫해부터 세기 시작하면 전체 왕조의 합산 연대 산정이 곤란해진다. 즉 선왕이 사망한 해와 즉위 왕의 첫해를 1년으로 그냥 합치면 즉위한 임금 수만큼 왕조의 전체 나이가 늘어나게 된다. 그래서 실록에서 택한 방식은 첫해를 즉위년 혹은 원년으로 치는 것이다. 이때 원년은 0의 의미다. 백성들은 조상 연대기를 합산할 일이 없으니 태어나면 첫해, 즉 한 살이다.

서수로 시간을 세는 건 유럽 문화권에도 있는 일이다. 연도를 백 단위로 묶은 세기의 처음은 0세기가 아니고 첫 세기다. 그래서 1천 7백 년대가 18번째 세기라는 사실이 여전히 종종 헷갈린다. 이건 논리로 다 툴 문제가 아니라는 사례가 그들의 건물에서 드러난다. 지상층이 유럽에서는 0층, 미국에서는 첫 번째 층, 즉 1층이다.

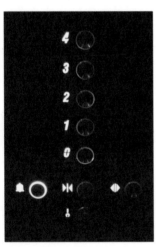

유럽의 엘리베이터 버튼.
한국이나 미국과 달리 지상층이 0층이다.

"How old are you?" 그들은 얼마나 늙었느냐고, 우리는 몇 살이냐고 묻는다. 답이 같으면 더 이상하다. 문화적 부정교합은 일제 강점기에도 있다. 1910년이 강점 첫해라 1945년이 36번째 해인 건 맞다. 그러나 강점 기간을 따지면 35년간이니 사실 '일제 36년'은 옳지 않은 표현이기는 하다.

표기 방식은 권력이다. 세상은 공

평하지 못해서 힘세고, 목소리 크고, 많이 모여서 우기는 집단을 따라가야 결국 평안하다. 아무리 반만년 역사의 자존심을 개천절에 나부껴도 우리는 서력기원을 따른다. 혁명기에 공화력이라며 독자 역법을 쓰겠다던 프랑스도 돌아왔다. 도도히 주체 국가를 자임하는 북한도 주체 연호 옆에 서기 연호를 붙여야 한다. 우리가 세는 나이가 얼마나 늙었냐는 서양 기준과 달라 헷갈린다는 목소리가 커졌다. 그래서 대통령이 나서서 나이를 만 나이로 통일하고 시행한다고도 했는데 여전히 이 사안은 사회적으로 진행형이다.

나이를 세는 방식에 연 나이라는 것도 있다. 태어난 해를 0으로 놓고 출생일과 무관하게 신문에서 이름 옆 괄호 안에 넣는 숫자다. 심지어 외국인과의 길거리 인터뷰 기사에서도 이름 옆에 넣는 그 숫자다. 나이를 물어 존대의 위계를 정하는 건 우리에게는 기본이나 그들에게 끔찍한 예법 위반이다. 신문은 존대가 필요 없으니 대안은 지면의 이름 옆에 연 나이를 넣지 않는 것이다.

"너 몇 살이야?" 지하철의 이 문장은 질문이 아닌 선전포고다. 직전의 상황은 거의 일정하다. 보고 있는 유튜브가 시끄럽거나, 꼬고 앉은 다리가 걸리적거리거나, 젊은 것이 경로석에 앉았거나. 대한민국에서 나이는 분쟁 시 태권도 검은 띠의 위력이다. 왜 유독 우리에게 나이는 권력일까. 추론은 대체로 천수답 논농사 문화로 수렴한다. 넘어가는 달력에 따른 절기와 일기 예측 능력은 결국 나이의 경험으로 얻어지기 때문이라는 해설이다. 동북아시아의 검은 띠 존숭 문화에 대한 설득력 높은 설명이다.

분명 그 검은 띠는 지하철 분쟁 제압의 도구로 유효하다. 그런데 세상이 바뀌고 있다. 그걸로는 키오스크 커피 주문도, 인터넷 구매 상품환급도, 통신사 영화표 할인도 어렵다. 가끔 우리의 현재를 개탄하고

어떤 지하철 경로석 풍경.
나이에 근거한 자신감이 없으면 이 자리에서 이런 자세를 취하기 어렵다.

미래를 우려하는 검은 띠들을 만난다. 검은 띠의 진정한 문제는 과거의 잣대로 미래를 보려는 것이다. 보니 지금의 노란 띠, 파란 띠, 빨간 띠들은 단군 이래 겪어보지 못한 최고의 경쟁력으로 무장한 세대다. 그들이 집합적으로 모여 만드는 국가의 미래 풍경은 흑백이 아닌 총천연색일 듯하다. 걱정하는 게 오히려 이상하다. 미래는 살아갈 국민에게 맡겨두면 다 평안해지겠다. 지하철 좌석부터 도시의 광장까지. 광장은 충분히 보았으므로 이제 그 지하철을 구경할 시간이다.

일곱 번째 생각
장애인 시위의 특권

지하철이 멈춰 섰다. 전동차의 문은 닫힐 줄 몰랐다. 기계음으로 된 안내방송이 양해를 구했다. 장애인, 불법 시위, 불편, 죄송. 이런 단어들로 구성된 문장이었다. 방송은 선명히 '불법'이라고 강조하고 있었다. 그런데 불법이라는 그 시위는 왜 여전히 버젓이 벌어지고 있었을까.

지하철에서는 다양한 장애인을 만난다. 상경한 지 얼마 안 돼 환승로를 잃은 촌노, 뒤주 같은 캐리어를 끌고 가는 여행객, 우는 아이를 안고 유모차를 미는 부모, 그리고 저 한국어 방송과 멈춘 지하철 사이에서 당황해하는 외국인, 회식 후 방향을 잃은 취객. 장애인을 고려한 '무장애 설계'를 가르치지 않는 건축학과는 인증도 받지 못하는 세상이다. 도대체 왜 지하철 역사에 여전히 장애인 엘리베이터는 설치되지 않았으며 시위는 계속되는 것일까.

특권과 차별. 둘 다 불평등이되 샴쌍둥이처럼 같이 다니고 붙어 자란다. 자연인으로서 인간은 평등하게 태어났으나 사회인으로서 인간은 역사상 한순간도 평등해 본 적이 없다. 소수가 이익을 취하면 특권, 소수가 불이익을 받으면 차별이라 부른다. 인간은 평등하게 태어났다. 그건 선언일 따름이다. 그럼에도 저 선언이 중요한 건 그 불평등을 군이 바로 잡겠다는 굳은 의지 표명이기 때문이다. 그런데 대중교통이라는 공적 공간에서 장애인 차별은 왜 방치됐을까.

이유는 명료하다. 차별을 줄이려면 특권을 줄여야 한다. 그러나 불평등을 바로 잡으라고 선출, 임명된 주체들이 특권층이 되기 때문이다. 그들에게는 지정된 주차 공간과 관용차, 그리고 대개 수행 기사가 제공된다. 일상의 차별을 깨닫지도 공감하지도 못하는 먼 그대가 된다. 내가 만난 그들은 대개 지하철과 버스를 마지막으로 타본 게 언제인지 가늠도 못 했다. 뜬 비행기는 몰라도 뜨려는 비행기는 잡아놓을 수 있다는 게 국회의원 특권의 통설이다. 빵이 없으면 과자를 먹으라 했다는 혁명기 프랑스 왕비를 개탄할 일이 아니었다. 구중궁궐에서 나와야 할 것은 대통령만이 아니었다. 바쁘고 높고 귀하신 그들이 관용차 뒷자리에서 나와야 했다.

구조와 운영이라는 점에서 우리 도시는 구조적 차별의 복합체다. 차별이 너무 일상화돼 차별 자체가 느껴지지도 않는다는 의미다. 그 구조적 차별의 정점이 '보행인 차별'이다. 자동차는 택시와 버스가 아니라면 거의 주차 중인 물건이고 그렇기에 주차는 도시 불평등의 시발점이다.

우리는 승용차를 몰고 다닐수록 특혜를 받는 구조적 차별을 일상화해 왔다. 사례는 이렇다. 주차는 도시공간의 사적, 배타적 점유건만 무료여야 한다는 전제가 당연시된다. 상업 건물에서 법적으로 설치해야 하는 부설 주차장의 최소 규모는 면적 대비 25퍼센트 남짓이다. 건물 공사비에서 그 정도 액수가 주차장 건설을 위해 쓰인다는 것이다. 그런데 대개의 상업시설에서 일정 금액 구매자에게 주차 요금을 면제한다. 그렇다고 보행 이용자에게 가격 할인을 해주는 것도 아니다. 주차장 이용료가 상품 금액에 공평하게 포함돼 있으니 승용차 이용이 합

고속철도에서 휠체어 이용자 탑승을 위해 복잡한 장비, 여러 사람이 동원되고 있다. 승강장 높이가 열차 바닥
높이에 맞춰져 있다면 장애인이 다른 사람의 도움 없이 기차에 오를 수 있겠다.

이 열차의 임산부 배려석에 누가 앉으면 본인이 임산부 맞냐는 질문 방송이 나온다. 이토록 적극적인 교통
약자 배려 공간이지만 위급할 때 사용할 비상 전화는 교통 약자들이 사용하기에 너무 높은 곳에 설치돼 있다.

지나가는 보행인은 모른 척해도 접근하는 모든 자동차에는 경례를 붙이는 아파트 경비원. 자동차가 본격 도입된 것이 일제 강점기다. 이때부터 자동차는 높으신 나으리들이 이용하는 물건이었다는 사실이 문화적 유전자로 남았다.

리적이다. 대중교통 이용자는 쓰지도 않은 주차장 임대료를 상품값에 더해 치뤄야 한다. 그래서 이 도시에서는 자동차를 타고 다니면 특혜를 얻고 휠체어를 타고 다니면 차별을 받는다. 거듭, 이 문제를 해결할 주체들은 주차가 불편하면 투덜거리되 휠체어의 이동 불편은 차창 너머로 보이지도 않는다.

친환경 자동차라는 허무맹랑한 단어가 있다. 그 물건은 안드로메다에서 생산되는 것도 아니고 허공에서 동력을 뽑는 것도 아니다. 그런데 그런 개인 이용 기계를 서둘러 장만하라고 보행자의 세금으로 보조금을 지급하는 것이 미래를 위한 공정한 정책인지 모를 일이다. 전기차 보조금 지급 예산이면 지하철역의 교통 편의시설, 저상버스는 다 구비하고도 충분히 남았겠다. 교통수단이 그나마 친환경이 되는 유일한 길은 함께 타는 것이다. 도시의 미래는 친환경 자동차라는 기만적 간판이 아니라 편리하고 저렴하고 공평한 대중교통 확충에 달려 있다.

주었던 것 빼앗으면 반발한다. 자동차 특혜도 빼앗으면 반발한다. 그러나 그런 특혜로 누군가 차별받았다면 바로 잡아야 한다. 결론은 이렇다. 이동은 생존의 전제다. 대중교통 이용은 법전에 명시할 필요조차 없는 도시의 생존기본권이다. 기본권 차별이 불법이지 기본권 확보 요구가 불법일 수 없다.

열차는 다시 멈췄다. 이번 안내방송에는 '불법'이라는 단어가 빠지고 설명이 친절해졌다. 기다리던 몇 사람은 열차에서 내려 총총히 밖으로 나갔다. 마음속 생각은 모른다. 그러나 적어도 시위에 대한 불만을 밖으로 표현하는 승객들은 내가 탄 전동차에는 없었다. 나는 이것이 우리의 힘이리라 믿는다.

여덟 번째 생각
지하철에 숨은 전략

한여름 냉방 제일 빵빵한 곳. 어디긴, 지하철이지. 요즘엔 지하철에서 빵빵한 게 하나 너 늘었는데 와이파이. 당근 공짜지, 여긴 한국이니까. 단군 이래 대한민국의 최고 성취를 꼽을 때 지하철을 빼면 곤란하다.

서울에 지하철이 없었다면 우리 현대사도 달리 쓰였을 것이다. 주말마다 이어지던 광화문 촛불집회는 훨씬 비루하고 심심했을 것이다. 지하철 에스컬레이터에서 걷거나 뛰지 말고 두 줄로 서라는 것이 그들의 계도다. 그러나 시민들은 여전히 꿋꿋하게 한 줄로 서서 민의를 표현한다. 가르치려 들지 마라. 서양 지하철 다 타본 시민들이다. 그들도 한 줄로 서서 바쁘거나 성질 급한 사람 먼저 보낸다. 지하철이 우리 시대의 광장이고, 민의民意의 터전이다.

일본 지하철에서 핸드폰 들여다보는 일본인들은 숙연하다. 운행 소음 빼면 절간과 다를 바 없다. 그러나 핸드폰에 분명 통화 기능이 있으매 지하철이라고 이걸 묵히는 것은 우리의 교육칙어 가르침에 부합하지 않는다. 능률과 실질 숭상. 지하철은 공론장이다. 그래서 어제 먹은 김밥 품평과 오늘 만난 거래처 직원 정보를 동승 탑승객들과 기꺼이 공유함이 우리의 일상 미덕이다. '텁텁과 걸쭉'이 우리 문화의 정체성이다.

하나님 어쩌자고 이런 것도 만드셨는지요. 지하철에서는 가곡 '쥐'의 가사가 새삼스럽다. 구경 중의 최고 구경이 사람 구경이다. 게다가 요즘은 외국인들도 늘었다. 조물주는 어쩌자고 이렇게 다양한 조형 능력을 지니셨는지요. 지하철은 열반묵상涅槃默想과 대중설법의 오백나한五百羅漢* 합동 친견장이기도 하다.

그 외국인들이 문제다. 지하철에 감복한 그들이 덜컥 눌러앉아 살겠다면 어쩔 것인가. 예멘 난민 5백 명에 사회 전복을 우려하던 곳이 대한민국이다. 슬기로운 민족의 지하철에는 대비가 다 돼 있다. 대한민국은 그들에게 결코 호락호락한 곳이 아니다. 이제 그 은밀한 장치를 살펴볼 차례다.

서울의 공항 연결 지하철은 운영 주체가 다르므로 갈아타려면 환승 게이트를 거쳐야 한다. 요금이 추가되지 않는다는 문장도 친절하다. 단, 한국어로만. 이방 중생들의 불만 누적에 영문 안내가 추가된 역도 있으나 여전히 한글 안내만 붙은 역이 즐비하다. 어서 와, 한국은 처음이지.

이들을 좌절시키는 방어 장치는 역 이름에도 여러 겹 마련돼 있다. 한글로 '을지로입구'인 역이 영문으로 '을지로1가'다. 내려야 할 곳이 서로 다른 이름이니 굳이 묻지 말고 너희들이 알아서 생존하면 된다. 우리의 독창적인 표기법도 있다. '일원'역의 영문 표기는 'Irwon'이다. 대문자 'I'와 소문자 'l'이 이어졌을 때의 혼란을 세심히 고려했을 것이다. 그래서 호메로스의 서사시 '일리아드Illiad'나 베르디의 오페라 '일 트로바토레Il Trovatore'에 익숙한 자들이 여기서 무사히 내리기는 어렵다.

이런 은밀한 대비가 공개되면 국제 사회의 지탄이 쏟아질 것이다.

---

* 불교에서 쓰는 표현으로 세상의 존경과 공양을 받을 만한 성자 5백 명을 말한다.

공항과 연결돼 외국인 이용객이 많은 서울 지하철 9호선.
그럼에도 이 게이트가 무엇이며 요금이 추가되지 않는다는 사실은 한글로만 쓰여 있다.

성수역으로 간다는 서울 지하철 2호선 열차가 바로 인접한 건대입구역 승강장에 들어오고 있다.
그런데 성수역으로 가기 위해 이 열차를 타면 서울을 한 바퀴 돌아 42번째 정거장에서 내려야 한다.
대안은 열차가 반 바퀴를 돌고 난 후에야 성수행이라고 표기하는 것이겠다.

그래서 한국인을 위한 탐험 장치도 공평히 마련돼 있다. 지하철 2호선 순환 방향을 지칭하는 절묘한 방법이 내선 순환과 외선 순환이다. 이건 전동차 우측 운행 정보와 거대한 폐곡선을 이해하기 위한 공간 상상력을 동시에 요구한다. 묘미는 서울 지하철에 좌측 운행, 좌우측 혼용 운행이 두서없이 섞여 있다는 것이다. 시계방향과 반시계방향 지칭은 일반 시민의 교양 수준에 비해 너무 난도가 낮을 것이다. 게다가 분명 성수역에서 막 출발한 열차가 성수행이라니 이걸 믿고 바로 옆 역에서 성수역으로 가려면 서울을 한 바퀴 돌아야 한다.

건축학 수업에서 동선 계획과 벽면 마감의 낙제점을 받았을 설계의 지하철역들은 디자인 수업에서 또 낙제를 받았을 명시도의 안내판을 붙여놓고 다양한 승객들을 요리조리 시험한다. 플랫폼에는 친절하게 비상 탈출 안내도도 있다. 화재 발생 때 공황 상태에서 읽어야 하는 도면이다. 그런데 그 입체도는 건축 전공 겨우 30년 경력으로는 파악할 수가 없다. 지하철 이용은 신체 건강 외에 공간 지각력 증진에도 무척 좋다.

외국 지하철에도 사회적 약자 배려석은 있다. 그러나 한국처럼 거기 앉을 수 있는 나이가 절대적인 권위를 지닌 곳은 별로 없다. 몇 살이냐는 시비에 이어 지하철 언쟁의 최고의 기폭 장치가 있으니, 얻다 대고 반말이야. 주민등록증 지참이 필요한 건 불심검문이 아

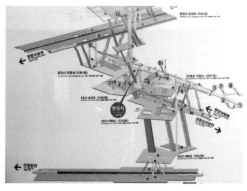

어느 환승역의 비상 출구 안내.
사람들이 공황 상태에 빠지는 화재 발생 때 이걸 보고 출구를 찾을 가능성은 없다고 봐야 한다.

니고 경로석 착석 순위의 결정 근거이기 때문이다. '민쯩' 까봐. 그래서 가끔 경험 있고 노련한 자들이 경로석에, 노련하고 약삭빠른 자들이 노약자 보호석에 앉는다. 요즘은 임시로 산달이 된 척 부스스한 여자들도 앉아 가는 임산부 배려석도 등장했다. 그런데 쓰인 글귀는 '내일의 주인공을 맞이하는 자리'라니 여기서 임산부는 애 낳는 도구일 뿐인가 의심이 된다.

서울 지하철 좌석의 한 줄 정원은 러키 세븐. 그런데 아줌마가 먼저 앉으면 6명, 나중에 앉으면 8명. 이게 어느 학생의 분석이었다. 그런데 6인용 좌석이 등장했다. 확연히 달라진 신체 구조를 반영했다. 즉 사회 변화의 증거다.

전동차의 비상 전화 높이가 낮아졌다. 어린이나 휠체어 사용자의

대체로 임신과 무관한 여자들에게 우선석으로 전용되는 서울 지하철의 임산부 배려석. 임산부를 배려하는 것은 몸이 무거운 그들이 힘들기 때문이지 아이들을 낳아주는 존재이기 때문은 아니다. 저 문장은 문제가 됐던 전국 가임기 여성 분포 지도처럼 기이하다.

손이 닿는 높이다. 이게 배려다. 누구나 결국 사회적 약자가 된다. 외국인도 약자다. 우리도 외국 가면 모두 사회적 약자다. 게다가 한국에 살아도 누구나 결국 나이를 먹는다. 배려는 결국 우리 자신을 위한 것이다. 선진국은 소득 수준이 아니고 사회적 약자에 대한 배려로 계측된다. 그 측정 공간이 지하철이다.

뉴욕 지하철은 당신을 목적지까지 태워준다. 하지만 그 이상은 아무것도 기대하지 마시라. 어수룩한 유학생으로 당도했던 뉴욕에서 목도한 이 문장이 안내인지 경고인지는 중요하지 않았다. 그냥 진실이었으니까. 낮에 냄새 진동하고 밤에 공포 엄습하는 곳이 뉴욕 지하철이었다. 그러나 아무리 덜컥거리고 조명이 껌뻑거리고, 치안 문제가 생겨도, 지하철 이용은 뉴요커의 자존심이다. 지하철이 도시이고 도시는 뉴욕이라는.

이에 비해 우리의 지하철은 안전도에서도 세계 최고다. 막차 탄 아가씨들이 두려워하는 건 폭력 사태 아니고 몰카 촬영이다. 뉴요커들은 이해할 수 없으리. 그들이 정말 상상도, 이해도 못 하는 서울의 멋진 지하철 구간을 찾아 나설 때다.

아홉 번째 생각

지하철이라는 테마파크

긴 터널을 벗어나자 눈나라, 아차 아니지, 한강이었다. 열차의 밑바닥이 물로 가득해지는 순간이다. 7호선 청담역을 떠난 열차는 뚝섬유원지역을 향해 질주하는 중이다. 완만하고 지루한 오르막길 터널을 지나던 열차가 갑자기 빛 속으로 솟아오른다. 뻥 터지듯, 툭 내쳐지듯, 확 달려들듯. 그때 펼쳐지는 것이 한강이다. 아니 허공이다, 아니 초현실의 공간 이동이다. 암굴벽해暗窟碧海*.

전 세계의 지하철 노선 중 이런 극적 공간 변화를 체험할 수 있는 곳은 아마 없을 것이다. 한강이 아무 데나 있더냐.

열차의 오른쪽 창에 서 있어야 한다. 그래야 건너편 철로를 거치지 않고 더 생생한 한강을 대면할 수 있다. 한강 너머 펼쳐지는 도시 풍경 또한 초현실적이다. 옹기종기 아파트 군락 위로 123층 건물이 생경하게 우뚝하다. 당장 열차에서 뛰어내려 절대 반지를 구하러 달려가야 할 듯하다. 지하철 가득 비루한 호빗족들의 일상을 변태 껍데기로 남겨두고. 동전 몇 닢의 숫자가 찍히는 교통카드로 체험할 수 있는 초현실적

• 　바위에 뚫린 굴 앞에 펼쳐진 짙푸른 바다.

청담역을 떠난 열차가 터널을 빠져나오자 터져 나오듯 펼쳐지는 풍경.
갇힌 열차에 수송되는 인생과 물 위를 질주하는 인생의 병치.

공간 변화. 그게 서울의 지하철이다.

지하철은 도시 전경 사진에 등장하지는 않는다. 하지만 진정한 도시의 광장이고 얼굴이다. 그리고 도시 일상의 테마파크다. 과연 지하철에는 생로병사, 길흉화복의 인간 만사를 얼굴에 붙인 군상들이 빼곡하다. 나도 나의 하루 운세를 얼굴에 붙이고 그 무리에 밀려들어 간다.

테마파크의 필수 구비 요소는 궤도가 꼬이는 열차다. 옛날에는 청룡 열차라고 통칭했다. 이게 없으면 테마파크라 부르기도 어렵다. 놀랍게 우리의 지하철에도 마땅히 갖춰져 있다. 도시의 기능적 구조물이 이런 장치를 장착했다면 그 연유가 기구할 것이다. 이곳은 단절된 현대사의 매듭이 공간으로 체현돼 묶인 곳이다. 뭐가 그리 기구하기에.

남쪽으로 사당역까지만 연결됐을 때 4호선은 평범한 지하철이었다. 그런데 더 남쪽으로 연장하면서 좀 당황스러운 상황에 직면했다. 연결해야 할 노선은 코레일 구간이었는데 그 코레일은 이전 철도청이었고 이를 더 더듬어 오르면 일제 강점기를 만난다. 그래서 그들은 좌측통행. 그런데 독립 국가 대한민국의 지하철 4호선은 우측통행. 아무리 부인하려고 해도 결국 대한민국 여기저기에 뿌리내린 일제 강점기의 질곡이 확인되는 순간이다.

통행 방향이 다른 두 노선 연결로 가장 손쉬운 방법은 환승이겠다. 역에서 내려서 갈아타면 된다. 그런데 우리의 위대한 엔지니어들은 상상하기 좀 어려운 방식으로 이를 돌파해 버렸다. 어찌 보면 무모하다 할 방안이었다. 남태령과 선바위역 사이의 동굴 속에서 선로의 좌우를 뒤집었다.

전류 공급 방식 변경으로 객실 안 일부 전등이 소등되겠다는 안내 방송은 담담하다. 하지만 조금 전 왼쪽을 달리던 반대 방향 노선이 문득 오른쪽으로 옮겨와 있는 것은 초현실 체험이다. 전 세계의 희귀 사레일 것이다. 이런 역사를 장착한 도시가 희귀하므로. 분식점 표현으로는 꽈배기, 기하학 표현으로 뫼비우스의 띠가 현실의 공간으로 구현된 것이다. 이건 철마교호鐵馬交互*.

그러나 지하철 탑승은 모험이나 여행이 아닌 운송에 가깝다. 우리는 승차하고 하차하면 될 뿐이다. 말하자면 발 달린 짐짝에 지나지 않는다. 그래서 승객에게 각각 달린 눈과 귀는 별 존재 의미가 없다. 열차의 창문 역시 그냥 진화에 뒤처진 흔적 기관에 지나지 않을 듯하다. 그런데 가끔 우리의 승차가 기꺼이 여행이 되는 구간이 있다. 승객의 눈이 열리고 짐짝에서 생물체로 순간 변화하는 구간이다.

열차가 지상으로 달리는 곳이 2호선에서는 세 곳이 있다. 북동쪽의 성수 구간과 남서쪽의 대림 구간, 그리고 좀 짧은 당산철교 구간이다. 성수 구간은 자연지반 위, 대림 구간은 도림천 위의 구간이다. 이 차이가 크다. 성수 구간은 천문학적 예산이 문제지 마땅히 지하화돼야 할 구간이다. 그러나 서울이 이리 바뀔 줄 당시의 누가 내다봤으랴. 그런 애물이니 구간 내내 방음벽이 서 있다. 그러나 대림 구간은 방음벽 없이 도시가 훤히 다 내다보인다. 천변에 완충 공간이 있기 때문이다. 그래서 경치로 치면 당연히 대림 구간이다. 여행이라는 관점에서 볼 때 이 구간의 참된 가치는 고가 위를 달린다는 점에 있다. 열차가 허공을 주유한다. 이 높이에서 이 속도로 도시 구간을 질주하는 경험은 이전 세상의 어느 권력자도 누려보지 못한 호사다. 그래서 이때 시선을 막는 방음벽의 존재 여부가 중요하다.

여기서 유독 끌리는 창 방향은 북쪽이다. 남쪽은 멀리 관악산 전망이 좋지만 햇빛을 마주 봐야 해서 경치가 뿌옇다. 물론 이 구간 풍광이

---

* 기차가 서로 어긋나는 모양.

양쪽 다 두서없기는 마찬가지다. 그러나 그게 우리 사회의 모습이고 그런 점에서 언제나 더 흥미롭다. 새로운 공사 현장과 새로운 건물과 새로운 간판으로 심심할 틈이 없고 그래서 두서없는 도시. 그 도시 유람을 제공하는 고상주유高床周遊•:.

　지하철 여행자에게 좀 더 박진감 있는 풍경을 제공하는 지점은 1호선 한강철교 구간이다. 이 구간은 여의도와 노들섬이라는 두 섬 사이를 지난다. 여의도는 대한민국에서 가장 비싼 건물들이 빼곡한 인공 구조물의 도시다. 이곳은 고층 건물 즐비한 도시의 매력을 철교 구조물 너머 가장 박력 있게 보여 주는 곳이다. 최근 정비된 노들섬은 한가한 전원 풍경이니 이 또한 초현실적이다.

•:　높은 곳에 떠서 즐길 거리를 제공한다는 의미.

여의도의 고층 건물이 배경에 깔리는 한강철교 풍경.
최고의 풍경은 고속철도 열차가 미끄러지듯 이 위를 질주하는 순간이다.

이 다리는 한강대교와 원효대교의 사이에 놓여 있다. 한강에서 가장 잘생긴 두 다리니 어느 쪽을 보아도 좋다. 간혹 옆 철로로 늘씬한 고속전철이 지나가는 모습 또한 절경이다. 저 고속 기계가 기계 굉음을 내며 철교라는 허공 위를 질주하는 모습을 보면 숨 막힐 지경이다. 모두 강철이 만들어낸 도시 풍광이다.

이곳이 특히 더 멋진 시간대가 있으니, 여의도 건물군 너머 해가 지는 석양의 순간이다. 최고의 공간과 시간과 속도가 다 맞물리는 지점. 우리 시대에 서울 팔경을 뽑는다면 이 경치가 빠질 수 없겠다. 지금 겸재가 살았다면 그는 분명 노들섬에 앉아 한강철교와 여의도의 강철 낙조鋼鐵落照를 그렸을 것이다.

❖ 철이 빚어낸 해 질 녘의 아름다운 풍광.

그럼에도 여전히 지하철은 어둠을 달리는 숙명을 지닌 물체다. 그래서 이름이 지하철이다. 그런데 그 어둠 속의 질주를 만끽할 수 있는 노선이 있으니 그건 빨간색 신분당선이다. 이 노선이 특별한 것은 기관사의 부재다. 열차 전면이 개방돼 있다는 이야기다. 최고의 자리다. 그래서 신분당선을 타면 굳이 열차의 맨 앞자리로 갈 일이다. 거기에는 당연히 좌석이 없다. 그러나 이런 질주에 그런 편의는 필요 없다.

터널 속의 열차는 소실점을 향해 내달린다. 초현실적 비례의 초현실적 공간을 초현실적 기계음과 함께 질주, 계속 질주. 벽면의 등 간격 조명이 알려주는 노선은 좌우로 휘어 돌며 위아래로 오르내린다. 이건 컴퓨터 모니터의 비디오게임으로는 체험할 수 없는 몰입형 공간감이다. 시속 90킬로미터의 실제 상황이며 실물 공간이다. 여전히 질주.

질주무정疾走無情**의 열차가 속도를 줄여나간다. 터널 너머 빛이 보이기 때문이다. 세상에 달리기만 하는 열차가 어디 있더냐. 캄캄하기만 한 인생은 또 어디 있으랴. 그래도 방심하면 곤란하다. 장미꽃만 만발한 인생은 없다더라. 열차는 다시 어둠 속으로 들어선다. 그러나 잊지 말지니 아무리 긴 암굴이어도, 얼마나 긴 어둠을 달려도, 결국 우리가 내릴 곳은 저 밝은 빛 어디쯤이다.

**어떠한 망설임 없이 앞으로 내달리기만 하는 모양을 칭하는 표현이다.

신분당선 열차의 유리창 너머 펼쳐지는 질주의 순간.

아파트가 우리의 압도적 주거 형식이 되었다.
아파트 거주자가 과반이 되었다는 것이다.
사회가 변화하므로 아파트가 변화하는 것도 당연하겠다.

가장 직설적으로 변한 건 서비스 수준이다.
간신히 들어가서 생존하면 충분하던 곳이
이제는 입주자를 손톱만큼이라도 더 편안하게 해주기 위해
온갖 장치를 갖춘 공간으로 바뀌었다.

그래서 아파트는 새로운 지위를 획득했다.
아파트가 지위재로 바뀐 것이다.
신도시를 만든다고 했을 때
가장 넓은 면적을 할애하는 것도 아파트 단지다.
그런데 그 아파트는 신기한 물건이다.

우리 사회가 신기한 것처럼.

8장   주거에 담긴 일상

첫 번째 생각

고인돌이 즐비한 도시

"서재를 만들어 주세요." 내게 주택 설계를 의뢰했던 건축주의 요청이었다. 서재는 중년 남성의 공간적 로망이다. 실제로 거기 들어가 책을 읽고 공부하는 경우는 별로 없다. 책이 아니라 골프장에서 받아 온 싱글패와 이런저런 잡지가 뒹구는 수준이 일반적이다. 책상에 노트북 하나 얹혀 있고. 그래서 이곳은 눈앞에서 얼쩡거려도 혼나고 안 보이면 더 혼난다는 중년 남편의 도피처일 경우가 많다. 그러나 일상 대화 속에 섞어 넣는 '내 서재'라는 단어는 그가 이룬 성취의 과시일 것이다. 우리는 그걸 과시적 공간이라고 불러야겠다.

베블런Thorstein Veblen, 1857-1929이 지적한 저 '과시적 소비'는 내밀한 집단 심리를 어찌 그리 적확히 짚어낸 것인지 여전히 감탄스럽다. 자신의 사회적 지위를 과시하기 위한 잉여 소비. 그 과시의 출발점은 몸이겠다. 중국 전통 풍속화를 잘 들여다보면 관리들의 배가 불룩하다. 궁핍하던 시절 복부 비만은 지위 과시의 표현이었다. 여전히 멀고 가까운 지구 곳곳에서 복부 비만은 과시 도구다.

우리도 비만아를 우량아라 선발하고, 복부 비만을 '배 사장'이라 자랑하던 시절이 있었다. 그러나 절대 궁핍을 극복한 이후 비만은 혐오

대상으로 전락했다. 지금은 오히려 날씬하고 탄탄한 몸매가 자본과 시간의 잉여와 성실성을 표현한다. 인스타그램은 시각적 소통의 매개체라지만 사실 과시 소비의 진열장이라고 해도 크게 틀린 판정이 아니다.

그러나 몸매의 유지는 가장 저렴한 과시에 속한다. 과시적 소비의 정점에 있는 것은 집이었다. 인스타그램의 배경에 깔리는 공간이 전달하려는 메시지가 그것이다. 당신이 사는 곳이 당신이 누군지 보여 준다. 이 문장이 공간 과시의 메시지인데 그 역사 또한 고인돌 시대부터 유서가 깊다.

조선 시대에는 집권한 노론 가문들이 살던 동네가 따로 있었고 그 흔적은 수화기 너머의 첫 문장으로 대한민국 시대까지 살아남았다. "예, 가회동입니다." 그 지역은 평창동과 성북동을 지나 강을 건넜다. 주소를 길이름 체계로 바꾸겠다고 했을 때 가장 심하게 반대했던 동네는 압구정동과 청담동과 같은 강남의 핵심지였다. 지하철 성내역, 신천역이 각각 잠실나루역, 잠실새내역으로 유장하게 개명된 것도 모두 호명 방식에 의한 공간적 가치를 획득하려는 전략이었다. 공간 중에서 엉뚱하게 특별한 과시재로 변모해 등장한 것이 아파트 단지다. 아파트 단지 출입구의 모습 변화가 그 인식 변화를 웅변한다.

1980년대 전후에 건립된 아파트 단지들은 그냥 거주 공간이었고

아파트가 과연 지위재가 됐다고 보여 주는 출입구 모습들.

아파트가 지위재가 돼야 한다고 주장하는 광고.

출입구에는 덤덤한 명패가 붙었다. 그러나 재건축으로 다음 세대의 아파트가 지어졌을 때 그들은 자신들의 달라진 사회적 지위를 과시했다. 우선 출입구 기둥 위에 고인돌처럼 거대한 수평 부재가 올려졌다. 그리고 거기 현란한 아파트 이름이 새겨졌다. 콘크리트 덩어리인데 공원이라 하고, 시민들이 사는 데 귀족인 척하고, 한국어로 말하는데 서양말을 흉내 냈다. 그건 명패가 아니었고 누구나 선망하지만 아무나 입주할 수는 없다는 광고 문장의 우렁찬 낭독이었다.

처음의 아파트 단지 주차장은 지상에 있어서 사람과 자동차가 같은 출입구로 드나들었다. 그러나 새로운 아파트에 지하 주차장이 건립되면서 보행인과 자동차의 출입구가 구분되기 시작했다. 고인돌 건립

지는 자동차 출입구가 선택되었다. 아파트보다 먼저 과시재로 자리 잡았던 게 자동차다. 자동차와 아파트가 결합하면서 입주자의 자부심을 촉발하고 방문자의 선망을 촉구하는 게 당연했다.

집은 가장 큰 재원을 투자해 확보하는 재산이니 과시재가 될 만하다. 그러나 아파트보다 훨씬 얻기 어려운 과시재가 있다. 의도에 의해 드러나는 게 아니므로 과시보다는 표현이라고 해야 할 것이다. 그건 얼굴이다. 비유로서의 얼굴이 아니고 실제 사람의 얼굴이다. 이 과시는 구매가 가능한 자동차나 아파트와 차원이 다르다. 암호화폐 투자로 돈을 벌어 비싼 아파트에 입주할 수는 있겠다. 그러나 얼굴은 축적하는 데에 수십 년이 걸리며 지금 사는 곳과 관련 없이 그간의 인생을 설명한다는 점에서 놀랍게 정직하다. 중년이면 자기 얼굴에 책임을 져야 한다는 이야기가 허투루 나온 것이 아니다.

도시의 얼굴이 건물이라고 이야기한다. 그러나 진정한 도시의 얼굴은 시민의 얼굴이다. 크고 화려한 건물 사이에 슬프고 화난 얼굴의 시민들이 보인다면 그 도시는 여전히 비루하고 어둡다. 낯선 자를 미소의 얼굴로 환대할 수 있는 도시, 그 도시가 아름답다. 출신, 장애, 종교, 성적 정체성 등의 사유로 차별받지 않는 그런 도시다.

건물은 사람을 담아내는 그릇일 뿐이다. 그러나 그릇부터 화끈하게 만들어 도시를 밝히겠다는 지자체장들이 항상 위험하다. 그들이 세우고자 하는 것은 자기 치적의 물적 과시재일 뿐이니 결국 배제와 차별의 도구다. 생존 공간을 빼앗겨 애통해하는 눈물이 어딘가 고여 있는 한 그 도시는 아름다울 수 없다. 과시가 생존을 짓누르는 순간, 도시는 고인돌 시대로 회귀하곤 한다.

두 번째 생각
여덟 계단 게임의 미래

1, 2, 3, 4, 5, 6, 7, 8. 바로 옆으로 돌아서 다시 1, 2, 3, 4, 5, 6, 7, 8. 세계적인 인기를 끌었던 드라마 '오징어 게임' 다음 시리즈에 등장할 게임의 규칙은 아니다. 하지만 한국 사람 절반 정도는 이 게임에 참가할 수 있다. 조건은 아파트에 살고 있어야 한다는 것이다. 현관문을 나서서 계단의 단수를 세보면 이런 숫자가 나올 것이다. 이 숫자에 해당하지 않는다면 좀 특이한 아파트라고 보면 된다.

우리의 아파트는 대통령 선거의 향배까지 규정하는 사안이 되었다. 이 문제가 풀기 어려운 건 복잡한 변수가 얽혀 있기 때문이다. 그런데 그 복잡한 물건에 붙은 계단의 단수는 막상 저리 일정하다. 그건 아파트 층고가 다 같다는 이야기다. 2.8미터 내외. 그 안에 들어 있는 천장 높이는 2.3미터. 따라서 커튼, 붙박이장을 주문할 때는 높이는 빼고 폭만 알려주면 된다.

아파트 층고 통일의 배경에는 건설 시장의 원가 계산이 깔려 있다. 기둥이 하중을 받고 내부 공간의 구획 벽은 하중을 받지 말게 하라는 것이 근대 건축의 핵심 강령이었다. 자유로운 평면 구성의 성취라고 불렀다. 우리의 초기 아파트에서도 기둥이 하중을 받게 하는 실험이 있기는 했다. 그런데 이 방식은 바닥 슬래브를 받치는데 '보'라는 구조물을 추가로 요구한다. 한옥에서 대들보라고 부르는 그것이다. 여기에는 그 보의 높이만큼 층고가 높아져야 하는 문제가 있었다. 그러나 기둥 말고 건물 내부의 촘촘한 벽들이 하중을 받게 하면 보를 없앨 수 있다. 이걸 벽식 구조 혹은 내력벽 구조라고 부른다.

층고를 30센티미터만 줄여서 10층을 쌓는다면 벌써 한 층을 벌 수 있다. 이런 조건인데 기둥식 아파트를 짓는 건 아파트 건설업 게임에서 생존 의지가 없다는 의미였다. 그래서 우리의 근대 아파트는 전근대의 강령으로 돌아갔다. 지난 50년간 전국에 통일된 최저 층고의 벽식 구조 아파트가 세워졌다. 범국민적 여덟 계단 게임이 가능해졌다.

그 아파트 게임에 참여해 사는 이들은 일사불란한 '정상 가족'이었다. 통일된 교복을 입고 같은 교과서로 공부한 사람들이 한 종류의 대입 시험을 치러 입학하고 졸업하고 취업했다. 나이가 차면 결혼했고 아이 둘을 낳고 살았다. '4인 정상 가족'이 완성되었다. 이 정상 가족의 기준표에 맞지 않게 산다고 치면 추석과 설에 취조의 십자포화를 맞았다. 취업은 되느냐, 연애는 하느냐, 결혼 소식은 없느냐, 늦기 전에 아이는 낳느냐, 하나 더 낳아야 하는 게 아니냐.

정상 가족이 사는 아파

4인 가족을 전제로 한 아파트 평면.
모든 벽은 하중을 받는 구조재이므로 저걸 건드리면 건물 전체 붕괴 위험이 있다. 그리고 건축적으로 고려된 수납공간은 거의 없다.

트를 국민주택이라고 불렀다. 그중 민간 건설 국민주택은 심지어 면적 하한도 규정했었다. 전용면적 60제곱미터 이상 85제곱미터 이하. 거기 방이 딱 3개 배치되었다. 그 방을 구획하는 벽들이 아파트를 받치는 구조체다. 그래서 전국의 아파트는 궤짝 같고 닭장 같아지기를 주저하지 않았다. 그 안에 4인 가족이 다 비슷하게 알콩달콩 살고 있으리라는 신기루 같은 전제가 있었다. 물론 국민주택보다 면적 넓은 아파트라도 층고는 높아지지 않았다.

그런데 어느덧 '이상한 정상 가족'이 점점 많아졌다. 아이 둘을 낳으라고 했는데 하나 낳는 것도 버거워했다. 가구 수 기준으로 1인 가구는 40퍼센트를 넘었고, 2인 가구를 합치면 60퍼센트가 넘는다. 우리보다 소득 수준이 높은 국가들 사례로 비춰 보면 이런 가구 수가 줄어들 것 같지는 않다. 남녀가 혼인해 가족을 이룬다고 해 왔는데 그 남녀의 이분법 타당성도 질문해야 마땅한 시기가 도래했다. 가화만사성家和萬事成이라고 쓰던 가훈을 개화만사성個和萬事成으로 바꿔야 할 시점이 온 것이다.

내용이 바뀌면 그릇도 바뀌어야 한다. 다음 시대에 필요한 것은 방 3개의 아파트가 아니라 좀 더 다양한 주거 양식이다. 사회 변화에 따른 그 다양성을 수용하는 합리적 방법은 아파트의 기존 뼈대를 놔두고 내부를 리모델링하는 것이다. 문제는 벽식 구조 아파트가 이걸 허용하지 않는다는 것이다. 방 2개를 터서 하나로 만들려면 벽을 없애야 하는데 그 벽은 하중을 받는 구조체다. 벽 하나만 헐어도 건물 전체가 붕괴한다. 그렇다면 전면 철거 후 재시공밖에 대안이 없다.

대안은 기둥식 구조의 아파트다. 보가 없으면 '무량판 구조'라고 부른다. 순살 아파트로 오해받은 그 구조다. 법률은 이걸 촌스러운 작명으로 '장수명 아파트'로 부른다. 그런 아파트에는 용적률 완화의 인센티

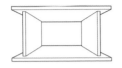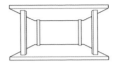

벽식, 기둥식, 무량판 구조체의 모습.
벽식 구조의 층고와 기둥식 구조의 유연성을 갖춘 것이 무량판 구조다.

브도 준다. 덕분에 과연 수명이 길어질 아파트들이 지어지기도 한다. 그러나 여전히 신축 아파트 다수는 벽식 구조다. 천장이 높으면 공간감이 좋아진다. 그래서 층고가 한 뼘 높고 분양가는 훨씬 높은 아파트도 지어지지만 여전히 벽식 구조다. 용적률 외에도 규제가 복잡한 도심이면 더욱 그렇다. 인센티브가 아직 충분한 유인책이 못 된다는 이야기다.

목숨을 걸고 변화를 거부하겠다는 게 결사 항전이다. 우리는 미래 변화에 결사 항전하겠다는 아파트들을 도시에 늘어놓았다. 재건축이 아니면 다음 세대들의 인생을 담을 수 없는 아파트들이다. 빼곡한 다세대, 다가구주택들도 마찬가지다. 나중의 너희들이 건설 폐기물 매립하고 석회암으로 가득한 산을 깎아 콘크리트 제조하고 탄소배출 책임지라는 우리의 사회적 선언인 셈이다. 50년간 국토를 메워온 여덟 계단 아파트들은 콘크리트로 새긴 그 선언문들이다. 무책임하고 암울한 선언문.

세 번째 생각
선풍기와 아파트

여름이 지났다. 뻘쭘해진 건 선풍기였다. 에어컨이 득세하는 시대가 됐으므로 날개를 몇 바퀴도 돌려보지도 못한 채 시름시름 어딘가에 처박힐 팔자겠다.

그 선풍기를 들여다보면 의아한 것이 눈에 띈다. 왜 스위치들이 죄 바닥에 붙어 있는 것이냐. 물론 리모컨으로 구동되는 제품들도 있다. 하지만 거의 다. 그 위치를 이해하려면 우선 사용자의 자세부터 봐야 한다. 그는 바닥에 엉덩이를 깔고 앉아 있던 참이었겠다. 우리는 이를 좌식 생활이라 부른다. 그 배경에 온돌이 있었다. 선풍기도 일본을 통해 들어왔다. 그들도 다다미 바닥에 붙어 있던 엉덩이를 떼지 않고 끌고 가서 선풍기의 스위치를 누르고 돌렸다.

우리 주거 문화에서 방을 규정하는 것은 유서 깊은 온돌이다.

다다미 위에 있다가 이제는 탁자 위에 올라선 일본의 어느 선풍기. 입식 공간과 좌식 공간 사이의 어정쩡한 어딘가에 있는 모습이다.

온 민족의 엉덩이나 등이 거기 밀착된 생활이었다. 아파트도 처음에는 연탄아궁이가 있는 온돌방에서 출발했다. 그런데 서양에서 들여온 이 고급스러운 주거가 연탄아궁이와 잘 어울리지 않았을 것이다. 아파트의 조심스러운 실험이 곧 시작되었으니 거실과 주방에 스팀 라디에이터가 설치된 것이다. 방만 온돌이었다.

그런데 한국인들은 거실에서도 여전히 따뜻한 바닥을 그리워하고 있다는 게 곧 판명되었다. 라디에이터가 퇴출당하고 거실에도 온돌이 들어왔다. 지금의 주거 난방은 온수 파이프를 깐 온돌이 평정했다. 적어도 이 문제만큼은 건축가들에게 고민이 필요 없는 사안이다.

'보일러'로 작동하는 '라디에이터'가 들어오던 딱 그 시기에 부엌에는 '싱크대', 거실에는 '소파'가 들어왔다. 이들은 이전 시대에는 존재하지 않던 물건임을 그 이름으로 증명하고 있다. 그러다가 이번에는 방에 침대가 밀고 들어왔다. 공간과 가구의 부정교합이 발생하는 순간이다. 침대가 바닥에서 마땅히 올라올 복사열을 막기 때문이다. 이상한

1972년의 아파트 분양 광고.
'리빙룸'의 왼쪽 벽장이 라디에이터가 설치된 곳이다. '킷친' 옆의 '메이드룸'은 무작정 상경한 이들이 거주하던 공간이었다. 다른 아파트의 평면에서는 그냥 '식모방'이라고 쓰여 있다.

조합이다. 그래서 침대와 온돌이 함께 그리운 이들을 위해 발명된 것이 돌침대니 이건 사실 논리 모순의 기이한 물건이다.

기이한 현상은 거실에서도 발견된다. 진공관 시대의 라디오는 가구 크기였고 당연히 주택의 가장 중요한 공간에 놓였다. 그 주위에 가족이 반원형으로 모여 앉았다. 텔레비전이 등장하면서 가족의 배치가 바뀌었다. 텔레비전을 마주 보고 횡대로 앉기 시작한 것이다. 이건 전 세계 공통 풍경이다. 우리에게도 텔레비전의 반대쪽에 소파가 놓이는 풍경이 수입되었다.

다음부터는 더 기이하다. 소파는 분명 좌식 가구다. 그런데 이를 대하는 한국인의 자세는 좀 복잡하다. 그들의 태반은 소파를 등받이로 사용한다. 방바닥에 내려와 정형외과 의사들이 혐오하는 다양한 자세로 앉는 것이다. 그러다 불편해지면 다시 소파 위로 올라가며 자세 교체를 시도한다. 게다가 한국의 소파는 앉기보다 눕는 가구에 훨씬 가깝다. 입적을 앞둔 부처님 자세로 제자들 아닌 텔레비전을 보고 누워 열

아파트 분양 모델 하우스.
엄청나게 커진 텔레비전과 이를 감상하는 가구인 소파가 기본 구도다.

반을 꿈꾼다.

아파트에서 태어난 세대가 늘어나고 있다. 태어나면서부터 침대에서 자고 식탁에서 먹던 세대들이 방바닥을 거부하기 시작했다. 온돌난방을 거부하는 것이 아니고 좌식 생활을 거부하는 것이다. 게다가 밥상 위에 밥그릇을 실어 나르던 세대들까지 점점 식탁에서 밥을 먹더니이제 좌식 생활의 관절염을 호소하기 시작했다.

변화는 아파트 밖에서 확연하다. 세계의 문화사가 증명하되 가장변화 저항이 강한 것이 장례 문화다. 그런데 한국은 매장이 화장으로바뀌는데 한 세대도 필요치 않았다. 게다가 장례식장 접객 식당도 순식간에 입식으로 변해 나갔다. 민감하고 민첩한 변화가 생존의 길인지라바닥에 앉아 먹던 시장 식당들도 모두 식탁과 의자를 들여놓았다.

손님들이 이제 좌식 생활을 불편해하기 시작한 것이다. 이건 이들이 살고 있는 아파트의 경험이 이제 현관문을 넘어 바깥세상을 바꾸기시작했다는 이야기다. 그들은 모두 식탁이 놓인 집에 살고 있다. 그리하여 더 이상 엉덩이를 바닥에 끌고 다니는 이가 없다는 이야기다. 이건

이제는 방바닥에 주저앉는 게 불편해진 사람들을 위해 식당에 이처럼 의자와 탁자를 들여놓았다. 그러나 바닥은 여전히 좌식 생활의 흔적을 그대로 보여 주고 있다.

선풍기에게 중요한 도전이다. 둘 중 하나를 선택하라는 것이다. 스위치 위치를 바꾸든지 생존을 에어컨에 넘기든지. 변화 아니면 소멸.

선풍기 스위치를 보면 여전히 당황스럽다. 늘어선 그것들은 각각 정지, 속도, 회전을 규정하는 다른 용도를 갖고 있지만, 그냥 같은 모양들이다. 각각의 용도를 알려면 그 아래 글자를 읽어야 한다. 디자인을 가르치는 학교에서 맹렬히 비판하는 사례들이다. 변화한 한국인들은 변치 않는 방바닥의 선풍기 스위치를 손가락이 아니라 발가락으로 누르기 시작했다. 그들의 발가락이 진화한 게 아니고 생활이 입식으로 변했을 따름이다. 날개 없는 선풍기와 에어컨이 바람을 뿜는 시대다. 그런데 지난여름 아직도 바닥에 스위치를 놓고 버티던 선풍기들의 고집이 놀랍다. 아궁이에 연탄 갈던 시대의 가치로 도도히 버텨 보겠다는 듯 보여서다.

변화를 선택하여 생존에 나선 선풍기의 다음 선택은 본인의 것이 아니다. 동면을 위한 골방은 선풍기가 택할 수 있는 문제가 아니다. 이건 분양 시장 구조를 포함한 아파트 문화 전반에 얽힌 문제다. 선분양 제도의 모델 하우스는 그 자체가 입체화된 그림이었다. 현관문을 들어서는 순간의 감동이 필요할 뿐이고 분양이 마무리된다면 그 이후 일을 분양 주체가 신경 쓸 필요는 없었다.

거기서 빠져 보이지 않는 것이 수납공간이었다. 살다 보면 필요하지만 모델 하우스에서 둘러볼 때는 느껴지지 않는 공간이기 때문이다. 그래서 우리의 아파트에서 수납공간은 턱없이 부족했고, 수납공간에서 동면해야 할 선풍기는 멀뚱히 거실 구석에서 가족들과 함께 텔레비전을 시청해야 했다. 그게 아니면 식구가 떠나 남는 방이 과도하게 창고로 징발돼 그 한편을 메웠을 일이고.

계절이 바뀌면 우리는 옷을 바꿔 입는다. 사용자가 변하므로 아파트도 달라지겠다. 지금도 거실의 설계도면 대다수는 텔레비전과 소파의 대면 상태로 그려지지만 현실 풍경은 다양하게 다르다. 궁금해진다. 한 번 침실에 들어간 침대가 다시 나오지는 않겠고 그 생활자들이 방바닥으로 다시 내려오지도 않겠다. 그렇다고 바닥 난방을 포기하지도 않을 것이다.

아파트는 미분양의 폭발력이 큰 시장이라 실험이 어렵다. 아주 느린 진화만 가능한 건물 형식이다. 그 느린 진화를 통해서도 한국의 아파트는 세계 최고의 서비스라는 성취를 이뤄냈다. 극도로 까탈스러운 소비자 취향이 배경에 깔려 있다는 진단이 있다. 동인이 무엇이었든 한국 아파트가 최고라는 건 국적을 불문하고 살아본 사람들이 거의 모두 동의한다. 그런데 그 이면에는 당연히 어두운 그림도 있다.

서비스라는 면적

있어도 없고 없어도 있다. 존재와 부재의 동시공존. 반야심경의 공즉시색空即是色*도 슈뢰딩거의 양자역학 실험도 아니다. 이건 우리 일상 속 아파트의 현실이다. 아파트 거주자가 인구 절반을 넘어섰단다. 이 글의 독자가 거기 해당한다면 잠시 눈을 들어 거실 창가 풍경을 볼 일이다. 거기 있어도 없고 없어도 있는 상태의 존재부재存在不在 동시공존同時共存 공간을 '발코니'라 부른다.

이 공즉시색은 면적 정의에서 출발한다. 바닥 면적은 거주자가 사용하는 공간의 면적을 일컫는다. 아파트에서는 거주자가 배타적으로 점유한 바닥 면적을 '전용 면적'이라 부른다. 배타적이려면 물리적 장치가 갖춰져야 하는데 그게 벽이다. 그런데 문자로는 규정되지 않는 현실 상황의 존재가 건축법의 묘미이고 갈등의 진원이다. 벽으로 둘러싸이지 않으므로 바닥 면적에서 빠지지만 거주자가 배타적으로 사용하는 것이 발코니다.

• 물질과 공空 또는 공과 물질의 관계를 표현한 불교 교리로, 물질적인 세계와 무차별한 공空의 세계가 다르지 않음을 뜻한다.

철거돼 역사 속으로 사라질 회현아파트.
외관을 가득 채운 것은 벽체 밖으로 돌출돼 나온 창호들이다.
한 뼘이라도 더 넓은 면적을 확보하기 위한 치열한 몸부림의 표현이다.

    발코니는 우리의 첫 아파트부터 빠지지 않고 등장했다. 마당과 장독대를 잃어버린 아파트에서 이를 대체할 공간은 필요했으니 이게 발코니였다. 마당과 장독대답게 한쪽 면이 트여 있어 당연히 바닥 면적에 포함되지 않았다. 그런데 살아 보면 집은 아무리 넓어도 좁다. 그러므로 발코니를 장독대로만 쓰는 건 당연히 합리적일 수 없었다. 기민한 시장은 이걸 해결해 줄 업종을 준비하고 있었는데 그게 소위 샤시 가게였다.

    발코니는 단열 난방이 되지 않았지만 샤시 벽으로 둘러싸인 내부 공간이 되었다. 법규로 짚으면 불법 증축이되 전용 공간 너머에 있으니 단속은 불가능했다. 공급자 중심의 건설 시장은 동형 반복으로 아파트를 찍어내며 일사불란한 단지를 만들었다. 그러나 동네 샤시 가게 주인들의 취향과 공법은 제각각 달랐고 거기 에어컨 설치 기사까지 가세했다. 그래서 아파트 단지는 전체주의와 무정부주의가 동시공존하는 현장이 되었다.

위반이 정상이고, 준수가 예외이며, 단속이 불가하면 현실을 인정하는 게 순리다. 그래서 규정을 개정했다. 발코니 확장의 양성화다. 새로운 존재를 불러줄 이름도 필요했는데 꼭 맞는 단어도 이미 있었다. 영어 단어 '서비스'는 한국에서 공짜 혹은 덤이라는 개념을 덤으로 얻었다. 확장된 발코니는 서비스 면적이라는 당당한 지위를 확보했다. 발코니는 단열 난방이 된 완벽한 전용 공간이 되었고 발코니 확장을 전제로 하지 않으면 아예 작동하지 않는 평면이 등장했다. 전용 공간과 발코니 사이의 벽은 설계 도면의 점선으로만 남았다. 모델 하우스에는 바닥의 테이프로 표시되나 준공 건물에서는 그마저도 사라진다.

평면 곳곳에 빨대를 꽂고 최대한 서비스 면적을 뽑아내 주는 것이 설계자의 능력이 되었다. 발코니를 빼곡히 둘러서 잘 만들면 30퍼센트

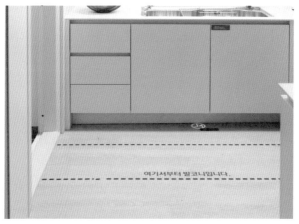

이 모델 하우스는 발코니가 확장되지 않으면 작동하지도 않는 부엌 평면을 전제로 하고 있다.

가 넘는 면적이 서비스다. 공사비에서 빼지는 않으니 시공사가 손해 볼 일은 없다. 입주자는 숫자보다 훨씬 넓은 집에 들어서서 평면이 잘 빠졌고 집 구조가 좋다고 감탄한다.

이 면적은 불법도, 탈법도, 위법도 아니다. 그러나 준공 서류의 전용 면적에 기록되지 않으며 따라서 과세 지표, 용적률 산정에 다 빠진다. 뻔히 존재하는 면적을 털어내면 국민주택 규모의 아파트인지라 재정 지원과 세금 감면 혜택을 받는다. 규모가 더 큰 아파트인들 서비스를 사양할 리 없다. 따라서 모두 만세. 아파트 분양 사업의 최고 관심사는 용적률이다. 5퍼센트 차이로 사업 성패가 갈라선다. 그래서 이걸 사업자는 올리려고, 지자체는 막느라고 치열하다. 그런데 막상 준공된 아파트는 뜨거웠던 용적률 분쟁을 모두 조롱한다.

국민, 영토, 주권이 국가의 근거라고 교과서에 쓰여 있다. 국민과 영토에 대한 정확한 정보 확보는 근대국가의 전제다. 그런데 한국은 국민의 주거 정보도 어림짐작하는 국가가 돼 가는 중이다. 주거의 절반이 아파트라는데 발코니 면적이 20퍼센트라고 쳐도 전 주거 면적의 10퍼센트는 존재부재다. 인구의 10퍼센트가 누락인 나라가 있다면 그게 어디 있는 나라냐고 다들 의아해할 것이다. 한국은 초고강도 감시 체계와 기본 데이터 부재 상황이 동시공존한다.

현실화로 생긴 문제의 답은 현실화다. 발코니를 바닥 면적에 포함해야 한다. 그러나 있는 걸 있다고 하는 순간, 있는 걸 없다면서 유지되던 주택 건설시장이 마비된다. 국민주택 아파트가 실제로 국민주택 규모가 되는 순간, 아파트 분양 사업은 전면 중단될 것이다.

저밀도 도시는 산업화 시대의 낭만이고 지난 세기의 가치관이다. 공장을 벗어난 전원도시에 대한 꿈이 지배하던 시대의 가치였다. 지금 우리 도시의 주거지 용적률은 낮다. 우리는 용적률 제한을 훨씬 초과했음에도 당당하게 합법적인 이상한 아파트들을 만들어 왔고 그런 아파트가 가득한 도시의 정상 작동을 체험하고 목격하고 있다. 고수하겠다는 그 숫자가 허상이었다고 발코니라는 서비스 면적은 역설적으로 증언한다.

공짜라면 마시는 게 인간 본성이다. 그러나 빨대 꽂은 아파트의 꿀물이 다음 세대에 양잿물이라면 게임의 규칙은 우리가 정비해야 한다. 한국의 도시에는 공유지의 비극과 사유지의 욕망이 엉켜서 동시공존한다. 이게 증식돼 어떤 불치병이 될지 모를 일이다.

다섯 번째 생각
화장실의 유전자 검사

붕어빵에 붕어가 없는데 가래떡에 가래가 들어 있으랴. 썰렁한 이 농담을 건물로 번역해 보자. 욕실은 욕하는 곳이 아니고 화장실은 화장하는 곳이 아니다. 지금 한국 주거의 가장 보편적 화장실 모습은 이름과 달리 화장대는 없이 변기, 욕조, 세면대의 삼총사로 구성된 것이다. 그런데 그 이름보다 특이한 것은 문을 열면 가지런히 놓인 슬리퍼다. 익숙하고도 엉뚱한 슬리퍼의 존재 이유를 알아보려면 화장실의 문화적 유전자 검사가 필요하다.

이전 명칭은 변소였다. 뒷간으로 부르던 때도 있었다. 두 단어에는 모두 멀리 떨어져 후미진 독립 공간이라는 의미가 묻어 있다. 농경 시대의 뒷간은 인체 노폐물의 배설장이며 밭에 뿌릴 거름 제조처였다. 배설물의 생산과 처분 그리고 이용은 선순환 구조를 이루고 있었다. 그러나 도시의 등장 이후 인간의 배설물은 세계 공통의 골칫거리였다. 배설물의 생산 주체가 너무 많아졌고 쏟아내는 배설물의 처분지는 멀었다.

대한민국에서도 20세기에 도시화가 진행되면서 문제가 불거졌다. 대지가 좁으니 멀리 독립해 있던 변소가 건물에 연접해 배치되었다. 그러나 여전히 배설물을 퍼 나가는 수거식 구조였으므로 변소는 도로에

면해야 했다. 건물에 붙어 있어도 입구는 별도로 나 있는 경우가 많아 여전히 신발을 신고 가는 곳이었다. 변소의 실내외 정체성 구분이 모호해졌다. 일제 강점기에 실험되던 주택은 대변소, 소변소, 욕탕이 인접하나 구분돼 있었다. 당연히 일본의 문화적 영향이었다.

광복 후 문화 수입처는 미국으로 바뀌었고 선진적 형태의 주거도 수입돼 실험됐으니 그건 아파트였다. 변기, 욕조, 세면대를 동반한 미국식 공간이 아파트에 들어왔는데 이걸 여전히 이전 시대의 이름대로 변소라 부를 수는 없었다. 1970년대에 아파트가 주거 우위를 확보해 나가면서 덩달아 '삼총사 화장실'은 화장실의 우세종이 되었다. 그러다가 결국 모든 주거의 보편적 화장실 형식으로 자리 잡는 데에 성공했다. 화장실 변화는 여전히 진행형이다. 1990년대가 되면서 통칭 30평형대를 넘는 모든 신규 아파트에는 화장실이 2개씩 설치되었다. 둘 중 하나에는 욕조 대신 샤워기가 붙었다. 한 화장실에 세면대가 2개 설치되던 실험적인 시절도 있었다. 사회 활동 인구 증가와 가부장 체계 해체의 증빙이겠다.

국화꽃 한 송이를 피우려면 소쩍새가 봄부터 울어야 한다고 했다. 한낱 화장실 변화에도 도시 전체의 환골탈태가 필요했다. 전염병 예방을 위해 기도나 주문, 주술이 아니고 도시 기반 시설의 변화가 필요하다고 알려진 것은 19세기 유럽이었다. 한반도에서도 화장실이 바뀌려니 대대적인 도시 기반 시설 정비사업이 동반돼야 했다. 수세식 화장실을 위해서는 북청물장수 대신 상하수도 체계가 필요했다. 욕조가 도입되려면 아궁이 대신 온수 보일러가 설치돼야 했다. 화장실이 아파트라는 건물 평면의 복판에 들어오려면 기계적 환기 장치가 추가돼야 했다. 배설물을 처리하기 위해서는 별도의 오수관에 정화조가 연결돼야 했다. 신도시라면 정화조 대신 종말 처리장이 건설되었다. 도시의 순환계가 송

화장실이 아니고 변소였던 시절을 화석처럼 보여 주는 골목 풍경. 벽체 하단에 수거구의 흔적이 보인다.

두리째 바뀌었다.

그러나 구조적 변화에도 불구하고 변소에서 출발했다는 문화 유전자는 여전히 작동 중이다. 집안으로 들어왔어도 화장실은 완전히 융합된 내부 공간으로 인식되지는 않았다. 다른 방들과 달리 화장실 전등 스위치는 밖에 붙는다. 모든 방과 거실에 온수 파이프를 깔아도 유독 화장실에는 깔지 않았다. 집안 곳곳은 비로 쓸고 걸레로 닦지만 화장실은 대강 물을 끼얹는 공간으로 인식되었다. 그래서 바닥에 목재 마룻룻널이 아니라 타일이 붙었다. 존재 방식으로는 실내지만 인식 기준으로는 실외인 모순의 해결을 위해 슬리퍼라는 애매한 신발이 필요해졌다.

아파트라는 한국인의 주거 내 건강 기대 수준도 세계 최고다. 맑고 깨끗하니 믿고 마셔도 된다고 아무리 홍보해도 정수기를 설치하고 페트병에 담긴 물을 주문한다. 아침마다 미세먼지 지수를 불평하며 방마다 공기청정기를 가동한다. 그러나 지금 화장실은 그런 기대 수준에 못 미치며 심지어 위험한 곳이다. 청소가 어려운 곳도 많은데 습도도 높으니 세균에게 최적의 번식지다. 주거 내 낙상사고가 가장 많은 곳도 화장실이다. 샤워 후 물 닦아낸 수건을 훨씬 더 많은 자원을 들여 빨고 다시 말리는 과정도 지구 환경을 떠올려보면 합리적이지 않다.

21세기 들어서 화장실 바닥에 드디어 바닥 난방이 시작되었다. 화장실은 더 변모할 것이로되 변화의 추동력은 분명 건강과 위생일 것이다. 1990년대에 일본에서 시작된 전자식 비데는 지금은 한국 화장실의 일상이 되었다. 비슷한 시대에 유럽과 미국에서는 변기의 배변 분석으로 건강 진단을 해준다는 특허도 등장했다. 미래의 화장실은 더 매끈하고 온갖 계측기가 가득하고 환경 조정 설비가 들어선 똑똑한 모습일 것이다. 화장실은 무심한 환풍기를 넘어 적극적 건조 장치를 장착하게 될 것이다. '스마트 토일렛'이라 불러야 할 그것은 별도의 산업이 되고 결국 슬리퍼는 사라질 것이다.

여섯 번째 생각

외양간 속 사람의 가치

을축년 대홍수. 1925년의 재해는 이름을 남겼다. 조선총독부는 꼼꼼한 기록의 백서를 남겼다. 전국 주요 하천이 범람했고 인명 피해가 수백 명이었다. 한강철교가 붕괴하고 제방 유실로 용산이 잠겼다. 한강의 수계도 바뀌었으니 송파 북쪽에 새 지류가 생겼다. 그 새 물길을 '새내'라 부르고 '신천新川'이라 표기했다. 굴러온 물이 박힌 물을 밀어내더라. 한강 종합 개발사업은 '새내'를 살리고 원래의 한강을 메웠다. 밀려날 물 일부를 남겼으니 잠실의 석촌 호수다.

거의 백 년이 지난 2022년 서울에 을축년 기록에 맞먹는 비가 내렸다. 강남의 지하층들이 잠겼으나 '임인년 대홍수'라고 이름까지 얻을 피해는 아니었다. 치수 능력이 좋아진 것이다. 신림동 반지하의 가족 3명이 숨진 것에 다들 애도했다. 이에 비해 을축년 백서 피해 통계표에서 사람은 말, 소, 돼지와 묶여 인축피해人畜被害 칸에 나온다. 그것도 농작물, 토지 다음 칸이다. 그때와 비교하면 사람의 가치가 더 중요한 시대가 된 것은 맞겠다.

당시 많은 이가 반지하에서 탈출하지 못한 까닭은 외부 수압으로 문이 열리지 않기 때문이라고 한다. 그런데 왜 이 문은 밖으로 밀어

골목의 일상적인 다세대, 다가구 주택의 모습.
반지하에 빗물이 들어찼던 사건 때문에 창에 차수벽이 설치되었다.
그러나 법규 변화로 1층이 주차장으로 바뀌면서 반지하 주거가 더 이상 설치되지 않는다.

열게 설치되었을까. 그 까닭을 이해하는 데에 세계기록 백서가 도움이
된다. 기네스북의 '사망자 수 최대의 호텔 사고' 항목에 익숙한 단어들
이 보인다. 코리아, 대연각, 162. 1971년 성탄절 저녁 대연각 호텔의 화
재는 이런 오명의 기록을 남겼다.

당시 소방차는 비루한 수압으로 중력을 거슬러 물을 뿌렸다. 21층
높이의 건물에는 피난 계단의 개념도 없었다. 옥상으로 나가는 문은 잠
겨 있었고 동원된 헬기는 내릴 곳도 없었다. 소방차의 펌프압과 숙박
층의 높이가 허망한 생사 분기점이고 분기점 위의 사람들은 창밖으로
뛰어내렸다. 허공의 그들은 인격체가 아니고 무게를 지닌 어떤 물체였
을 뿐이다. 1974년 대왕 코너 화재에서도 인명 피해가 컸던 까닭은 문
이 피난을 막았기 때문이다. 공황 상태의 사람들을 위한 피난 설계 원
칙은 명료하다. 문은 피난 방향으로 열려야 한다. 아파트의 현관문도 밖
으로 열려야 한다.

외양간을 고치되 소 잃기 전에 고치는 나라, 잃고 나서 고치는 나

라, 잃어도 안 고치는 나라가 있다. 우리나라는 외양간을 고치건, 고치는 척하건, 고쳤다고 우기건 그래도 뭔가를 하는 나라다. 소방 기준이 계속 확충, 강화되었다. 화재 시 가장 취약한 공간은 지하층이다. 연기가 빠져나갈 창이 없기 때문이다. 그래서 지하층에는 피난 계단도 특별한 구조여야 하고 문은 무조건 모두 지상층 피난 방향으로 열려야 한다. 건축학과 수업 시간에 절대 조건으로 가르치는 내용이기도 하다. 참고로 건축가들이 양방향 여닫이문을 기피하는 까닭은 기밀성이 너무 낮기 때문이다. 바늘구멍으로 황소바람이 들어온다.

지하층이 화재 시 피해 나와야 할 공간이라면 옥상은 피난을 위해 향해야 할 공간이다. 옥상은 근대 건축이 만들어낸 새로운 공간이다. 이제 단독주택이 아니라면 경사지붕을 찾기도 어려운 시대다. 그런데 한국의 옥상은 근대 건축의 성취를 대체로 부인한다. 대개의 옥상 출입문은 녹슨 자물쇠들이 지키고 있다. 폐쇄 근거는 관리 곤란이다. 방탕한 고등학생 서식과 흡연 부산물 산포 우려. 심지어 투신자살 예방론도 있다. 그런데 이 작고 녹슨 옥상 수문장이 저승사자로 돌변할 가능성이 있어서 문제다.

법규는 일정 규모 이상의 다중이용시설 옥상에 피난 광장 조성을 요구한다. 화재 경보가 울리면 출입문의 잠김이 풀리는 구조여야 한다고 규정하고 있다. 그런데 경보가 울리면 또 오작동이냐며 심드렁한 것이 한국인의 배포다. 오작동이 빈발한다면 무작동도 의심이 된다. 전기 장치건 자물쇠건 출입문 상태를 알 길 없는 건물 이

어느 옥상의 출입 금지 표기.
통제 시간에 화재가 발생하면 전자 개폐
장치의 신뢰도에 목숨을 걸어야 한다.

용자들에게 옥상 탈출은 목숨을 건 도박이 된다. 어쩌면 열려 있겠지. 운이 좋으면 살아남겠지. 이때 사람의 가치는 도박판에서 던져지는 칩 정도가 아닐까.

외양간에서 고친 건 문이었겠다. 황소가 밀고 나가지 못하도록 안으로 열리는 문이다. 피난은 그 반대다. 가장 확실한 피난층은 지상층이다. 지상층의 모든 현관 출입문은 바깥으로 열리는 게 건축설계의 기본 원칙이다. 그런데 신기하게 피난이 아닌 외양간 원칙을 지키는 시설이 있으니 그건 은행 영업장이다. 이들이 안으로 열리는 문을 달고 있는 전설적인 근거는 은행 강도의 존재다. 영화에서 접하던 풍경이다. 도주 시점에 공황 상태에 빠진 강도들의 탈출을 저지하거나 지체를 위해 출입문을 밀어 열지 못하게 만든다는 것이다. 그러나 이제 허리의 복대

나갈 때 굳이 안으로 문을 당기라는 은행 출입구.
탈출 방향으로 문을 밀어야 한다는 건축적 원칙은 여기 적용되지 않는다.

에서 현찰 뭉치를 꺼내 입금하는 시대가 아닌 듯하다. 복면하고 권총을 휘두르며 은행에 들어서는 강도의 시대도 아니겠다. 요즘 영화 속 은행 털이들은 어두운 반지하 방에서 컴퓨터 모니터를 들여다보는 중이다.

세상 변화를 인식하는 게 경쟁력이다. 이제는 방문할 까닭도 별로 없어진 은행 영업장 문을 밀고 들어설 때마다 지난 시대의 어떤 선언이 여전히 들리는 듯하다.

"고객님, 우리는 귀하의 목숨이 아니라 현찰 잔액에 가치를 두고 있음을 양지하시기 바랍니다."

건축가는
무엇을
남기는가

건축가라는 직업은 대단히 사회적이다.

어떤 직업은 사회와의 관계를 느슨하게 하고
골방에 앉아 제 역할을 충분히 할 수도 있다.
그러나 건축은 이행 과정에서 수많은 이해가 개입된다.
이해와 갈등을 조정하지 않으면 건물이 이뤄지지 않는다.
그 역할을 건축가가 이행한다.

사회적이라는 전제는
결국 건물이 사회 한계 내에서 지어진다는 뜻이다.
건축가도 우리 사회의 테두리 안에서 작업할 수밖에 없다는 뜻이다.
그 테두리의 상황을 좀 더 명료하게 이해하기 위해
테두리 밖의 건축가들과 잠시 비교하는 것도 흥미롭고 가치 있다.

건축가들의 자존심은 도시에 흔적을 남긴다는 것이다.
그것도 쉽게 지워지지 않는 흔적이다.
토지에 건물을 올려놔야 하는 직업은
어쩔 수 없이 공공성을 띠게 된다.
그것이 건축가라는 직업이 공공성을 지니는 근거다.

9장　　이 시대의 건축가

첫 번째 생각

어느 목수의 당부

역사상 가장 유명한 목수는 신묘한 목공 솜씨로 알려진 건 아니었다. 나이로 치면 고구려 유리왕과 비슷하다. 하지만 당시 고구려의 누구도 지구 반대쪽 그의 존재를 알 길은 없었다. 그런데 그 목수는 인류 역사를 바꾸었고 지금 지구 전체가 그로부터 자유롭지 않다. 그가 없었다면 세계는 올해가 몇 년이냐며 연호 통일 방안으로 고민하고 있을 것이다. 업종 통계로 우리나라에서 편의점, 치킨집보다 많은 것도 교회다.

예수의 태생과 정체성 그리고 죽음이 여전히 뜨거운 감자다. 그러나 그의 존재 자체를 역사적으로 의심하기는 어렵다. 그 증언 도구는 신약성서하고도 복음서라 부르는 문서다. 그의 사후 한 세대가 지나 정리된 문서 파편의 조합이다. 그런데 여러 세대의 번역을 거쳐 전파되며 당연히 오해가 생겼다. 그중 하나가 바로 그의 직업, 목수다.

복음서 두 곳에 그의 직업이 엉뚱한 방식으로 등장한다. 유대인 공회당인 시나고그에 모인 사람들이 내뱉은 감탄사 덕이다. 예수의 총명함이 직업에 걸맞지 않다고 생각한 것이다. 두 문장은 각각 이렇다. "목수tekton, τέκτων가 아니냐." 그리고 "목수의 아들tektonos huios, τέκτονος υἱός이 아니냐." 직업의 부자 전승이 당연하던 시절인지라 목수든 목수의 아들이든 문제는 아니다.

복음서는 당대 공용어인 고대 그리스어로 된 기록문이다. 원문 단어인 텍톤tekton에는 목수木手라는 단어에 묻어 있는 나무의 의미는 없다. 그냥 뭔가를 만드는 장인일 따름이다. 그렇다면 이 나사렛의 텍톤은 대체 뭘 만들었을까. 그의 발언들을 살펴보면 짚이는 것이 있다.

그는 집을 지어본 경험이 충분한 자가 쓰는 문장을 구사한다. 집을 지을 때 땅을 깊이 파 주초를 반석 위에 올려야 하고, 망루를 세울 때 준공 때까지의 예산을 미리 계산해야 한다고 설명한다. 심지어 제자들이 이 목수에게 커다란 석조 건물 해설을 요청하는 장면도 있다.

그는 아마도 집 짓는 장인이었을 것이다. 물론 그가 남긴 비유로 가장 많은 것은 씨를 뿌리고 양을 치는 내용이다. 당시 나사렛의 마을 크기를 고려해야 한다. 고고학자들은 당시 나사렛 인구를 2백 명 남짓으로 짐작한다. 집 짓는 장인이 상시 고용될 규모는 아니다. 전업으로 집 짓는 자를 칭하는 그리스어는 오이코도모스oikodomos, οικοδόμος다. 예수는 필요하면 집도 짓고 이것저것 만들기도 하는 텍톤이되 평소에는 농사도 짓고 양도 쳤을 것이다. 훨씬 이전 시대이기는 하나 구약성서의 예언자인 아모스도 자신이 목자이면서 돌무화과를 가꾸는 농부라고 이야기한다.

이 텍톤은 불가타성경*의 라틴어로 번역돼 파베르faber가 된다. 여전히 장인이다. 근엄한 교황청의 언어를 속세 독일어로 번역할 때 루터가 선택한 단어는 짐메르만Zimmerman이다. 의자나 소품을 만든다기보다 방 내부를 꾸미는 목수다. 영어에 이르러서야 예수는 톱과 대패로 무장하고 나무에 속박된 직업, 카펜터carpenter를 얻는다. 이제야

• 히에로니무스가 번역한 라틴어 성경을 말한다. 가톨릭 라틴 예법에서 가장 표준적인 번역 성경으로 인정받는다.

목수가 된 것이다.

혹시 예수가 건축가architekton는 아니었을까. 그럴 가능성은 없다고 봐야 한다. 당시 건축은 왕족과 귀족이 발주한 건물을 지칭하는 단어였다. 건축가는 로마 시민이어야 했고 식민지 시골 젊은이에게 허용되지 않는 직책이었다.

문장이 이상한 예수의 일갈이 있다. 어찌하여 형제의 눈 속에 있는 티는 보고 네 눈 속에 있는 들보는 깨닫지를 못하느냐. 이 괴상한 문장을 이해하려면 나사렛 지역의 건축 특성을 살펴야 한다. 집을 지으려면 우선 채취, 가공이 쉬운 석회암으로 벽을 쌓았다. 지붕이 문제다. 강수량이 거의 없는 지역이니 경사지붕은 필요 없다. 먼저 벽 상부에 곧고 굵은 삼나무로 들보를 얹고 그 위에 직각 방향으로 잔가지들을 촘촘히 올린다. 햇빛만 막으려면 여기서 그치면 된다. 방을 제대로 만들려면 그 위에 진흙, 석회 가루, 마른풀을 섞어 개서 겹겹이 바른다. 그러면 사람이 올라가도 좋은 평평한 지붕이 완성된다. 성서에는 여기저기 다락방 anagaion, ἀνάγαιον이 등장하는데 이건 건축적 분석으로 보면 우리가 알

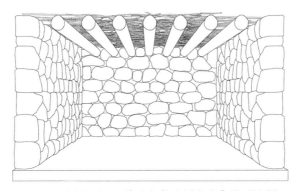

예수 시대뿐 아니라 지금까지도 기후가 건조한 지역에서 지붕을 얹는 일반적인 방법. 시선 방향으로 큰 들보(dokos)를 보내고 직각 방향으로 잔가지(karpos)를 얹는다. 여기 진흙을 발라 덮으면 사람이 올라가도 되는 옥상이 완성된다.

고 있는 아늑한 지붕 밑 공간이 아니라 그냥 옥상이라고 보는 것이 합리적이다. 성령이 쏟아졌다는 마가의 '다락방'도 사실은 '옥상'이었을 것이다.

일갈로 돌아오자. 공방 청소 중이었던 모양이다. 문장을 다시 번역하면 이렇다. 너는 어찌 네 눈앞의 들보dokos, δοκός는 놓아둔 채 형제가 잔가지karpos, κάρφος를 안 치운 걸 타박하느냐. 중풍 환자를 지붕에서 방으로 들여보냈다는 일화가 복음서 두 곳에서 다른 단어로 언급된다. 각각 잔가지를 걷었다거나 진흙을 파냈다는 의미다. 건축이 알려주는 정황 근거로 보면 잔가지를 걷어냈다는 게 더 자연스럽다.

영어 성서가 한글로 모습을 바꾸며 달라진 것이 있으매 이 목수가 아무에게나 반말이더라. 그리스어로 예수를 지칭하던 쿠리오스kurios, κύριος는 '존귀한 이'라는 번역이 어울린다. 그런데 영문으로 이 호칭은 그냥 주인lord이 되었다. 반상양천班常良賤이 지엄하던 시대여서 구한말 번역자가 주인의 존댓말을 상상하기는 어려웠겠다. 하지만 나사렛의 목수는 이와 달리 훨씬 겸허하게 말했을 것이다.

성탄절이 되면 무신론자 건축가에게도 그의 진정한 실체가 궁금하기는 하다. 그러나 인간의 무성 생식, 생명체의 사후부활을 믿지 않는 자에게 그게 중요할 정도는 아니다. 진실로 중요한 것은 목수가 죽음을 무릅쓰고 남긴 평화의 당부다. 그건 2천 년을 살아남아 한겨울에도 여전히 우리 마음을 덥히는 문장이다. 너희는 서로 사랑하라. 아니지, 여러분 서로 사랑하십시오.

성탄절은 말구유로 상징되는 즐거운 축일이다. 그런데 다른 기독교 축일인 부활절은 결이 좀 다르다. 거기에는 죽음과 생존의 서술이 묻어 있기 때문이다. 이때 상징이 되는 것은 달걀이라기보다 저 끔찍한 십자가, 즉 사형 형틀이다.

두 번째 생각
십자가의 건축적 분석

"부활이 없었다면 기독교는 역사상 가장 거대한 거짓말일 것이다."

라디오에서 들은 어느 성직자의 단언이었다. 미국 유학 시절인 오래전, 어느 부활절 아침이었다. '2024년의 금요일'이라는 달력 표기는 기독교 영향의 선명한 증명이다. 즉 2024년은 신약이, 금요일은 구약이 배경에 깔려 있다. 묶어서 성서다.

우리의 도시 풍경에도 기독교의 흔적은 충만하다. 석양이면 교회 첨탑의 십자가들이 빨갛게 떠오른다. 그런데 십자가들 아래 겨자씨만 한 믿음도 없는 건축 전공의 무신론자도 묻혀 살고 있을 것이다. 그가 십자가를 물리적 구조물로 해석하는 건 직업병일 수도 있겠다.

십자가라는 단어에는 형태가 선명하나 막상 학자들의 의견은 분분하다. '十' 모양이 아니고 'T' 형태였

서울 한복판에서 벌어진 부활절 촌극.
십자가에 사람이 매달리는 게 아니고 십자가를 사람이
메고 있다.

다는 주장, 그냥 수직 막대기였다는 의견도 있다. 신약성서의 그리스어 'stauros, σταυρός'가 굳이 십자가 형태를 지칭하지 않기 때문이다. 로마의 형벌이니 라틴어가 중요할 텐데 이후에 옮겨진 단어 'crux' 역시 구체적인 형태를 알려주지 않는다. 그런데 건축적 관점에서 보면 우리가 익숙히 알고 있는 십자가의 문제는 불안정 구조체라는 점이다.

일단 재료부터 살펴보자. 이 지방은 목재 수급이 좋지 않은 건조 기후대다. 성서에는 고급 건물의 시공 목재로 레바논 삼나무를 수입하는 이야기가 등장한다. 그러니 고난 성화에 등장하는 깔끔한 목재는 사형장에 쓰기 아까운 사치재다. 더구나 사람의 하중을 버텨야 할 구조재면 한 사람이 나를 수 있는 중량을 초과한다. 올리브나무라고 가정해서 20센티미터 각재로 대략 계산해도 200킬로그램을 넘나든다. 수평 부재만 형장까지 지고 갔으리라는 짐작도 있다. 그러나 문제는 풀리지 않는다.

십자가를 세우려면 기초를 확보해야 한다. 탁자 위의 젓가락이 그렇듯 십자가를 맨땅 위에 세워놓을 수는 없다. 고정하려면 땅을 파야 한다. 십자가는 하중상 가분수 구조체다. 무게중심이 높을수록 구조 깊이가 깊어져야 한다. 어림잡아 지상 노출 길이의 절반 정도는 지반에 묻어야 고정이 가능하다. 그 깊이면 사람이 들어갈 너비로 작업 공간을 확보하며 파나가야 한다. 그런데 십자가가 세워졌다는 골고다는 바위 지형이다. 석회암이 무르다 해도 바위다. 물론 처형장의 상설 구덩이도 짐작할 수는 있으나 십자가형은 수백 명 단위로 이뤄진 기록도 있으니 그런 구덩이가 상시 마련돼 있다고 판단하기 어렵다.

본격적인 문제는 시공이다. 못 박은 사실은 명시돼 있다. 합리적 순서는 일단 십자가를 눕혀놓고 못질하는 것이다. 그리고 확보한 구덩이에 하단부를 넣고 십자가를 세운다. 이때 십자가를 임시 고정할 가설 장치가 필요하다. 넓게 파야 했던 구덩이는 흙으로 메우려면 엄청나게 잘 다져야 하고 돌로 채우려면 필요한 돌이 너무 많다. 수직 부재가 이미 설치돼 있다고 가정해도 거기 수평 부재를 걸어 연결하기는 어렵다. 두 부재는 확실한 고정, 구조역학 전문용어로 '모멘트 컨넥션'을 이뤄야 하는데 고난도 기술이다. 더구나 매달린 사형수들은 고통으로 몸부림을 칠 테니 이 방법은 선택 가능성이 작다.

십자가라는 구조물은 집행 이후 철거해야 한다. 십자가를 눕히려면 기초를 해체해야 하니 이때 기초는 연약해야 하는 모순에 빠진다. 십자가를 세워두고 사다리로 예수를 내리는 성화가 많다. 그러나 허공에서 못을 빼고 인체 무게를 부담하는 공정은 건축적으로는 난공사다. 역학, 시공 지식보다 신앙, 열정이 앞선 화가들은 물리적 현실을 초월하곤 했다. 그 신심에 따라 십자가는 길고 높아졌다.

건축적 상상력으로 처형자 입장에서 형태를 재구성하면 '十'보다 'X'가 훨씬 합리적이다. 우선 역학적 안정 구조이므로 얇고 굽은 목재로도 충분히 만들 수 있다. 별도의 기초, 가설 공사도 필요 없다. 문제는 지게처럼 뒤를 받치는 부재가 하나 더 필요하다는 것이다. 이 부재면 한 사람이 지고 갈 만한 크기와 무게가 된다. 예수가 지고 간 것은 바로 이 부재가 아니었을까.

1968년 예수 시대의 유대인 유골 무덤에서 대못 박힌 발뼈 조각이 발견되었다. 어느 쪽 발뼈인지 이견이 있으나 못이 복숭아뼈 뒤를 관통한 상태다. 레오나르도 다빈치의 인체 비례도 모습처럼 다리를 벌리면 가능해지

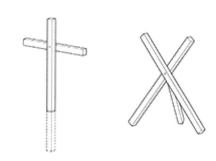

우리가 알고 있는 왼쪽의 십자가는 적어도 빗금 깊이를 땅에 묻어야 하는데 골고다 언덕은 암반 지형이었다. 오른쪽 십자가는 뒤에 배경 막대기 하나만 있으면 암반 지형에 쉽게 설치된다.

는 자세겠다. 상상만 해도 끔찍하고 치욕적 모습이다. 그러기에 처형 장치로는 더 적합했을 것이다. 베드로는 십자가에 거꾸로 매달리는 처형을 자원했다는데 'X' 모양이었다면 이해가 쉽다.

　그런데 왜 십자가는 'X'가 아닌 '十' 모양으로 알려졌을까. 우선 기독교 전파로 부활의 상징이 필요했는데 그게 텅 빈 무덤이기는 어려웠다. 초기 기독교인들은 그들의 메시아가 갑옷의 전사가 아니고 무력하게 처형된 죄수였다는 걸 설명하는데 곤혹스러워하곤 했다. 그래서 그들은 덜 치욕적이고 상대적으로 우아한 '十' 모양을 선택한 것은 아니었을까. 십자가는 고난의 표현이되 굳이 수모의 재현일 필요는 없었을 것이다.

　인간이 만든 가장 큰 십자가는 건물이다. 기독교 공인 이후 직사각형 평면의 로마 공화당인 바실리카에서 시작한 교회는 중세를 지나며 점점 십자가 평면으로 변모해 갔다. 부활이 없었다면 건축사도 죄 달라졌을 것이다. 그런데 건축 전공 무신론자 입장에서도 'X'가 아닌 '十' 모양의 십자가가 다행스럽기는 하다. 도시 야경 곳곳에 빨간 'X'가 떠 있다고 상상해 보자. 섬뜩하지 않은가. 이제 우리 도시 풍경을 좀 보자.

세 번째 생각
삼엽충의 도시 풍경

"우와, 아파트 진짜 많다!" 산 정상에 오르면 들리는 감탄사다. 그런데 그 느낌표 뒤에 대개 비난이 이어진다. 다 꿰짝 같다. 획일적인 몰골에 대한 지탄이 넘치고 반성이 무르익자 아파트 입면 특화사업이라는 게 벌어졌다. 옥상에 이상한 장식물을 올려놓고 벽에 공연히 띠를 둘렀다. '좋은 디자인은 첨가와 장식으로 얻는 게 아니다'라는 기본 원칙은 들어본 적이 없다는 도시 풍경이 만들어졌다. 그래서 아파트는 미술 장식의 대상이었고 도시가 유치원 앞마당이 돼 버린 것이다.

비행기에서 내려다보이는 풍경. 아파트와 골프장이 뒤덮고 있다.

좀 더 높은 곳에 올라가 보자. 제주도에서 탄 비행기가 수도권에 이르면 저 아래 말린 해삼 뭉치 같은 것들이 보이기 시작한다. "우와, 골프장 진짜 많다!" 골프는 한량 사치 풍류가 아니라 대중 일상 도락道 樂에 가까워졌다 하니 더 이상 시빗거리는 아니다. 사실 골프장은 대개 산속에 숨어 있으므로 경관이라는 점에서 비난거리도 아니다. 그런데 골프의 문제는 골프장이 아니라 골프 연습장에 있다.

골프는 변수 많은 자연 속의 귀족 놀이였던지라 규정은 복잡하고 예법은 엄정하다. 그래서 해삼 뭉치 골프장에 가기 전에 공부가 필요하고 연습이 요구된다. 연습장은 도시에 가까워야 좋겠으나 땅값과 소음 분쟁으로 적당히 외곽에 물러나 있어야 한다. 일본에서 수입한 것이 사람 위에 사람 있고 사람 아래 사람 있는 그물망 골프 연습장이다. 그런데 골프채는 해마다 진화한다는데 골프 연습장은 우리 시대의 삼엽충 인지 여전히 무심하고 끔찍한 모습이다. 골프 연습장은 수입된 이후로 구조물로서의 진화는 이뤄지지 않았다. 구조역학적으로 가장 무신경하되 직관적인 모습으로 지어지는 것이다. 그리고 그 크고도 흉측한 덩치를 도시 여기저기에 밀어 넣는 게 문제다. 좋은 구조물은 재료 사용과 시공 합리성이라는 장점이 있어야 하고 그 결과물을 표현하는 단어는 우아하다는 것이다. 그러나 우리 주변의 골프 연습장은 끔찍하게 무신경한 모습이다. 그러나 결국 사적 자본을 들여 짓는 물건이니 공공에서 개입하는 데에는 한계가 있다.

비행기에서 보았던 것 중에 해삼 뭉치나 삼엽충보다 더 괴상한 것이 있다. 꼭 필요한 것이나 가까이할 생각이 전혀 없는 그건 송전 철탑이다. 종종 극단적 갈등을 야기하는 기피 구조물이니 산간 지역에 우회해서 설치된다. 그래서 본의 아니게 산천과 풍광이 좋은 곳을 종횡무진 누벼야 하는 모순의 주인공이다. 이 물건은 외관이라는 점에서 골프 연습장을 뛰어넘는 흉물로 지적되고 있다. 이건 미국의 첫 디자인으로부터 백 년 정도의 시간이 지났다. 그런데 이 물건 역시 진화가 거의 없다는 점에서 특이하다. 우리 시대의 삼엽충이라고 해야겠다. 전 세계적으로 거의 동일한 형태라는 게 더 특이하다.

송전 철탑에 관한 성토 역시 범 세계적이다. 그래서 기둥형 철탑이 세워졌고 사람 모양, 동물 모양 철탑을 대안으로 내세운 나라도 있다. 국토가 동물원이거나 희극장으로 변한 사례다. 송전 철탑은 도시 구조물이다. 이들은 조각품이나 평면 조형물과 다르게 구조역학의 지배를 많이 받는다. 여기에 필요한 것은 꽃과 나비의 장식이 아니고 엄정한 구조적 논리다. 재료를 덜 쓰고 더 쉽게 세우고 더 빠르게 세울 수 있는

희극적이라고 해야 할 교량의 모습들.
구조물이 다리를 받치는 것이 아니고 다리가 구조물을 받치고 있다.

구조물이 필요한 것이다.

도시 구조물에 대한 비난이 접수되면 엔지니어들은 자신들이 미적 감각 부족한 공학도일 뿐이라며 겸손하게 미술 전공 디자이너들을 초대하고는 한다. 그러나 디자이너들은 대개 구조역학 교육을 받지 못한 게 문제다. 그래서 우리의 도시 구조물은 방치나 장식의 양극단으로 치달았다. 경향 각지에 나비, 고추, 사과, 두루미를 매단 육교나 가로등, 심지어 보가 세워졌다. 왜 필요한지 알 수 없는 곳에 논리적 근거도 없는 형태의 현수교와 사장교가 랜드마크라며 세워졌다. 무지개를 형상화했다는 다리는 여고 동창회장 명품 가방처럼 도시마다 하나씩 구비하고 있는 듯하다. 청계천은 '보행교들의 동물원'이냐는 외국인 학자의 지적도 있었다. 이런 구조물은 구조역학, 디자인을 함께 공부하는 사람들이 딱 개입하기 좋은 영역이다. 그 교집합에 건축이 나온다.

송전 철탑을 비롯한 구조물들의 문제는 좋은 디자인을 얻고자 하는 의도가 아니고 '철학의 부재'다. 최적의 구조물을 찾는 것이 아니고 멋있어 보이는 결과물을 만들려는 의도 때문이다. 디자인은 문제를 규정하고 해결의 형태를 찾아 나가는 과정이다. 규정된 문제를 푸는 것은 변수를 정리해 나가는 과정인데 거기 미적 감수성이 개입한다. 전체 과정에서 일관되게 필요한 것은 창의력이다. 도시 구조물은 조각 작품이나 평면 조형물과 달라서 더 가볍거나 더 튼튼하거나 더 쉽게 세울 수 있어야 한다는 논리가 진화의 기본 조

4대강 사업 때 조성된 이포보.
이천 부근이어서 쌀과 백로를 형상화했다는데 여기서
필요한 건 그런 이상한 상징과 형상화가 아니다.

뺄 것도 더할 것도 하나 없이 간결하고 우아한 사장교.
엔지니어의 가치는 최소한의 부재와 재료를 사용해서 얼마나 넓은 공간을 연결했느냐는 것이다.

건이다. 좋은 도시 구조물은 장식으로 덮인 것이 아니고 엄정한 구조적 논리를 형태로 표현한 것이다. 그래서 그 결과물을 표현하는 찬사의 단어는 예쁘다가 아니고 우아하다는 것이다.

나는 인간이 만든 최고의 구조물로 비행기를 꼽는다. 극단적인 조건에 대한 극단적인 논리가 만든 이 구조물은 볼 때마다 전율이 인다. 비행기 모습이 다양한 것은 문제를 규명하는 방법에 따라 최적의 형태가 달라지기 때문이다. 여전히 이들이 다 아름답고 우아한 것은 최적값에 근접한 결과물이기 때문이다. 여기 주관적 감수성이나 자의적 취향의 장식이 덧붙을 자리는 없다. 이것이 도시 구조물 디자인의 가장 중요한 교훈이고 공유하는 철학이다. 도시 구조물은 그걸 세운 시대와 사회의 가치관과 창조적 상상력 그리고 엔지니어링 능력 통합의 물적 체현이고 도시 속 공개 증언이다. 구조적 논리가 없는 짝퉁 구조체를 장식으로 붙인 구조물들은 우리 시대가 우리 도시에 남기는 모독적 자화상이다. 도시가 공공의 영역이므로 도시 구조물을 디자인하는 작업은 공공작업이다.

네 번째 생각
공공건축가와 공공작업

솔로몬의 판결. 지혜로운 판결을 지칭할 때 가장 많이 거론되는 일화다. 다른 질문을 해 보자. 솔로몬은 왜 판결했을까. 그는 판사가 아니고 왕이었다. 고대 유대인들의 사회에서 사법권은 독립돼 있지 않았다는 이야기다. 솔로몬은 왕이었지만 판사의 직책을 맡았다. 우리의 사또가 "네 죄를 네가 알렸다!"면서 일갈하는 것과 같다. 유럽에서 판사라는 직업이 등장한 것은 11, 12세기였다. 교회가 로마법 체계를 받아들이기 시작한 시점이다. 구두닦이라는 직업이 분화한 것처럼 여러 직업은 다 사회적 변모 과정을 거친다.

건축가architekton, αρχιτέκτον라는 단어가 처음 등장하는 문서는 고대 그리스 시대 헤로도토스의 『역사』다. 이것은 직업이 아니고 직책을 가리키는 단어였다. 건축가가 해야 할 일은 대대적 토건 사업이었는데 이런 일은 건축가가 직업으로 정착될 만큼 흔하지 않았다. 이때 건축가들이 행하던 사업은 모두 공공영역의 작업이었다. 직책으로서의 건축가는 고딕 시대, 르네상스 시대에도 이어진다.

직업으로서 건축가가 등장한 것은 17세기 에콜 드 보자르Ecole des Beaux-Arts에 의한 교육을 배경으로 하고 있다. 건축가들은 사적 영역의 작업을 시작했다. 이후 건축가는 건물을 설계하는 직업 혹은 그런 직업을 가진 사람을 칭하게 되었다. 오늘 우리가 알고 있는 그 건축가의 모습이다.

직업이라는 단어를 단순하게 풀면 밥벌이다. 먹고살기 위해 행하는 '고단한 수고'라는 의미가 있다. 여기 해당하는 영어 단어가 'job'이다. 그러나 이 단어의 다른 의미는 사회구성원으로서 개인의 역할이다. 이때의 단어는 'occupation'이다. 직업이 밥벌이인지 사회 참여 방식인지를 결정하는 것은 그 직업으로 살아가고 있는 본인이다.

건축가가 직업의 한 종류라면 그것은 지겨운 밥벌이를 가리킬 수도 있고, 사회를 구성하는 주체를 가리킬 수도 있다. 그가 건축가가 아니라 의사이건 교사이건 치킨점 주인이건 그 선택은 개인의 몫이다. 그것은 스스로 가치를 판단하는 방식이기도 하다. 수고로운 짐을 지고 하루하루를 연명하는 주체인지 사회에 대한 관심과 실천의 제대로 된 주체인지.

연명의 주체라면 그 직업은 철저히 사적인 것이고 그를 실천하는 방법에서 요구되는 도덕성은 최소한에 머문다. 그러나 사회구성원으로서의 직업을 선택한다면 그 가치는 사회적 가치의 실천에 있다. 건축가가 사적 직업을 갖고 있다 하더라도 직책이었던 시절의 공공성이 부각된다.

공공이라는 단어는 몇 개의 개념이 합집합과 교집합으로 섞여 있다. 첫 번째 개념은 열려 있다open는 것이다. 누구에게나 적용 가능하다는 의미다. 두 번째 개념은 일반적common이라는 것이다. 평등에 가까운 단어이지만 그처럼 일사불란한 동질성을 전제로 하지는 않는다. 열려 있는 그 공간에 들어선 모든 구성원에게 보편타당하게 가치가 적용된다는 것이다.

세 번째 개념이 가장 문제다. 라틴어의 공적 영역인 'publicus'는 유럽에서 16세기에 들어서 'privatus'와 대비되는 개념으로 분화, 정착된다. 그리고 18세기 공공은 사적 개인들이 집합으로 변화해 간다. 국가나 기관과의 고리가 약해지는 것이다.

문제는 이 단어 'public'이 일본에 의해 '공공'으로 번역되면서 동아시아 특유의 색채를 지닌 단어가 됐다는 점이다. 정부 기관이 바로 공공으로 지칭되고 치환되는 개념이 된 것이다. 공공기관·공공방송·공공기금 등은 모두 국가 혹은 정부 기관을 전제로 한 단어들이다.

서울시에서 공공건축가라는 제도를 운용하고 있다. 공공건축가라는 단어는 기계적 판단으로만 보면 내적 모순을 지니고 있다. 사적 직업의 앞에 공적 가치를 전제하고 있기 때문이다. 그럼에도 이 단어가 존재하는 근거는 직책으로서의 건축가는 공공영역에서 작동하는 단어였기 때문이다. 그렇다면 이 단어에서 풀어야 할 문제는 직업의 판단이다. 이 공공건축가의 '건축가'라는 직업 지칭 명사가 지겨운 밥벌이를 의미하는지 혹은 사회구성원의 가치를 의미하는지. '공공'이라는 단어가 없는 건축가로서 그의 일상은 지난한 밥벌이를 칭할 수 있다. 그러나 '공공'이 붙는 순간, 그 직책은 사회에 대한 관심과 책임을 짊어지겠다는 의지를 표명하는 것이다.

고대 그리스 시대의 그 건축가들이 어찌 먹고살았는지에 관한 기록은 없다. 남은 것은 그들의 이름과, 그들이 만들어놓은 물리적 결과물들이다. 그 이름들은 저 두툼한 책 『역사』의 한 문장에 잠시 등장할 따름이다. 그러나 2천5백 년 뒤 지구 반대편의 누군가는 그 이름에 밑줄을 긋는다. 그것은 그 이름과 그가 남긴 작업에 대한 조용한 찬사일 것이다. 그 작업이 계속 쌓여 도시가 이뤄진다.

다섯 번째 생각
죽은 건축가를 위한 변론

제3제국의 건축가 히틀러. 이 문구가 옳은지 확인하려고 히틀러의 인생을 다시 들여다볼 필요는 없다. 히틀러는 건축가가 되겠다고 비엔나 미술학교에 입학했으나 결국 건축가라는 단어로 지칭되는 직업을 갖지는 않았다.

히틀러의 건축가. 인류가 축적한 건축가 명단을 오명 순으로 배열하면 가장 앞자리를 다툴 이름. 알베르트 슈페어Albert Speer, 1905-1981. 뉘른베르크 전범 재판정에 섰던 인물이다. 나치 전당대회 스타디움을 설계했고 히틀러의 영광을 과시하는 제3제국 수도 게르마니아의 계획자였다.

이전에 빵과 서커스의 제국이 있었다. 로마 공화정이 제정으로 바뀌며 시민들이 정치에 무관심해지게 되었다. 황제는 그런 시민들에게 때맞춰 곡물과 올리브기름, 돼지고기를 안겨줬다. 시민들은 배불리 먹고 공중목욕탕에서 오일마사지를 받으며 행복하게 살았다. 그런데 시민들이 돼지가 아니기에 심심치 않을 대상과 도구도 필요했다. 크고 화려하고 웅장한 극장과 경기장들이 제국 곳곳에 건립되었다. 시민들은 과연 전차 경주와 검투사 결투에 열광했다. 십자가에서 처형된 자가 부활했다고 믿는 신도들을 여기서 처형하기도 했다.

휘청거리는 역사 사례는 차고 넘친다. 로마를 멸망시켰다는 오랑캐들이 로마를 자처했다. 심지어 처형당했던 신도들의 종교를 간판에 걸었다. 신성 로마 제국이었다. 신성하지도 않고 로마도 아니고 제국도 아니라고 볼테르가 조롱한 그 제국이다. 히틀러가 세 번째 로마를 내걸었다. 빵이 부족했기에 열광할 서커스가 더 중요했다. 슈페어는 더 크고 화려하고 웅장한 로마를 설계했다. 신전 같은 건물로 총통을 신격화했다. 스타디움을 가득 메운 인파들의 모습이 담긴 영상을 지금 보면 광기지만 당시에는 열기였다.

역사가 증명하노니 건축은 권력자의 집권 정당성을 과시하는 수단이기도 했다. 대한민국이 거기 빠지지 않는다. 과시가 더욱 절박했던 건 절치부심의 북쪽 경쟁자 때문이었다. 평양에 김일성 광장, 인민문화궁전이 건립되었다는 소식은 서울에 5·16 광장, 세종문화회관을 만들게 했다. 더 크고, 화려하고, 웅장하게 만들어라. 건축가는 도면을 그려라.

대통령 직선제와 서울 올림픽 이후에야 과시 경쟁이 종식되었다. 우리의 경기장이 굳이 평양 5·1 경기장보다 커야 한다는 강박관념에서도 벗어났다. 더 이상 북쪽은 남쪽의 경쟁 상대가 되지 않는다고 국제사회로부터 암묵적인 인정을 받았다.

그러나 그 이전 시대에 지었던 과시적 화려함의 건물 이면에 더욱 어두운 음지로 파고들어야 할 건물들도 지어졌다. '체제를 위협하는 빨갱이들을 잡아내는 것'도 중요한 사업이니 이 역시 건물들이 필요했다. 지금 가장 널리 알려진 것이 남영동 대공분실이다. 올림픽 주경기장의 건축가는 김수근이었다. 그는 올림픽 개막식을 보지 못하고 세상을 떴다. 그런데 그의 사후 6개월이 지났을 무렵 나라를 뒤흔든 끔찍한 부고가 보도되었다. 권력이 고문으로 학생을 죽였다. 남영동 대공분실에서.

남영동 대공분실의 모습.
맨 위 두 층은 증축되었다.

　　우리의 역사책은 학살과 고문의 흔적으로 여기저기가 얼룩져 있다. 국민이 권력 주체가 아니라 통치 대상이던 시절이다. 마녀인지 빨갱이인지 모조리 잡아야 하던 시절. 휘청거리는 역사의 가장 뜨거운 현장이 바로 이 나라다. 내란음모의 사형수가 결국 대통령으로 선출된 국가다. 이후에야 정부는 학살과 고문을 사과했다. 남영동 대공분실도 민주인권기념관으로 바뀌었다.

　　그런데 이제 그 건물의 건축가가 광장에 세워졌다. 고문의 적극적인 동조자로 낙인찍힌 채. 그가 또 김수근이다. 건축가에게 던지는 돌멩이는 이렇다.

　　"어두운 복도, 탈출이 불가한 창문, 욕조. 모두 건축가의 설계다. 여기서 고문이 자행되었다. 건축가는 효과적 고문을 위해 온갖 건축적 장치를 만들었다. 그래서 그는 고문의 적극적 동조자다."

이 복도의 방들이 고문실로 사용되었다. 그러나 설계 단계에서 이 공간을 고문장으로 쓸 테니 거기 걸맞게 설계해달라고 건축가에게 요구했을 개연성은 대단히 낮다.

양지의 경쟁이 뜨겁고 절박해질수록 음지의 작업이 은밀하되 분주해진다. 은밀한 작업의 시설도 필요하다. 예나 지금이나 국가 보안시설은 건축가에게 최소한의 정보만 제공하고 도면을 요구한다. 그 건물에서 어떤 작업이 이뤄지고 각 방을 어떻게 사용하는지 거의 알려주지 않는다. 설계한 이들에게 도면을 남겨주지도 않는다. 건물이 도면대로 시공됐는지 확인할 길도 없다. 건축가 작품 연보에도 못 넣는다.

고문이 대한민국 역사에서 합법이었던 적이 없다. 보안시설 설계의 경험이 조금만 있다면 정부 기관이 건축가에게 고문의 밀실을 요구하고 건축가가 적극 호응했다는 데에 동의하기 어렵다. 남영동 대공분실도 분명 도면을 놓고 시공하기는 했을 것이다. 그러나 건축가가 어두운 복도로 공포심 유발하고, 좁은 창문으로 탈출 막고, 효과적 고문을 도우려 욕조 설치했다는 건 상상이 그려낸 마귀의 형상이다.

'너는 서울대생이다. 서울대는 빨갱이 집합소다. 그래서 너는 빨갱

회전 계단은 좁은 공간에 계단을 넣어야 할 때 흔히 쓰인다. 이 평면도 잘 들여다보면 회전 계단이 들어갈 수밖에 없다. 그러나 이것이 층을 헷갈리게 하고 공포심을 유발하려는 의도의 설계였다는 주장은 상상의 추론이다.

이가 틀림없다.' '너는 건물을 설계했다. 그 건물에서 민주 투사들을 고문했다. 따라서 너도 고문자다.' 두 논법은 과연 얼마나 다른가. 신성 로마 제국은 마녀 사냥터였다. 고문하여 자백을 받아내고 광장에서 처형했다. 협조와 부역, 자선과 위선, 단죄와 보복 사이의 경계는 여전히 모호하다. 신성하지도 않고 로마도 아니고 제국도 아닌 이 나라를 지금 채우고 있는 매캐한 기운이 광기인지 열기인지 모를 일이다. 광장에 세워진 건축가는 무슨 죄를 지은 걸까.

피라미드의 건축가

이오 밍 페이I. M. Pei, 1917-2019가 102세의 천수로 세상을 떠났다. 그는 중국계 미국인 건축가다. 좀 더 자세히 설명하면 미국 모더니즘을 대표하는 건축가다. 서양 문화계의 정상에 오른 가장 독보적 아시아계 인물. 일본인 지휘자 오자와 세이지 정도가 간신히 비교되겠다. 그러나 영향력에서는 페이가 한 수 위다. 미국 워싱턴의 핵심 위치에 국립미술관을 설계한 건축가다. 그리고 루브르박물관의 유리 피라미드.

이 대목에서 많은 이가 고개를 끄덕일 것이다. 아하, 그 건축가. 지금은 루브르박물관의 고유 풍경이 된 그 피라미드. 그런데 도대체 그 간단한 구조체 설계한 게 뭐 그리 대단할까. 그 정도 생각은 특별히 대단할 것도 없을 것인데. 간단히 쓱쓱 그리면 될 수준의 일을 갖고 뭘 그리 대단한 척 이야기를 할까. 이렇게 짐작하는 것이 바로 건축에 대한 오해의 시작점이다.

'빙산의 일각'이라는 표현이 있다. 루브르의 피라미드가 바로 그 상투적 표현에 가장 잘 맞는 비유가 될 것이다. 그 피라미드의 아래 설계부터 꼭 10년이 걸린 사업, 좀 더 풀어 이야기하면 8백 년 전부터 시작된 사업의 현재 진행형 모습이 묻혀 있는 것이다.

유리 피라미드로 알려진 페이의 루브르박물관.
신축된 부분은 거의 땅속에 묻혀 기존 건물의 외관이 고스란히 보존되어 있다. 건축가는 방치되었던 이 공간을
동선의 중심으로 변환시키고 지하 진입구로 저 멋진 구조물을 만들어 화룡점정을 찍었다. ©임우진

왕궁 루브르는 프랑스 혁명 이후 박물관이 되었다. 집권 군주의 요
구에 따라 적당히 증축된 건물군이 박물관으로 제대로 작동할 리가 없
었다. 미테랑 전 프랑스 대통령이 건축가를 낙점했다. 페이는 처음에는
고사했으나 결국 대통령의 요청에 작업을 수락했다.

프랑스 혁명 이후 졸지에 박물관, 정부 청사로 용도가 바뀐 왕궁
은 현대적 개념의 박물관으로는 전혀 작동하지 않고 있었다. 'ㄷ'자 모
양으로 늘어선 건물의 내부 동선을 정리하는 것이 이 사업의 기능적 요
구였다. 그런데 건축가의 요구에 좀 당황스러운 것이 있었다. 'ㄷ'자 건
물의 한쪽 날개를 사용하는 재무부를 내보내 줄 것. 대통령은 건축가의
요구를 수용했다. 마당의 지하 개발을 위해 1년에 걸친 발굴 조사가 있
었다. 건축가는 주차장이던 중앙부의 나폴레옹 코트를 비워 지하를 박
물관 동선의 공간으로 바꾸었다. 유리 피라미드가 박물관의 새 입구였

다. 공간적·역학적·역사적으로 해석할 때 대안이 없을 만큼 탁월한 디자인이었다. 위대한 디자인은 항상 가장 간단하다.

언제 어디든 반대의 구실은 돌멩이처럼 널렸다. 논쟁이 점화되었다. 루브르가 디즈니랜드냐는 비난부터 그걸 어찌 닦겠느냐는 시비까지. 비난에 건축가도 대통령도 꿈쩍하지 않았다. 가장 투명한 구조물을 만들겠다는 건축가의 의지에 따라 유리 제조업체 생고뱅Saint-Gobain은 저철분 유리라는 전대미문의 투명한 유리를 납품했다. 청소가 필요해짐에 따라 유리 청소 로봇이 등장했다.

우리도 그런 랜드마크 만들자. 이 화두로 고민하는 것이 대한민국의 지자체장들이다. 페이를 초청한다고 쳐보자. 그런데 수의계약이 불가능하다. 우리 대통령이 외국인 건축가를 지명한다면 그 의도만으로도 야당 손에 청룡언월도를 쥐여주는 것이다. 사실 이건 오히려 프랑스가 이상한 사례였다. 페이도 공공작업에서는 공모 과정을 거쳐야 한다.

공모전 이후에야 대한민국이 제대로 보인다. 당선자의 권리는 설계권이 아니고 용역 계약의 우선협상권이다. 당선됐어도 요구에 응하지 않으면 다음 순위로 계약 대상이 넘어간다. 설계비는 공모 시에 공고되나 막상 계약하려면 저 이름부터 괴상한 과정, 수의시담隨意示談*을 거친다. 공고한 액수를 일방적으로 깎는다. 국토교통부 지침으로 만류하기 시작했어도 여전히 수의시담은 공무원의 예산 절감 실적이다.

계약은 쌍방 의무 규정이므로 계약과 함께 계약금이 지급되어야 한다. 그러나 정부 발주 용역에는 계약금이 없다. 작업 완료 전 작업비 일부를 받으면 이건 선급금이다. 10원 단위까지 맞춘 영수증 첨부해서 사용 증빙을 보고해야 한다.

· 당사자들끼리 가격을 협의해 계약을 진행하는 것을 말한다. 수의계약을 체결하기 위해서 계약금이나 업무의 범위를 조정하는 과정을 의미한다.

발주처가 대지를 바꿔도 대꾸 말고 당선작 디자인을 버리고 재설계해야 한다. 계약, 착수, 완료, 청구 때마다 작성해 바쳐야 할 것으로 각서, 보증서, 증권, 계획서, 조서 등이 망라된다. 계약하면 착수 보고, 중간 보고, 최종 보고 외에 각종 심의, 자문회의 거쳐야 한다. 자문위원이 유리 청소법으로 시비를 걸면 당선작 디자인을 바꿔야 한다. 페이는 이런 조건들에 동의하고 계약서에 서명할 것인가.

일정 시공비 이상이면 공사에 조달청 등록 관급자재를 써야 한다. 저철분 유리라는 새 재료가 이 목록에 들어가 있을 리 없다. 길은 있지만 분명 멀고 험하니 가보지 않은 길은 가지 않는 게 가장 좋다. 이런 난맥상을 파고 들어가면 결국 대한민국 사회 전체를 어둡게 포박하고 있는 거대한 실체를 대면하게 된다. 불신.

대한민국은 왕조 청산이 아닌 왕조 회고를 뿌리에 감고 작동한다. 왕조의 근간은 백성에 대한 의심과 통제다. 식민 시절까지 겹친 불신의 시스템이 청산 아닌 강화로 공무원들을 틀어쥐고 조종한다. 누가 왜 정했는지 알 수 없는 불신의 행동강령을 펴고, 생존에 유리한 문구를 짚고, 선행 사례를 요구한다. 그래야 공무원도 감사에서 살아남는다. 결국 누구라도 그 안에서는 복지부동伏地不動 해야 한다. 모순을 자각하지 않는다면 절망스럽고, 수정할 의지마저 없다면 위험한 사회다.

건축은 엄청난 자원, 인원의 투입 작업이다. 그 진행 과정은 연루된 사회의 민낯을 가감 없이 드러낸다. 그래서 건축은 시대의 거울이고 공간으로 번역된 시대정신이다. 역사가 발전한다면 가장 합리적인 계측 도구는 사회구성원들의 신뢰도다. 불신으로 시간과 능력이 소진되는 사회에서 역사적 가치의 건축 논의는 비아냥 대상이고 랜드마크 열망은 허밍한 데마피크를 배회할 따름이다.

프랑스인들 역시 루브르를 만드는 과정이 순탄치 않았다. 그러나 그 과정에서 중요한 것은 상대방에 대한 신뢰 구조의 형성 여부다. 루브르박물관은 완성된 것이 아니고 이 시대의 조건에 맞게 고쳤을 따름이다. 피라미드는 루브르의 완성이 아니고 이 시대의 추가 사업이었다. 루브르는 현재 진행형 건물이다. 그래서 중요한 것은 어떤 사회냐보다 어떤 사회로 움직여나가느냐는 것이다. 그 변화를 보여 주는 잣대의 하나가 건축이다.

루브르는 다음 세대의 건축가에 의해 또 바뀔 것이다. 그것이 건축에 대한 역사의 개입이고 역사에 대한 건축의 증언이다. 루브르의 투명한 유리 피라미드 아래 묻혀 있는 것은 미술품이 아니고 사회 퇴적층이다. 루브르 유리 피라미드 너머로 그 아래로 보이는 것은 건물, 미술품이 아니고 그 사회다. 그들이 지닌 신념과 신뢰의 구도다. 그래서 건축은 시대의 거울이고 공간으로 번역된 시대정신이다.

레지스탕스 출신의 좌파 공화주의자 대통령은 그가 선택한 건축가에게 프랑스 최고 영예, 레지옹 도뇌르 훈장을 수여했다. 수여식 거행할 곳은 이미 마련돼 있었다, 유리 피라미드.

일곱 번째 생각
프리츠커상의 질타

이소자키 아라타磯﨑新, 1931-2022. 일본인 건축가다. 2019년 프리츠커상 수상자. 상투적인 표현으로 건축계의 노벨상이다. 지명도로 보아 그가 41회 수상자가 되는데 이견을 달기 어렵다. 일본 수상자가 모두 8명이 되었다. 가장 객관적인 잣대로 일본은 세계 최고의 건축 강국으로 인정받은 것이다. 이곳은 한국이기에 여기 항상 묻어오는 불편한 문장이 하나 있다. 한국 건축가는 없다더라. 이것은 서술이 아니고 힐난이다. 도대체 너희는 뭐가 잘못된 거니. 옆집 애들은 우등상도 척척 타온다는데.

좀 더 비교해 보자. 건축의 0대 8은 오히려 덜 부끄럽다. 노벨상은 1대 24다. 그런데 평창올림픽 금메달 수는 5대 4였다. 과연 뭐가 잘못된 걸까. 프리츠커상은 건축가의 계획안을 평가하지 않는다. 이뤄진 건물을 보고 판단한다. 도면이 아니고 성취를 보는 것이다. 그래서 건축가가 대표로 수상하지만 결국 그 과정에 관여한 사회의 가치를 칭찬하는 것이다. 노벨상도 배경에 사회가 있다. 잘못을 찾으려면 건물이 지어지는 과정을 좀 들여다봐야 한다.

건물은 건축주가 제시하는 일정과 예산은 물론 용도와 대지 조건

안에서 시작한다. 건축가는 이를 만족시키는 창조적 대안을 제시해야한다. 그 계획이 건물로 도시에 구현되는 것은 사회적 과정이다. 인허가를 포함하고 설계 단계보다 훨씬 많은 인원의 시공자가 개입한다. 모두집합적으로 역할을 다해주지 않으면 제대로 된 건물은 만들어지지 않는다.

목숨 걸린 사안이었던 듯 삼수해서 유치해 5대 4의 쾌거를 이룬평창올림픽 현장으로 가보자. 개막식장, 각종 경기장 그리고 한국 홍보 공간인 코리아하우스도 지었다. 코리아하우스를 짓는 데에 발주처가 내건 문장은 "전 세계인들이 모이는 축제의 장인 올림픽에서 한국적이면서도 세계인들에게 어필할 수 있는 디자인을 개발하여 평창동계올림픽과 패럴림픽 기간 코리아하우스가 대한민국을 대표하는 랜드마크로 자리매김할 수 있도록 함."이었다. 철학과 역사의식, 세계관은 없고피해의식, 과시욕, 승리욕만 담긴 문장이라고 아쉬워할 일이 아니다. 더황당한 사건이 있기 때문이다.

다중 이용 건물이면 설계, 시공, 운영 점검의 과정이 필요하다. 그런데 이 랜드마크를 설계할 건축가가 결정된 것은 개막이 넉 달도 남지않은 시점이었다. 내 경험으로 주택 설계만 해도 반년이면 일정이 빠듯하다. 그런데 설계 착수 후 15일 안에 3개의 계획안을 제출해 승인받고45일 안에 설계를 마무리해 세계인에게 '어필'하고 대한민국 대표 '랜드마크'를 만들어야 하는 게 과업 조건이었다.

게다가 랜드마크 설계할 건축가의 선정 방식은 설계비 입찰이었다. 올림픽 대표선수를 추첨으로 뽑는 나라도 있더라. 낙찰받은 인근 지역의 건축가가 어떤 초인적 능력으로 과업 조건이었던 심의와 지질 조사, 모형 제작까지 다 거치고 만들어 작업을 완수했는지는 모를 일이다.

랜드마크를 주문하는 공공기관은 많다. 그러나 그들의 공사 예산은 프리츠커상을 받는 국가의 절반을 넘지 않고 책정하는 건축설계비는 그 공사비 대비 다시 절반이다. 창의력에 투자하는 금액이 4분의 1 이하다. 서울과 도쿄의 물가 수준은 거의 1대 1이므로 건축가의 생존 대안은 설계 기간을 4분의 1 이하로 줄이는 것이다. 훈련 기간은 4분의 1이 안 되지만 금메달은 따 와라.

오가와 게이기치小川敬吉, 1882-1950. 조선총독부 하급 공무원이었다. 고려 시대 이후 한반도에 있었던 공사 감독자로는 처음으로 남겨진 이름이다. 그는 평창올림픽 개최 7백 년 전 고려 말에 지어진 어떤 건물의 수리보수 작업의 책임자였다. 이 건물은 조선 시대 5번의 수리와 단청 작업을 거쳤다. 그러나 조선은 그 장인 중 단 한 명도 호명하고 기록하지 않은 사회였다. 이에 비해 식민지의 시골 사찰 보수공사 책임자의 이름도 기억하는 사회가 프리츠커상, 노벨상을 받는 나라가 되었다. 그가 수리 책임자로서 넉 달이 아니라 4년 걸려 최대한 창건 상태에 가깝게 되돌려 놓은 건물이 대한민국 국보 49호다. 수덕사 대웅전.

일본 에도 시대 장인들은 수준이 인정되면 무사들처럼 칼을 찰 수 있었다. 섬뜩하다. 제대로 일을 마치지 못하면 칼 앞에 목숨을 내놓으라는 이야기다. 요구는 간단하다. 목숨을 길어라. 그런 장인들이 지금도 건물을 시공하고 연구실에

수덕사 대웅전 개보수 공사 감독이었던 오가와 게이기치 자묘전 안내서. 그는 조선 시대에 덧붙여진 걸 들어내고 최대한 고려 시대의 원상을 찾는다는 원칙으로 작업을 진행했다.

우리 역사 최고의 전통 건축물 중 하나인 수덕사 대웅전.

1937년 개보수 직전의 수덕사 대웅전.
이때 1308년이라는 건물 건립 연대를 밝혀주는 묵서(墨書)가 발견되었다.
지붕 왼쪽의 풍판은 조선 시대에 덧댄 것이다.

서 실험한다. 우리의 랜드마크는 이런들 어떠하며 저런들 어떠하냐는 인부들이 짓는다. 공사 예산도 부족하니 숙련도를 믿을 수 없는 이국 근로자들이 더 많아진다. 수많은 공공건물이 세계 건축계가 어이없어 할 디자인에 근거해서, 태평한 손길로 지어지고, 누구도 기억할 필요 없는 공허한 사업이 되어 도시에 던져진다.

건축은 어렵다. 이해 주체가 많은데 이해관계는 공유되기 어려우므로 먼저 신뢰 구도가 형성돼야 한다. 일본과 미국도 다르지 않다. 그러나 한국에서 건축하기는 유독 훨씬 더 어렵다. 갈등 사회이기 때문이다. 말도 손도 거칠다. 노벨상, 프리츠커상 이전에 사회를 반성해야 한다. 그러기에 프리츠커상 하나 못 받아오느냐는 질타 속에서도 아무도 알아주지 않는 역사와 도시의 책임감으로 무장하고 발주처, 심의위원, 행정 공무원, 민원인, 공사장 인부들 사이에서 분투하는 대한민국 건축가들 만세.

시계 같은 건축

시계를 만드는 나라. 누구나 다 알고 있는 문장이다. 일본의 세이코에서 쿼츠 무브먼트를 만들기 전까지는 절대로 도전이 허용되지 않던 문장이기도 하다. 그러나 여전히 기계식 무브먼트 제작에서 스위스는 비교를 허용하지 않는다. 그래서 기계식 시계의 하단에는 반드시 스위스에서 만들었다는 글자가 새겨져 있어야 시계 대접을 받는다. 그래서 'watch'가 아니고 'chronometer'라고 불리는 그 시계들의 가격은 자동차와 맞먹는 수준이다.

이 문장에서 주목할 단어는 '만든다'는 것이다. 손목 위에 올라갈 시계가 극단적 정교함으로 천체를 계측하는 정도의 수준이면 다른 것들도 그렇게 만들 것이다. 바다에 접하지 않은 그들이 만들 수 있는 가장 큰 인공 구조물이 바로 건물이다. 그리고 그렇게 '만드는' 수준은 시계와 건물이 크게 다르지 않다. 스위스의 건물이 보여 주는 정교함은 세계 최고의 기계식 시계를 만드는 국가의 수준과 정확히 일치한다.

지폐에 건축가를 등장시킨 첫 나라는 핀란드다. 건축을 통해 핀란드 산업과 디자인을 바꾼 알바 알토Alvar alto, 1898-1976가 핀란드 50마르크 지폐에 등장한 것이 별 이상한 일도 아니다. 건축가의 얼굴과 작업이 지폐에 등장한 다른 국가가 스위스다. 지금은 대체됐지만 10프랑 지폐에 건축가의 얼굴이 그려져 있었다. 라 쇼드퐁La Chaux-de-Fonds에서 시계 배경판 디자이너 집안에서 태어난 그의 이름은 샤를 에두아르 잔느레Charles-Édouard Jeanneret였다. 그리고 프랑스에서 르코르뷔지에Le Corbusier, 1887-1965라는 이름의 건축가로 활약하며 현대 건축을 바꾼 장본인이다. 인류 역사상 가장 중요한 건축가라고 해도 별 무리가 없는 인물이다. 그의 정규 교육은 약소하게나마 모두 스위스에서 받은 것이다. 우리가 백남준을 한국 예술가라고 믿는 것처럼 스위스에서도 그를 스위스 건축가로 간주하는 것이 이해가 된다.

그 외에도 스위스인들이 근현대 건축에 남겨 놓은 흔적은 무지막지하다. 건축역사학자 지그프리트 기디온Sigfried Giedion, 1888-1968을 필두로 베르나르 추미Bernard Tschumi, 1945- , 자크 헤르초그Jacques Herzog, 1950- 와 피에르 드 메롱Pierre de Meron, 1950- , 피터 줌터Peter

스위스 프랑에 등장했던 르코르뷔지에.
프랑스에서 활동한 건축가였지만 스위스 태생이었다.

Zumthor, 1943- , 마리오 보타Mario Botta, 1943- 와 같은 이름들이 줄줄이 등장한다.

그렇다면 질문은 간단하다. 이 작은 나라가 장착한 저 막강한 건축 저력은 도대체 어디서 나오는 것일까. 위대한 스타 건축가들 외에도 시계를 만드는 수준의 일상 건축은 어떻게 가능한 것일까. 질문은 간단하지만 답이 간단할 수 없고 당연히 다양한 관찰과 해석이 등장한다. 그 대답을 총체적으로 판단하는 것이 유일하게 실체에 접근하는 길이겠다.

동영상으로 스위스 시계의 무브먼트를 만드는 과정을 보면 경이롭다. 돋보기를 쓰고 끔찍하게 작은 부품들을 깎고 다듬어 조립하는 것은 수도사의 삶을 연상시킨다. 그것은 그 엄청난 가격이 증명하듯 참으로 오래 걸리는 일이다. 여기서 주목할 것은 오래 걸린다는 것이다. 스위스에서는 건물도 그렇게 천천히 오랜 시간을 들여 짓는다.

스위스에서 일반적인 주택의 설계 기간은 최소 6개월, 시공 기간은 1년에서 1년 반 정도를 잡는다. 한국에서는 최고의 건축가들이 요구하는 시간을 이들은 일상적인 주택 건설에서 받아들이고 있는 것이다. 비교하자면 한국 건축에서 가장 중요한 가치는 시간이다. 가장 빨리 지어야 한다. 심지어 '국립현대미술관 서울관'의 건립에서도 가장 중요한 가치는 후대에 물려줄 건물을 만든다는 게 아니고 대통령 임기 내에 마친다는 것이었다. 그 현장에서 사망을 동반한 사고가 발생하고야 그 조건이 삭제되었다. 절대적인 시간을 들이지 않고 좋은 것이 나오기를 기대하는 것은 도박장의 자세다. 스위스 건축은 도박을 하지 않는다.

여기서 파생하는 질문은 두 종류다. 이들은 왜 이렇게 오랫동안 꼼꼼히 건물을 지을까. 다른 하나는 오래 걸리면 건물이 비싸질 텐데, 그런 비싼 건물을 어떻게 감당하는 걸까.

널리 알려진 베이징올림픽 주 경기장.
새둥지라는 별명이 붙은 이 경기장을 설계한 것이 스위스 건축가들인 헤르조그와 드 메롱이다.

　　첫 번째 질문에 대한 대답은 환경에서 시작해야겠다. 추상적일 수
밖에 없는 이 대답은 자연조건으로 만들어진 인간의 태도에서 찾아야
할 것이다. 스위스 국토를 형성하고 있는 것은 거대한 산지다. 어디서나
관찰되고 도시의 배경이 되는 산. 그 산의 영속성이 바로 이들에게 긴
시간관념을 부여했을 것이다. 이해도 설명도 되지 않는 그 거대한 존재
는 거기에 흔적을 남기는 작업이 얼마나 조심스럽고 차분하게 진행돼
야 하는지 꾸준히 각인시켰을 것이다. 말로는 합일된 자연관을 갖고 있
되 자연 지형을 불도저로 깎고 미는 작업이 일상인 한국과 전혀 다른
현상이다.

　　물론 스위스에서 건축적 자연관은 형태의 종속을 의미하지 않는
다. 즉 자연을 닮았다고 주장하는 형태를 건축에서 만들지 않는다는 것
이다. 건축계에서 많이 사용되는 단어 중에 'swiss box'가 있다. 스위

스 건축가들은 거의 네모난 형태의 건물을 만든다. 즉 형태상 자연과 유사한 점을 찾을 수가 없다. 대신 그들의 건축적 자연관은 재료와 영속적 시간관에서 찾아야 한다.

그렇다면 서로 다른 자연관의 형성 배경에는 구체적으로 어떤 것이 있을까. 그것은 결국 인간이 만든 사회적 모습일 수밖에 없다. 한국의 근대사는 정주를 허용하지 않았다. 정치와 경제 상황의 급변은 미래를 예단하기 어렵게 만들었고 한자리에 앉아 차분히 건물을 만드는 작업이 부질없다는 학습 효과를 만들어냈다.

이에 비해 정치적 안정으로 근세를 맞은 스위스에서는 훨씬 더 긴 호흡의 도시적 행동, 즉 건축 작업을 요구하고 받아들였을 것이다. 그리고 이러한 사회적 변화 속도와 건축 작업에 요구되는 영속성은 스위스뿐만 아니라 경제적·정치적 안정을 갖춘 국가에서 일상적으로 관찰되는 모습이기도 하다.

결국 오랜 기간 건물을 짓는다면 건설비가 상승하게 된다. 설계비와 시공비가 모두 오른다. 그 보상이 제대로 이뤄지지 않으면 결국 싸고 빠르게 지을 수밖에 없다. 스위스는 일본보다 건물을 더 비싸게 짓는다. 우리가 건축의 선진국으로 인정하는 프랑스보다 두세 배 높은 공사비로 건물을 짓는 곳이 스위스다.

건물을 짓는 데에 드는 예산은 설계비와 시공비로 집행된다. 설계비는 건축가에게 시공비는 시공자에게 지급된다. 건축가에게 충분한 설계비가 지급되면 직업 만족도도 높아지고, 구직자도 많아진다.

스위스에는 건축설계 사무소가 미장원처럼 많다는 이야기가 있다. 서울에서 머리 손질하듯 수많은 건축가가 꾸준히 생활과 도시 환경을 바꾸기 위해 작업해 나간다는 것이다. 그 유명한 스위스 은행들은 놀랍게도 건설 투자 비중이 대단히 높다. 그들은 높은 수준의 투자로 좋은 건물을 만들어 다시 수익을 내는데 이 때문에 결국 건축가들에게 치밀하고 섬세한 작업이 요구되는 것이다.

귀족과 계급이 없는 사회에서 출발한 스위스에서는 직업에 따른 차별이 크지 않다. 시계 산업이 알려주듯 수공업 전통이 강력하게 자리를 잡은 것이고 특별히 직업의 업역 배타성도 크지 않은 것으로 알려져 있다. 건축가가 가구도 만들고, 목공도 하는 게 일상이다.

시공비는 다시 재료비와 인건비로 나뉜다. 영속적 건물을 짓기 위해서는 내구성이 좋은 재료를 사용해야 한다. 당연히 비싸다. 좋은 재료로 사용한 건물이 내구성이 높다는 것은 비례 관계로 해석하면 된다. 문제는 인건비는 비례보다 훨씬 더 편차가 크다는 것이다. 충분한 인건비를 지급하면 그 차액보다 훨씬 더 높은 차이의 결과를 만들어낸다.

스위스에서는 공사장의 인부들이 천대받지 않는다. 임금도 충분히 받는다. 프랑스의 공사장 일꾼들은 현장에서 바게트샌드위치를 먹지만 스위스 일꾼들은 레스토랑에서 앉아서 점심 먹는다. 결국 이러한 모습이 그들이 만들어내는 건물의 수준으로 표현되지 않을 수 없다.

여기서 참고로 지적할 것은 건축의 집합체로 이뤄지는 국토와 도시계획에 관한 논의다. 스위스의 국토 면적은 4만 제곱킬로미터를 약간 넘는 수준이다. 10만 제곱킬로미터 정도인 남한보다 훨씬 작다. 이 면적에서 사람이 거주하고 통제할 수 있는 면적은 30퍼센트 정도인 것으로 알려져 있다. 이것마저도 주거와 생산 등의 적극적 이용이 가능한 면적 외에 농업과 보존녹지를 포함한 수치이니 실제로는 대단히 작다.

여기서 스위스가 선택한 방법은 집약적 이용이다. 도시계획은 각 지방 정부canton의 역할이지만 이들이 공유하는 가치는 좁은 면적에 모여 사는 것이다. 자동차 이동을 전제로 한 미국과 반대쪽에 서 있는 방식이다. 따라서 스위스에서 대중교통의 확충은 대단히 중요한 의미를 지닌다. 최대 도시인 취리히 인구가 36만 명에 불과한 스위스가 천만 넘은 인구가 모여 사는 서울보다 막상 더 집약적으로 도시 관리를 하고 있다는 점은 신기하고 역설적이다.

다시 건축 이야기로 돌아오자. 건물은 짓는 것으로 끝나지 않는다. 유지 관리가 필요하다. 건물 외관 청소도 대개 하지 않는 한국과 달리 스위스에서는 건물 유지 관리에 엄청난 예산을 투입한다. 그런 결과로 이어진 것은 사회적 관심이다. 하숙집 아주머니와도 건축에 관한 의견을 나눌 수 있다는 것이 스위스 한국 유학생의 전언이다. 싸고 빨리 이뤄지면서 좋은 것은 없거나 극히 희귀하다. 건축도 그렇다.

다음에는 우리가 좀 쉽게 보는 나라로 가보자. 중국의 문화 영향권 안에 있었으나 끝까지 그 부분 집합이 되지는 않았던 두 나라 중 나머지 한 나라.

아홉 번째 생각
부채 의식 없는 건축

"우리는 다 이겼다." 베트남 역사박물관의 현대사 전시가 내려주는 결론은 이 문장으로 요약될 것이다. 베트남은 유독 긴 해안선으로 바다에 접하고 벼농사 삼모작이 가능하다. 기아와 궁핍이 오히려 이상한 나라다. 이런 땅을 제국주의 국가가 그냥 두었다면 그게 오히려 이상할 것이다. 과연 현대사 흐름 속의 베트남은 온갖 굴곡으로 빼곡하다. 그러나 결국 결론은 명료했다. "우리는 다 이겼다." 그런데 진정 중요한 것은 저 문장에 수식어가 따로 붙는 것이다.

"우리는 '우리 힘으로' 다 이겼다." 박물관의 전시 방식과 전시물의 수준을 따져 묻기 시작한다면 의도를 오해한 것이다. 허술해 보이는 사진들의 조합이어도 담고 있는 역사적 현실들은 옹골차기 그지없는 선언문이다. 우리는 '우리 힘으로' 다 이겼다. 역사에 부채 의식이 없다는 선언문이다.

비교가 필요하다. 제국주의와의 전쟁에서 승리했다고 자부심을 내세우는 정치체제가 한반도의 북쪽에도 존재한다. 그러나 그들 역시 소련과 중국 없이 자생하지 못했다. 그리하여 그들의 도시와 건축 형식이 동유럽의 어디에서 수입된 것이라는 사실을 부인할 길은 없다. 그리고 주체적이라고 주장하는 그들이 여전히 종속적일 수밖에 없는 것도 명료한 현실이다.

이제 한반도의 남쪽으로 눈을 돌려보자. 조선 시대의 최대 규모 전쟁과 마찬가지로 한반도의 내전도 외부 힘으로 간신히 마쳤다. 승패를 따질 일도 아니었다. 그 결과는 압도적인 정치 종속이었고 일방적인 문화 수입이었다. 우리의 현대사를 뒤적이면 20세기 전반에는 일본의 영향이 가득하다. 후반에는 그 자리를 미국이 대체하고 있다. 역시 부인할 길이 없는 사실이다. 정치, 문화에 있어서 미국의 압도적 영향력은 현재 진행형이다. 건축도 예외는 아니다. 여전히 현재 진형형이다.

우리의 건축학 교육에서 통칭 메이저 대학이라고 불리는 5개 학교가 있다. 고려대, 서울대, 연세대, 한양대, 홍익대가 일반적으로 인정되는 영향력 있는 학교들이다. 2023년 여름 기준, 각 대학교의 홈페이지에 노출된 건축학, 건축공학 전공 교수들의 수는 81명이다. 그중 67퍼센트인 54명이 미국 유학생 출신이니 압도적인 미국 편향이다. 유학 경험이 없는 국내 박사학위 소지자는 11명인 14퍼센트일 뿐이다. 나머지 19퍼센트는 대개 유럽이되 드물게 호주와 일본이 끼어 있다. 건축계를 넘어 전체 유학 경향도 이 표본에서 크게 벗어나 있지 않을 것이다. 본인도 미국에서 유학을 한 자로 분석이 이상할 수도 있다. 그러나 중요한 것은 더 이상 그 유학의 흔적에 종속되지 않겠다는 의지다. 그래서 내가 혐오하는 문장은 "미국에서는 말이죠…"로 시작한다.

우리 사회에서 미국의 영향은 기형적이라고 할 정도다. 유서 깊은 불교에 뿌리가 싹튼 문화이지만 막상 부처님 오신 날이 공휴일로 지정된 것은 크리스마스 훨씬 이후다. 미군정과 한국 전쟁은 바로 그 거대한 영향력의 근원이었고 정치, 경제, 사회, 문화가 모두 여기서 자유롭지 않다. 바로 지난 세대의 유학 목적지가 이를 명쾌하게 보여 준다.

다시 베트남으로 가자. 베트남의 새로운 건축가들과 그들의 건물들을 처음 만났을 때 당황스러웠던 것은 해석하기가 어려웠다는 점이다. 내게 익숙한 건축 이해의 계보 어디에도 맞춰지지 않았다. 결국 해석 단서를 찾은 것은 박물관의 현대사를 만난 이후였다. 그래서 이들의 건축을 한 문장으로 요약하면 이렇게 되겠다. 부채 의식 없는 건축. '우리 힘으로' 다 이긴 국가의 문화적 유산이라고 나는 해석하려고 한다.

동굴형 건축과 풍선형 건축. 기후 조건에 따른 나의 건축 이분법이다. 단열 필요 없이 외기 순환으로 실내 공간의 기후 조정이 가능하다면 나는 동굴형 건축이라 간주한다. 이에 비해 빈틈없이 단열하고 외기 순환차단해야 한다면 풍선형 건축이라 부른다. 동굴형 건축은 단일 재료로 벽체 조성이 가능하고 그런 만큼 건축 형태 구현의 자유도가 높다. 나는 베트남 건축이 동굴형 건축이 되는 것이 당연하다고 생각했다. 그런데 오해였다. 당연하지 않았다. 생각해 보면 우리도 지금의 도시는 풍선형 건축으로 가득하지만 이전 시대에는 모두 동굴형 건축이었다.

베트남은 기후상 열대에 해당한다. 소위 선진국 기준이라면 건물 전체에 에어컨을 설치했을 것이고 풍선형 건물이 도시에 빼곡해야 한다. 그러나 베트남의 새로운 건축가 세대들이 선택한 길은 동굴형이었다. 그것은 당연하게 주어진 기후적 동인이 아니고 적극적으로 선택한 도전이었다.

재료 역시 가장 노동집약적 재료인 벽돌, 주변에 널려 있는 대나무다. 그걸 굳이 자연 재료라고 부르고 환경친화적인 선택이라고 할 수도 있겠다. 그러나 적어도 이들의 작업은 굳이 그런 미사여구로 표현할 필요 없다. 주어진 문제를 풀어내는 가장 직설적 제안, 선입견 없이 문제를 향해 직진한 결론, 외부에서 수입된 문화적 부채 의식 없는 건축. 이들의 건축을 설명하려는 내 문장이다.

베트남의 젊은 건축가들의 작업.
모든 베트남 건축가가 그런 것은 아니겠지만
이들은 유럽이나 미국을 참조하지 않았다.

물론 모든 베트남 건축이 유럽과 미국의 영향으로부터 자유롭지 않다. 결국 다 이겼어도 존재하던 식민지 시절의 흔적이 지워지지 않는다. 베트남 대학의 건축학과를 방문했을 때 놀라웠던 점은 그들 역시 벽 여기저기에 르 코르뷔지에를 그려 놓고 있었다는 점이다. 관찰자의 시선에서 불편했다.

20세기 후반 '지역적 건축vernacular architecture'라는 단어가 유행했을 때 저 단어가 전제하고 있는 것은 중심과 주변의 이분법이었고 역시 굳건한 제국주의 시대의 논법이었다. 여기저기서 젊은 베트남 건축가들은 유럽과 미국의 압도적인 영향으로부터 자유로운 건축의 길을 보여 준다. 다른 세상에서 뭐라 부르든 그들은 진정 부채 의식 없는 건물을 보여 주고 있다. 그것이 이들이 지닌 건축적 힘이다. 이제는 지난 2백 년 남짓 이어온 유럽과 미국 중심의 사고가 더 이상 유효하지는 않을 것이라는 점이 점점 더 확연해 보인다. 자신들의 힘으로 다 이겨낸 나라, 거기에 우리와 비슷하게 유교적 교육 성실성이 받쳐주는 나라의 건축 미래가 더욱 궁금해진다.

건축을 공부하지 않고 대성한 건축가들이 있다.
세상을 바꾼 건축가 중에는 정규 건축 교육을 받지 않은 사람이 많다.
그래서 건축 교육이 필요한 것이냐고 묻는 이도 있다.
답은 간단하다.
그런 특수해를 일반화하면 곤란하다.

우리의 교육은 전 세계적으로 보면 그 자체가 특수해인 건 맞다.
철저하게 개성을 억압하는 교육으로
독창적인 사고력을 지닌 학생들이 생존하기는 대단히 어려운 체계다.

더 위험한 건
그런 배경에서 어릴 적부터 건축을 공부하겠다고 나서는 학생들이다.
건축은 대학에 진학해 공부해도 전혀 늦지 않은 분야다.
대학원에 가서 시작해도 된다.
그전까지는 탄탄한 사고의 힘을 키워두는 게 옳을 일이다.

10장   건축의 공부

첫 번째 생각
하멜의 맹세

"파란 눈에 코가 높고 노란 머리에 수염이 짧은 자." 이건 틀림없이 자화상 속의 고흐를 가리키는 문장이겠다. 그런데 이건 『조선왕조실록』의 글이다. 제주도에 갑자기 등장한 서양인 무리의 몰골을 조정에 보고한 문서의 내용이다. 고흐처럼 그들은 네덜란드인들이었다.

　참으로 신기한 나라다. 유럽사 책에는 금수강산이 아니고 '저지대'로 지칭되는 지역이다. 강은 많은데 산이 없다. 그 강과 바다를 메워 만든 나라니 문전옥답門前沃畓을 갖추었을 리 없다. 그래서 배를 타고 멀리멀리 나가야 했던 모양이다. 심지어 육지의 동쪽 끝 일본의 나가사키까지 가야 했겠다. 위험은 상존했으니 결국 이들이 난파돼 닿은 곳은 동아시아의 반도 남단 어떤 섬이었다.

　제주에 도착했던 36명이 모두 살아남았을 리 없다. 결국 13년 뒤에 8명이 나가사키로 탈출했고 2년 뒤에 8명이 석방되었다. 탈출한 서기가 직분에 맞게 쓴 것이 『1653년 바타비아발 일본행 스페르베르호의 불행한 항해일지』이니 나중에 한국어로 번역된 이름은 『하멜표류기』다. 반만년 역사, 단일 민족, 태평성대, 금수강산의 임금과 관리 그리고 백성들은 이 괴상한 파란 눈들이 어디서 온 자들인지 끝까지 몰랐다.

『조선왕조실록』과 관련 자료들에는 이들을 두고 어찌할 줄 모르는 조선의 모습이 드러나 있다.

지금 암스테르담 국립박물관에는 하멜 시대의 물건들이 즐비하다. 가장 상징적인 전시품은 수많은 지구본과 배 모형이다. 네덜란드 동인도회사가 왜 지구 끝에 이를 수 있었는지 조용히 설명하는 물건들이다. 비슷한 시기를 설명하는 국립중앙박물관에 등장하는 배는 그림 속에 있다. 문인화에 등장하는 배는 지국총지국총 노를 젓는 일엽편주―葉片舟고 달 아래 시흥을 나누는 공간이다. 네덜란드인이 조선에 표류했던 것에 비해 어째서 조선인들은 네덜란드 북해 근처에 표류한 역사가 없는지 설명하는 단서들이다.

하멜과 비슷한 시대의 화가가 렘브란트다. 하멜이 아직 배를 타기 전인 1632년에 렘브란트는 당시 누구도 상상도 하기 어려운 그림을 그렸다. 제목은 '니콜라스 튈프 박사의 해부학 강의'다. 네덜란드의 이 국보급 그림은 인간의 몸을 갈라 기어이 속을 들여다보고 있는 모습을 담고 있다. 렘브란트의 그림 중에는 심지어 사람의 머릿속을 열어 해부하는 것도 있다.

하멜이 도착해야 했던 나가사키는 일본이 네덜란드와 만나는 접점이었다. 일본은 이들의 새로운 학문을 난학蘭學이라는 이름으로 받아들였다. 그 대표적 분야가 해부학이었다. 렘브란트의 해부학 그림이 걸려 있는 미술관, 마우리츠하우스가 있는 도시는 헤이그다. 난파선의 네덜란드인들을 맞아 허둥대던 국가는 250년 뒤 결국 일본의 제국주의를 맞아 버둥거렸다. 그 마지막 기억이 희미하게 새겨져 있는 도시도 헤이그다. 우리 교과서에는 밀사라는 단어로 표현된다.

그런데 이 제국주의, 전체주의의 흔적을 지금 대한민국에서 살펴볼 차례다. 이제 4백 년이 지난 후의 풍경을 들여다보자. 세월이나 낚던

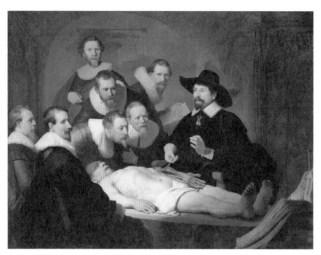

렘브란트가 그린 '니콜라스 튈프 박사의 해부학 강의(1632)'.

배를 띄우던 실록의 후손들이 거꾸로 이제는 세계 최고의 조선국이 되었다. 저지대 인근 국가에 원자력 발전소와 중무장 화기를 수출하는 곳으로 역전되었다. 그런데 세상이 아직도 바뀐 걸 전혀 모르고 있는 곳들이 있어서 문제이고, 또 그래서 세상이 흥미롭다. 줄 맞춰 높은 분들이 앉아 있는 자리에 가 보자. 개회사, 축사, 환영사, 격려사에 앞서 이뤄지는 일이 있다.

'시월 유신'이라는 것이 있었다. 일단 일본 메이지 유신의 냄새를 물씬 풍기는 단어다. 이건 한국적 전체주의 시대의 동의어다. 우리의 공공 행사 풍경에 '국민의례'가 있다. 거기서 핵심은 어떤 다짐이다. "나는 자랑스런 태극기 앞에 자유롭고 정의로운 대한민국을 위해 충성을 다할 것을 굳게 다짐합니다." 그나마 바뀐 것이다. 그 이전에는 섬뜩하게 "조국과 민족의 무궁한 영광을 위하여 충성."을 맹세하겠다던 문구다. 충성은 정부가 국민에게 해야 한다. 그들은 세금으로 고용된 직업군

어느 향우회의 국민의례.
단상의 국회의원과 공무원들은 국민의례가 당연한데 단하의 국민들은 이 의례를 받을 납세자들이다.

이다. 그래서 여기 이름을 붙인다면 '국민의례'가 아닌 '공무원 의례'가
돼야 한다.

이 '국기에 대한 맹세'의 뿌리를 캐면 좀 불쾌한 시기를 만난다. 일
제 강점기의 '황국 신민 서사'가 바로 그것이다. 천황폐하께 충성을 다
짐하라고 강요하던 그 시기다. 충성은 강요로 이행되지 않는다. 국제화
사회라며 외국인들이 즐비하게 앉아 있는 의식인데 이들을 앉혀놓고
행하는 국민의례는 대한민국이 일제 강점기와 유신 시대를 벗어나지
못하고 있다는 증언이겠다.

대한민국이 자랑스럽던 순간을 짚으라면 2002 월드컵을 빼놓을
수 없다. 그 축제의 복판에도 네덜란드 도래인이 나온다. 그 나라는 여
전히 지구상에서 가장 개방적이고 자유로운 국가 중 하나다. 동성 결혼
은 물론 대마초 흡연도 허용되고 외국인 이주에도 가장 개방적이다. 국
민의례도 하지 않는 막돼먹은 나라가 여전히 막강한 경쟁력을 지니고
있다. 우리의 반도체는 이 나라의 장비로만 만들 수 있고 해저 터널 뚫
으려 해도 이 나라의 기술을 들여와야 한다.

그런데 하멜은 도대체 어쩌다 태평양에서 표류하는 인생이 되었
을까. 네덜란드의 무궁한 영광 구현을 위해 나섰을 리 없다. 그는 먹고

경례, 제창, 묵념, 다짐이 이어지는 서울대학교 입학식의 국민의례.
세계적인 대학을 꿈꾸며 외국인 입학생, 교수 비율을 높이자는 다짐과는 잘 맞지 않는 풍경이다.

살기 위해 동인도회사에 고용돼 배를 탔을 따름이다. 하멜은 다만 14년 간 밀린 임금을 한 푼이라도 더 받을 증거물로 그간의 행적을 '불행한 항해일지'라고 적어서 회사에 제출했다. 거기에는 충성 맹세가 아니라 자기 인생에 충실한 개인이 있을 뿐이다. 헌법 의무를 다하는 국민이 이 땅에서 행복추구권을 행사하며 살고 싶은 대로 살 권리의 보장, 그게 정부가 국민에게 충성하는 길이다.

일제의 백년대계

"조선민주주의인민공화국은 전체 조선 인민의 리익을 대표하는 자주적인 사회주의 국가이다." 이건 '사회주의 지상낙원'의 헌법 1조 문장이다. '사회주의'는 북한 헌법에 35회나 등장한다. 그런데 '사회주의'와 대비되는 단어 '자본주의'는 남북한 헌법을 다 들춰봐도 단 한 번도 등장하지 않는다. 이유는 명쾌할 것이니 자본주의는 인간 본성에 따라 생겨났고 규정 없이도 작동하는 자연스러운 체제이기 때문이다. '인간의 얼굴을 한 자본주의'도 최소한의 제도 개입만 요구할 따름이다. 이에 비해 사회주의는 지속적인 통제가 필요하다. 그래서 자본주의 국가 대한민국의 헌법은 임시정부 시절부터 간단하다. "대한민국은 민주공화국이다."

자본주의는 법전이 아닌 역사책이 설명한다. 부르주아지가 유럽 사회의 절대 지배층이 된 것은 19세기다. 이전 지배계급인 귀족은 신분을 세습했다. 그러나 부르주아지는 세습되지 않는 신분이다. 누구나 부르주아지가 될 수 있고 밀려날 수 있다. 그 신분 유지의 도구는 자본이지만 자본 확보에는 분석, 예측, 계획 능력이 필요했다. 그래서 부르주아지에게 가장 중요한 상속 도구는 교육이었다.

대학은 중세에 생겨났다가 한량 집합소로 전락했던 교육 기관이다. 대학이 재정비된 곳은 19세기 초 독일이다. 나폴레옹에게 수모를 당한 후 교육에 대한 자각이 일었기 때문이다. 프랑스의 아카데미와 에콜에 맞서는 대학 교육의 공급자는 국가였고 수요층은 압도적으로 부르주아지였다.

19세기 후반 대학을 한 번 더 변화시킨 곳은 미국이었다. 경영학을 전공으로 채택해 노골적으로 자신의 자본주의 정체성을 보인 국가다. 미국은 대학 위에 대학원이라는 지식 생산 기관을 추가해 만들었다. 대학원 외에도 다양한 연구 기관들이 설립되었다. 미국은 전대미문의 지식 생산국이 되었고 그 결과를 현재 미국의 위상이 설명한다. 20세기에 등장한 괴상하고, 신기하고, 유용한 것들은 죄 미국에서 발명되었다. 사람을 달에 보내자는 허황된 연구를 시작한 나라이기도 하다. 지금은 초중고 교육이 나락에 떨어졌다고 자탄하지만 대학과 대학원의 경쟁력은 여전히 세계 최강이다.

이제부터는 우리 이야기다. 우리에게는 서양 문물 도입 과정에 중간 도매상이 끼어 있다. 일본의 '제국 대학령' 첫 문장은 이렇다. "제국 대학은 국가의 수요에 따른 학술 기예를 교수한다." 교육은 국민 개인의 행복 실현이 아니고 부강 국가 조성을 위한 것이었다. 교육 대상은 천황폐하 영광 구현의 도구인 신민臣民이었다. 이걸 나는 '도구적 교육관'이라 부르려고 한다.

앞선 황새를 뱁새가 추월하려면 황새가 아니라 타조처럼 뛰어야 한다. 후발국 일본 입장에서 유럽 황새들의 학문은 문자를 통해 도입해야 했다. 그래서 제국대학 입학 전에 예과라는 외국어 습득 과정을 두었다. 외국어는 말하는 게 아니고 읽기만 하는 과목이었다. 예과는 지금 우리에게는 의과대학에 흔적이 남아 있는 제도다. 1918년의 '고등학교령'은 예과를 고등학교에 이전하는 방안이었는데 여기 국가 수요에 부응하는 전략이 등장한다. 황새 국가들에 없는 이분법적 타조 전법이었다. 학생들의 초기 능력에 따른 문·이과 구분이 명시된 것이다.

광복이 되었다. 미국의 막강한 영향력에 따라 우리 대학들은 미국화되었다. 그러나 고등학교는 여전히 일본 제도를 유지했다. 읽기만 하는 외국어 교육도, 문·이과 구분도 살아남았다. 그런데 인생 번민과 의심이 몰려 꿈틀거리는 게 고등학생 시절이다. 우리 교육은 그런 고등학생에게 무자비한 이분법적 선택을 강요했다. 문·이과 구분이 지닌 문제는 한쪽을 선택하면 다시는 그 칸막이를 넘지 못하게 막는 것이었다. 대학 입시에서 그 너머를 향한 번복을 불허해 왔다. 헌법에 적힌 행복추구권, 교육권의 행사 주체는 국가가 아니라 국민이다. 그런데 그 권리를 반으로 갈라 제한해 온 것이 우리 교육이었다. 폭력은 일진이 아니고 국가가 휘둘렀고 피해자는 국민이었다. 비비고 볶아가며 새 메뉴를 생산해야 할 교육은 가운데 벽만 세운 짬짜면만 차려내는 식당을 백 년간 운영해 왔다.

보니, 미래 세상은 타조가 달려가 도달할 목적지가 아니고 타조, 뱁새, 황새가 어우러져 사는 과정의 모습일 뿐이더라. 그래서 입시가 변해야 교육이 변할 것이니 드디어 통합형 수능이 치러졌다. 그러나 과연 사회적 관성은 깊고도 끈질겼다. 이과의 문과 침공이라는 비난, 분석, 우려가 쏟아졌다. 강조하거니와 남아 있는 대한민국의 문·이과 구분은 일본 제국주의자들이 설정한 교육 체계가 과연 백년대계였더라는 허망한 증명일 뿐이다.

대한민국을 솥에 넣고 고아내면 맨 밑에 교육열이 남는다. 그 열기를 추슬러 괴상하고 신기한 에너지로 변화시키는 것이 교육 제도의 가치다. 능력과 자질에 따른 다양한 교육은 당연하고 필요하다. 그러나 넘지 못하는 칸막이는 당연하지도 필요하지도 않다. 자본주의도 교육도 실패와 선택을 허용해야 인간의 얼굴을 하게 된다. 문과, 이과라는 단어도 사어死語가 돼야 한다. 대한민국에서 국민은 도구가 아니고 주인이다.

세 번째 생각
건축 폐인의 길

이것도 질병의 종류는 아닐까. 아니면 덕후로 표현돼야 하거나. 고등학교 생활기록부의 희망 진로에 여섯 칸이 그려져 있다. 본인과 부모의 희망이 3년에 걸쳐 채워지는 것이다. 이게 일관되게 '건축가'로 채워져 있는 경우가 있다. 물론 건축설계사, 건축디자이너라고 표현하는 경우들도 있다. 지금 이 정보는 대입 현장에 제공되지는 않지만 정부는 전공 적합성이라는 명목으로 이런 학생들을 앞다퉈 뽑으라고 한다.

건축 열정을 불태우는 이 학생들은 수시 면접 이후 불만을 인터넷에 올려놓는다. 건축과 입시인데 건축에 관한 질문을 하나도 하지 않더라고. 이들이 입학 통지를 받으면 다시 묻는다. 입학 전에 무슨 전공 서적을 읽고 무슨 컴퓨터 프로그램을 공부해야 하냐고. 그리고 이들은 입학하면 바로 과 내 동아리와 학회에 가입한다. 그리고 불굴의 전투 의지로 건축설계 스튜디오에서 밤을 꼬박꼬박 새며 건축 폐인의 길을 걷는다. 건축에 의한, 건축을 위한, 건축의 대학 생활이 시작된다.

내 조언은 간단하다. 그럴 필요 없다. 건축은 평생 할 공부다. 결연하게 대학 시절 전부를 소진할 필요가 없다. 고등학교 때 건축을 공부할 필요는 더욱 없다. 네가 아는 위대한 건축가 중 태반은 대학 건축 교육을 제대로 받지 않았을 것이다. 아니면 그들은 대학 때 열심히 딴짓하던 사람들이다. 바로 그러기에 제대로 된 건축가가 될 수 있었다.

중요한 것은 건축과가 아니고 대학교에 입학했다는 사실이다. 대학 재학은 인생에서 가장 중요한 순간이다. 그 흔적은 평생 유지된다. 그러기에 전공이 대학 생활에 군림하게 하지 말라는 것이다.

대학은 고등학교 시절에 겪지도 상상하지도 못했던 인간들을 모아 놓는다. 대학은 그사이를 마음대로 헤집고 다닐 온전한 자유를 제공한다. 선택한 전공이 무엇이든 세상이 얼마나 신기한 사고의 인간들로 이뤄져 있는지를 깨닫게 하는 곳이다. 그리하여 결국 더욱 큰 사고의 폭과 자유를 얻게 하는 곳이다. 지적 자유를 얻는 곳.

그리스인들은 눈금이 없는 상황을 카오스chaos, χάος라고 칭했다. 틈 사이에 끼어 분류되지 못하는 상태를 가리켰고 혼돈이라고 번역했다. 분류하는 능력은 로고스logos, λόγος라고 했다. 눈금의 좌우에 만물이 편안히 놓인 상황은 심메트리아simmetria, συμμετρία였다. 번역하면 조화였다. 그들에게 조화로운 것들은 다 대칭이니 나중에 의미가 바뀌었다. 구분의 결과가 조화롭지 못하면 그 도구는 로고스가 아니다. 로고스가 없는 눈금과 구분을 강요할 때 그것은 폭력이다.

대한민국은 졸업하는 학생들의 가치를 취업률로 재단하곤 한다. 그들에게 대학생은 산업체의 요구를 받들어 취업 직후 바로 전선에서 사용되다 소모될 도구에 지나지 않는다. 그들에게는 그 취업생이 20년 뒤에 얼마나 무참히 정리 해고됐는지는 별로 궁금하지 않을 것이다.

학생들을 이상한 테두리로 나눠 가두고 그 안에서 선택을 하라는 건 야만적 폭력이다. 나눈 자들은 편안하겠으되 나뉜 자들은 고통스럽다. 나뉜 자들은 미래의 지구가 아니고 바로 지금 이곳이 불타는 지옥이라고 경멸하기 시작했다. '헬조선'이라고 부르는 사실 자체가 참혹하다. 굳이 나눠 놓고 융복합에 우리의 내일이 달려 있다는 국가의 미래는 실상 카오스다. 그 국가의 현재는 희극이다.

대한민국의 대통령들이 대학 졸업 후 바로 취업에 성공해서 위대했다는 이야기는 들어본 바 없다. 교육부 장관이 그래서 훌륭했다는 찬미도 들리지 않는다. 대한민국 대통령의 대학 전공은 심지어 전자공학도 있었다. 교육부 장관의 전공은 교육학이 아닌 경우가 훨씬 많았다. 대상이 무엇이든 그걸 처음 만든 사람은 그걸 전공하지 않은 사람이었다.

대학은 평생 지니고 살아갈 무기를 갖추는 곳이다. 그것은 현장에 바로 적용할 수 있는 전공 지식이 아니다. 자유로운 사고다. 그리고 좋은 친구들이다. 서로 다른 전공으로 만나서 서로 다른 주제로 이야기하다 얻는 인연을 만드는 곳이다. 훗날 전공이 무엇이었는지의 기억은 아스라할 것이다. 그러나 그때 함께 배운 가치는 여전히 가슴에 담고 있을 것이다. 자유로움이라는.

지구 궤도에는 눈금이 없다. 그냥 육중한 몸을 굴리면서 어디론가 가고 있을 뿐이다. 그 끝에 조물주가 설계한 불의 심판이 있을지 수소가 들끓는 불구덩이가 있을지 지구도 모를 것이다. 눈금은 그 표면에 기식하는 어떤 생명체들이 자신들이 만든 달력에 새겨 놓았다. 천문학자들이 눈금을 어찌 넣든 지구는 굴러갈 것이고 조류학자들이 뭐라 나누든 새는 알아서 날아갈 것이다. 그러나 어른들은 여전히 혼돈의 갈래를 나눌 것이고 분류돼야 하는 아이들의 행복은 여전히 유보될 것이다.

대학은 방임으로 자유를 얻는 곳은 아니다. 그 자유를 얻기 위해 교수들의 강의가 필요하다. 여전히 중요한 것은 서적을 통한 학습이었다. 텍스트가 존재하는 분야가 학문으로 인정받았다. 그 교육 도구가 대학이든, 수도원이든, 서당이든 갖춰야 할 것은 읽는 작업이었다.

네 번째 생각

중고차 시장이 된 대학 입시장

개안의 순간이었다. 어느 고등학생이 안겨준 깨달음이었다. 하지만 나는 그에게 감사 표시는 못 했다. 오히려 내 판정은 그를 불합격의 구렁텅이로 빠뜨렸겠다. 물론 지금도 그 판정을 후회하지 않는다.

이야기는 혁신적인 대입 정책에서 시작한다. 국가 경영자의 깨달음 덕분이었을 것이다. 시험 중심의 입시로는 국가의 백년대계가 무리라는 자각. 그래서 입학 사정관제가 시행되었다. 미국이 그런 입시를 하더라는 귀띔이 있었을 것이다.

나는 시행 첫해부터 입학 사정관이었다. 대학에서 가장 중요한 사안은 신입생 선발이다. 교수 입학 사정관이 해야 할 일은 지원자가 제출한 '생기부'라 줄여 부르는 학생 생활 기록부를 검토하고 면접장에서 학생의 수준을 떠보는 일이었다. 제출한 서류를 보면서 면접장에서 학생의 지적 수준을 가늠했다.

10여 년 쌓은 공부를 어떻게 10분 만에 판단하느냐는 학부모의 질문도 받았다. 간단하다. 영어 실력을 보겠다고 2시간 영어 발표를 시킬 필요는 없다. 더 중요한 건 국어이고 독서다. "그게 처음에는 많았는데 점점 없어져서 지금은 값이 비싸요."와 "잔존 물량 부족으로 평가 가치가 높습니다."라는 문장 사이의 독서량 차이 판단이 어렵다면 입학 사정관이 되면 곤란하다.

독서 활동 상황에 쓰인 목록은 대개 중복되고 거의 따분한 진흙밭이었다. 간혹 골수 건축당원을 자칭하며 내가 쓴 책을 기록에 올려놓은 학생들도 있었다. 당연히 훌륭하다 칭찬할 사안이었으나 공적인 자리에서 특별히 가산점을 줄 일은 아니었다.

물론 놀라운 독서 기록을 장착한 진주도 간혹 있었다. 드디어 개안의 고등학생이 등장하는 순간이 왔다. 『제인 에어』를 영어 원문으로 읽었다는 보석 같은 기록의 주인공이었다. 문고본으로도 5백 쪽이 넘나드는 벽돌 소설책이다. 우리나라 수험생의 고단한 생활을 떠올려보면 경이로웠다. 어수룩한 입학 사정관이 감탄과 격려로 버무려진 문장으로 책에 관해 물었다. 그러자 학생은 뒤통수를 긁적였고 입학 사정관은 뒤통수를 맞았다. "2페이지로 된 요약본입니다."

개안 뒤에는 그 전으로 돌아갈 수 없다. 『코스모스』를 읽었다는 학생도 그 두꺼운 책을 어찌 다 읽었냐는 질문에 대답했다. 요약본. 소수고 예외일 수 있다. 그러나 오염된 표본이 모집단의 신뢰성을 부정한다. 입학 사정관의 안광眼光이 지배紙背를 철徹하기 시작했다. 갑자기 입학 사정관의 눈이 매의 눈이 되었다. 같은 학교 학생의 서류에는 영혼 없이 따붙이기를 한 문장도 꽤 있었다.

학교 생활 기록부의 문장들은 대체로 3개의 구조였다. 동기, 사실, 평가. 평가의 문장은 죄 상투적이었다. 이해하게 되었고, 생각해 보았고, 인식하게 되었고, 노력할 것을 다짐했다는 이야기. 입학식에 참석해서 선후배 간 우의를 돈독히 했다는 건 입학식 날 줄 서 있었다는 이야기였다. 학교 주변 청소 행사에 참여해 환경 정리의 중요성을 깊이 깨달았다는 건 뻔한 당번 활동을 한 것. 청소 벌칙을 받았을 가능성도 있고.

담임 교사의 의견인 '행동 특성 및 종합 의견'은 그래도 신뢰도가 좀 더 높았다. 그러나 여기도 주례사 꽃밭이었다. 수행하고, 시도하고, 확인하고, 발표하여, 능력 향상을 꾀하는 모습을 보였다는 이야기가 만발했다. 역시 행간을 읽는 게 입학 사정관의 역할이었다. 꾸준한 노력이 받쳐주면 대성할 재목이라 쓰여 있다면 지금까지 불성실했다는 이야기로 읽혔다. 시험 후 성적이 모자란 급우들을 학습 지도했다는 건 시험 끝나고 점수를 맞춰 봤다는 상황이겠고. 자기소개서는 더욱 공허한 문장의 향연이고, 그 신뢰도를 숫자로 표현하면 간단했다. 0. 자원봉사했다며 채워 넣은 건 봉사 시간이 아니고 서류의 글자들이었다. 폐차의 뒷바퀴처럼 축 처져 헌혈 팻말을 들고 지하철역을 배회하는 건 모두 등 떠밀리고 시간을 채우러 나온 수험생들이었다.

미국에서 중고차 시장 광고 문안을 들여다보던 시절이 생각났다. 잘 달림, 이건 차 내외부가 형편없는데 그래도 보기보다 잘 달린다는 이야기다. 새 타이어 장착, 이건 타이어를 교체했는데 갑자기 다른 문제가 생겨 내놨다는 이야기. 대학 입시장이 중고차 매매시장으로 느껴진 순간 나는 입학 사정관을 그만뒀다.

대학 입시 방법으로 정시와 수시 중 어느 것이 더 공정한지 설명하라고 교양 수업 과제를 낸 적이 있다. 백 명 넘는 학생들의 결론은 명료했다. 본인이 입학한 과정이 더 공정하다는 것이었다. 모두 수긍이 가는 논리를 갖췄으되 공통의 전제 조건이 깔려 있었다. 우리의 대학 입시는 학생의 미래 가능성에 대한 투자가 아니고 과거 노력에 대한 보상이었다. 보상 근거 자료로 수직 계열화된 대학 명단이 구전돼 유포되었고 덜 노력해 더 높은 계단에 올라선 자에 대한 의심과 불만을 사회가 공유했다. 계층 이동, 사다리, 개천의 용이 모두 입시 제도의 다른 표현에 지나지 않았다. 입시 결과가 보상인 만큼 공정성 시비가 사라질 길은 없어 보였다.

입시라는 이 끔찍하게 복잡하고 민감한 물건은 보는 이마다 평가와 대안이 다르다. 그래서 건축가도 지역 균형 발전 관점으로 입시를 볼 수 있겠다. 그때 서울대도 전원 지역 균형 선발 면접으로 통일해 보자. 학생들이 산간 오지로 전학 가겠다고 앞다퉈 나설 것이므로 적어도 강남 집값은 잡힐 것이다. 이후에 이들이 다시 지방으로 취업할지는 모르겠으나.

수능이 끝난 날 어느 입시 학원의 풍경.
모든 것이 이날을 향해서 조준됐으니 끝났을 때 여기서 사용된 모든 것을 던져 버리고 떠났다. 다시 돌아오지 않겠다는 굳은 의지로.

여섯 번째 생각
스님의 생마늘과 날 쑥

착하게 살라는 것인지 구도求道를 하라는 것인지 모를 일이었다. 선禪의 정신. 어스름하고도 먼 기억 속 강의 제목이 그러했다. 나는 나만큼이나 불교에 관심이 없던 고등학교 동창을 끌고 가 계단강의실 맨 뒷줄에 앉 았다.

대학교에서 그 강연이 왜 마련됐는지는 잘 모른다. 아마 불교 학 생회 정도에서 초청했던 행사였을 것이다. 내가 알고 있는 불교 지식은 고등학교 국사 시간에 나오는 문장 정도가 전부였다. 말하자면 '불교의 흥기와 쇠락' 수준이었다. 그런 대학교 신입생이 포스터에 끌려 강연 장에 앉게 된 이유는 간단했다. 바로 며칠 전 스님의 책을 읽었기 때문 이다. 책의 내용에 비춰 나는 분명 쓸데없이 많이 가지려 들지 말고 착 하게 살라는 말씀을 기대하고 있었을 것이다. 그건 불교로 번안된 자기 수양서였을 것이다.

나는 풍성한 접속사로 이어지는 청산유수의 발언자를 기대했다. 그런데 스님은 책 속의 인상, 선입견과 아주 달랐다. 목소리는 칼칼했고 문장은 툭툭 끊어졌다. 게다가 내용은 이 풍진 세상을 착하고 슬기롭게 살라는 이야기도 아니었다. 당시 유행하던 '아들아 너희는 인생을 이렇게 살아라'는 투의 혐오스러운 훈계는 정녕 더욱 아니었다.

묵언을 통해 깨달음에 이르는 길이 내용이었다. 생마늘과 날 쑥을 되통스럽게 던져 놓는 듯했다. 알아서 씹어 먹으라고. 스님이 던지는 쑥과 마늘을 견디다 못한 친구는 중간에 동굴 같은 강의실을 뛰쳐나갔다. 내게도 강의는 따분했지만 나는 좀 더 미련한 성격이었을 것이다. 반전은 후반전에 있었다. 던져 놓은 이야기들을 스님이 주섬주섬 엮어내기 시작한 것이다. 물속에서 잠수함이 서서히 부양하듯 이야기는 구조체를 드러내기 시작했다. 말을 통해 이를 수 없는 세계에 관한 그림이었다. 불립문자不立文字*.

"이것이 바로 선의 세계입니다."

아직도 기억나는 스님의 마지막 문장은 이것이었다. 그 문장에는 아무런 군더더기도 유보 조항도 없었다. 나는 깜짝 놀랐다. 어떤 확신이 저런 문장을 만들 수 있을까. 시작도 끝도 없는 번민의 사바세계에서 이처럼 단호하게 마침표를 찍을 수 있는 정신은 어떤 것일까. 궁금했다.

이것이라고 대답하기 위해서는 물을 수 있어야 했다. 질문이 필요했다. 묻기 위해서는 먼저 알아야 했다. 내 입은 침묵해도 귀에 들릴 말과 눈으로 읽을 글이 필요했다. 나는 불립문자가 아니라 문자 천지의 세계에 속해 있었다.

나는 불도가 되겠다고 나서지는 않았고 속세의 도서관에서 주섬주섬 책을 찾아 읽었다. 도를 얻기 위해서가 아니고 궁금해서였을 것이다. 세상이 궁금해서였을 것이다. 그러나 세상은 이것이라고 단언할 수

---

* 언어와 문자가 지니고 있는 형식과 틀에 집착하거나 빠지는 것을 경계해야 한다는 불교 교리.

있는 대상이 결코 아니었다. 하지만 세상을 이해하는 데에 덜고 걷어내도 좋을 것들은 많았다. 누군가의 이야기를 들을 때 저 말에서 꼭 필요한 단어가 무엇인지 정리하려는 습관은 아마 그때 생겼을 것이다.

책 속의 글을 곱씹고 먹고 소화해 다 배설하고 최후까지 몸에 붙어 남은 것이 입을 통해 튀어나왔을 때 그 문장은 깡마르게 간명해질 것이다. 강을 거슬러 올라 샘을 확인한 이의 명료한 확신일 것이다. 불가에서 문자를 버린 용맹정진勇猛精進* 후에 튀어나온 이 문장을 일컫는 단어가 사자후일 것이다. 수식도 주저도 없는 그 문장.

"바로 이것이다."

한참 뒤 스님은 말빚을 청산하겠다며 쓰신 책을 절판시키고 세상을 떠나셨다. 그러나 이미 읽고 들은 자의 머릿속까지 걷어가 헹궈 낼 길은 없겠다. 법정 스님의 다비식을 텔레비전 너머로 보면서 대학 신입생 시절이 생각났다. 어두운 강의실에서 마늘과 쑥이 아니고 비수로 날아왔던 스님의 마지막 문장이 다시 기억났다. 아니 칼날처럼 번득였다.

"바로 이것이다."

* 스님들이 주위의 사소한 일에 신경 쓰지 않고 오직 앞만 보면서 도를 닦는 모습.

기억 속의 책들

가끔 요청을 받는다. 좋은 책을 추천해 달라고. 학생을 가르치는 직업이니 그런 요청이 당연할 수도 있으나 막상 건축 전공으로 생각나는 책은 별로 없다. 끔찍하게 많은 세상의 책 중 골라 추천하는 건 야만에 가깝기도 할 것이다. 누군가가 추천해 주는 책을 다 읽었을 리도 없다. 인생의 시간이 제한돼 있으니 읽은 책 중에 인상적인 것이 있을 수도 있다. 돌아보니 몇 권은 특히 더 기억에 남는다.

『코스모스』 / 칼 세이건

어느 경우에도 확률은 4분의 1이었다. 320번의 기회는 하루에 모두 소진해야 했다. 그 결과를 따라 60만 명이 일직선 위에 도열했다. 그리고 어렴풋한 과녁을 향해 단 한발의 화살을 쏘았다. 과녁을 빗나가면 지구가 태양을 한 바퀴 돌 때까지 기다려야 했다. 학력고사와 대입이라고 썼는데 야만이라고 읽혔다.

그 무자비한 시험이 끝나고 산 첫 책은 『코스모스』였다. 그간 내가

산 책 중에 가장 크고 두꺼웠다. 책을 펴니 보이저2호가 토성을 지나며 보내온 컬러 사진이 나왔다. 그것은 지구과학 시험을 위해 외워야 했던 혼돈스러운 암구호가 아니었다. 누런 갱지 위의 카오스를 밀어낸 화려한 코스모스였다. 천체가 펼치는, 천체에서 펼쳐지는 조화로운 세계.

책에는 교과서에서 이름만 거론되던 그 거인들이 이뤄낸 성취가 구체적으로 등장했다. 교과서에 나오지 않되 여전히 위대한 정신들이 바라본 세계의 모습은 숨을 막히게 했다. 교실에서 익숙하던 물리, 화학, 생물의 구분도 없었다. 우주와 원자와 인간을 통합해서 보는 눈이 있을 따름이었다.

아직도 선연히 기억나는 것은 확률 계산이었다. 우주에서 우리와 비슷한 지적 수준을 지닌 생명체가 존재할 가능성은 얼마나 되는가. 합리적 추론으로 그 수를 짚어나가는 과정은 경이 그 자체였다. 그 값은 10일 수도, 1일 수도 있었다.

내 대학 생활의 한 움큼을 쥐고 있던 종로서적은 사라졌다. 거기서 내가 산 『코스모스』는 지금 누렇게 변해 책꽂이에 꽂혀 있다. 출판사를 바꾼 책은 더 화려하게 단장하고 서점에 깔려 있다. 여전히 별은 빛나고 태양은 뜨겁다. 지구는 우주의 작고 푸른 점이되 우리에게는 감당하기 어렵게 거대하다. 『코스모스』에는 그 표면에서 잠시 기식하다 사라지는 우리의 모습이 뿌옇게 겹친다. 매일 탐욕과 분노와 개탄으로 범벅이 돼 일간지를 덮고 있는 모습이.

『장 크리스토프』 / 로맹 롤랑

나는 철든 이후부터 항상 그와 함께 살았다. 그러나 막상 그를 만난 적은 없다. 그의 이름은 베토벤이다. 나는 이미 고등학생 시절 그의 교향곡을 분석하는 글을 교지에 싣는 무지와 오만을 과시했다. 굳이 좋게 말하면 애정과 집착의 표현이었을 것이다.

대학 입학 후 도서관에서 빌려 읽은 책에 『장 크리스토프』가 있었다. 주인공이 바로 베토벤이라고 들었기 때문이다. 책은 두껍고 내용은 길었다. 악명 높은 러시아 대문호들을 거뜬히 뛰어넘었다. 빼곡한 이단 횡서 편집인데도 벽돌만 한 크기로 세 권이었다. 1권을 읽으며 나는 깨달았다. 이걸 빌려 읽는 것은 음악과 문학의 두 거장에 대한 모독이었다. 나는 서점으로 가서 나머지를 구입했고 그래서 지금 내게 남은 것은 1권이 없는 2, 3권이다.

그것은 음악과 문학의 교집합이 일궈내는 열정의 대하드라마였다. 그것은 내게는 없는 뜨거움이었다. 음악과 소설은 우리의 생존에 필요한 것이 아니다. 그러나 그것들이 진정 중요한 것은 우리의 존재 가치를 증명하는 것들이기 때문이다.

서점에서 논술 대비 『장 크리스토프』 요약본을 보고 나는 깜짝 놀랐다. 그 옆에는 베토벤의 '소나타'가 태교에 좋은 음악으로 포장돼 토막 난 채 팔렸다. 이 위대한 인류의 유산들이 결국 인스턴트 라면처럼 기어이 쪼개져 봉지에 담겨 있었다. 나는 이 세상의 가치관이 잘 가늠이 되지 않는다.

대학 시절 베토벤의 후기 현악사중주에는 손이 잘 닿지 않았다. 그는 도대체 왜 저렇게 길고, 괴상하고, 힘겨운 음악을 굳이 작곡해야 했을까. 주위에서는 나이를 좀 먹어야 그 음악을 들을 수 있다고 했다. 30년이 지난 지금 그 현악사중주는 내가 가장 많이 듣는 음악이 되고야 말았다. 이제야 나는 장 크리스토프를 좀 이해할 수 있게 된 듯하다. 아니, 로맹 롤랑이거나 베토벤을.

『감옥으로부터의 사색』 / 신영복

인생의 선택이 번민스러운 것은 미래를 알 수 없어서가 아니다. 선택과 미래가 바로 나의 것이기 때문이다. 숙영지의 밤하늘은 어두웠다. 나는 군인이었고 곧 인생의 방향을 정해야 했다. 제대 두 달 전 휴가에서 싸 들고 온 것에는 금지된 물품, 책이 들어 있었다. 그것도 무기수의 편지 를 엮은 책이었다.

문장은 쉬웠으나 쉽게 읽히지는 않았다. 검열과 감시가 있어서가 아니었다. 글에서 드러나는 지독한 감수성이 자꾸 발부리를 잡았기 때 문이었다. 이제 20년을 복역했고 여전히 미래가 닫힌 무기수가 그의 감 정과 글에 무슨 분칠을 할 수가 있을까. 그것을 일컫는 단어가 진정성 일 것이다.

팬지꽃을 피우는 흙 한 줌을 보고 부끄러워하고 감방 안에 들어온 귀뚜라미를 보고 신기해할 수 있을까. 그때 내 주위에 흙은 산더미 같 았으며 거기에는 호명이 불가능하게 많은 생명이 묻히고 덮여 있었다. 전방의 초소에서는 귀뚜라미가 아니고 고라니가 출몰했지만 그들은 내 미래의 변수가 아니었다.

책 밖의 나는 가진 것에 심드렁했고 갖지 못한 것에 초조해했다. 책 속에 들어 있는 인생은 내게 비교를 요구했다. 나의 어두운 시간은 사치스럽고 과분했다. 나는 내게 주어진 단 한 번의 20대를 넥타이 매 고 출근해 출근부에 사인하며 보내지 않겠다고 결심했다. 제대 후 나는 좀 더 자유로운 길을 선택했다. 연봉은 3분의 1이었고 해야 할 일은 거 칠었다.

그 선택은 이어지는 사건들의 진폭을 훨씬 크게 부풀렸다. 예측하 지 못했던 변수들이 속속 등장했다. 선택이 요구되었고 그 결과들이 꼼꼼하게 내 인생에 개입했다. 그러나 내게는 흔들리지 않는 기준이 하나 있었다. 나는 항상 어떤 선택이 미래의 나를 더 자유롭게 할지 가늠했다. 다시 시간을 되돌려도 나는 같은 선택을 할 것이다. 바로 처음처럼.

『누가복음』

내게는 진정 겨자씨만 한 믿음도 없었다. 나는 한낱 건축가 지망생이었다. 가서 본 교회 문은 닫혀 있었다. 건물 내부를 구경하려면 예배에 참석해야 했다. 결국 어느 일요일 오전 나는 경동교회의 맨 뒷줄에 앉아 있게 되었다.

신기하게 생긴 건물이로구나. 거친 콘크리트의 내부를 훑어내느라 눈이 바빴다. 그러나 달리 배당된 일이 없던 두 귀는 목사님의 설교를 점점 따라가기 시작했다. 저분이 그 유명한 강원용 목사님이로구나. 설교가 아니라 강의라고 강조했다. 그 주의 주제는 『누가복음』이었다. 선거철이면 등장하는 구호, 새 술은 새 부대에 담으라는 이야기의 출전이 『누가복음』이라는 사실을 나는 그날 처음 알았다.

까무룩 하게 묻혀 있던 『누가복음』을 거의 10년 정도 후에 멕시코시티의 퀘이커 하우스에서 다시 만났다. 그들이 침대맡에 놓아둔 이 얇은 책을 내가 굳이 읽기 시작한 것은 경동교회의 강의가 생각났기 때문이다. 우리의 개역판도 아니고 널리 알려진 흠정역欽定譯*도 아닌 현대 영어 번역본이었다.

---

* 영국 국왕인 제임스 1세의 주도로 나온 영어 성경. 이 성서는 영국과 신대륙 미국의 대표적인 성서 번역본으로 정착하게 되었다.

그 책은 경전이 아니고 목격담이었다. 문장에는 종교가 아닌 인생이 담겨 있었다. 2천 년 전의 사건을 어제의 일간지 기사처럼 설명해 주었다. 시간과 공간을 초월하는 경험이었다. 짧은 몇 문장에 담겨 있는 마지막 고뇌의 현장은 거친 숨소리를 내 귀 옆에서 들려주는 듯했다. 나는 기억한다. 마지막 밤의 언덕, 그의 손에 땀방울이 맺혔다는 순간의 긴박감에 나도 덩달아 내 손을 들여다본 기억이 있다.

존재하지 않던 믿음이 생기지는 않았다. 그러나 나는 역사의 육중함을 깨닫게 되었다. 나는 교회에 나가는 대신 역사책을 읽기 시작했다. 여러 역사책의 서술을 대조하고, 교직하며, 내가 만나지 못한 사람들의 모습을 머릿속으로 그려내려고 했다. 미래를 알 수 없기에 공평하지만 단 한 번의 기회였기에 모두 다르고 소중했으며 그래서 몸부림치고 고뇌하던 모습들을. 그리고 활자가 이야기하지 않는 물건들이 의미하는 바가 궁금해서 박물관을 들락거렸다. 동굴같이 침침한 선사실, 거기서 빗살무늬토기를 만났다.

대답하는 자

그릇은 무엇인가. 이것은 그릇의 정체성에 관한 질문이다. 그래서 이 질문에 대한 답이 전제되지 않으면 토기, 도기, 자기에 대한 다른 질문들은 대체로 공허해진다.

일단 대답해 보자. 그릇은 음식이나 음식이 될 재료를 담아두는 도구다. 그렇다면 그릇을 규정하는 것은 그 안에 담겨야 할 것들이다. 내용물이 그릇 형태를 규정하는 가장 직접적인 변수다. 그릇이 담을 내용을 유추할 수 있게 되는 순간, 박물관에 도열한 토기와 자기들이 일목요연하게 이해되기 시작한다. 그것들은 도대체 왜 그런 모양을 하게 되었는지. 빗살무늬토기부터. 그것은 혼돈chaos에서 질서cosmos로 한발 움직여 간 것이었다. 형태를 알 수 없던 모호한 대상에서 더 높은 해상도로 어떤 모습을 찾아낸 것일 수 있다. 대상은 모두 그대로인데 달라진 것은 내 머릿속의 인식 구조일 따름이다. 해상도 높은 그림을 찾은 다음에는 처음의 모호함으로 돌아가지 못한다. 그래서 결국 이 책에서 가장 중요한 질문은 처음의 그것이었다. 도시는 무엇인가.

질문은 끝없이 이어지는 서랍장을 만드는 것과 같다. 대답은 서랍들을 채워 넣는 일이겠고 서랍들은 디지털 화면을 이루는 픽셀 같은 모양이겠다. 서랍을 채우기 위해 독서와 여행과 일상 경험이 필요하겠다. 그리고 마지막에 꼭 필요한 것은 이것들을 엮어내는 생각이겠다. 그렇게 서랍들이 채워지면 픽셀로 이뤄진 화면의 해상도가 점점 높아지겠다. 그렇게 되면 점점 제시되는 사안들에 대해 단호하고 선명한, 그래서 간단하고 우아한 그림의 대답을 만들어낼 수 있을 것이다.

처음에 쓴 것처럼 그간 공론장에서 질문을 제기하고 거기 대답할 기회가 주어졌다. 그것들은 당연히 거의 사회와 도시 현상에 연관된 것들이다. 물론 가끔 호기심이 양념처럼 추가된 것도 있다. 모든 질문은 일상의 관찰을 요구했다. 그래서 이 글들은 문장으로 번역된 관찰의 기록이라고 해야 할 것이다.

　아직도 나의 서랍들이 만드는 픽셀의 그림들은 뿌옇다. 그 그림들이 어떤 해상도의, 어떤 가치를 지니고 있는지 나는 아직 알지 못한다. 혹시 그런 게 책의 어딘가에 있고, 그것이 독자에게 우연히라도 발견된다면 저자로서 영광스러울 따름이겠다.

도시논객

우리 사회를 읽는 건축가의 시선

1판 1쇄 인쇄 | 2024년 1월 20일
1판 1쇄 발행 | 2024년 2월 5일

지은이 서현

펴낸이 송영만
책임편집 송형근
디자인 조희연
마케팅 최유진

펴낸곳 효형출판
출판등록 1994년 9월 16일 제406-2003-031호
주소 10881 경기도 파주시 회동길 125-11(파주출판도시)
전자우편 editor@hyohyung.co.kr
홈페이지 www.hyohyung.co.kr
전화 031 955 7600

© 서현, 2024
ISBN 978-89-5872-218-2 03540

값 22,000원